国家自然科学基金面上项目（31071922，31572264）研究成果

抗念珠菌肽作用机制

李瑞芳　著

科学出版社

北 京

内 容 简 介

抗菌肽是生物在生存过程中，为适应外界环境，在体内产生的一类对病原微生物有选择性抑杀作用的多肽，在生物医药领域具有重要的学术研究价值和应用前景。本书系统阐述了嗜铬粒蛋白 A 衍生抗真菌肽对念珠菌细胞壁、细胞膜、线粒体膜通透性转换孔及细胞凋亡等四个方面的作用机制，是一本反映抗菌肽作用机制理论体系最新研究成果的著作。

本书可供从事药学、生物学及化学研究的科研人员，特别是从事多肽药物、抗感染药物研究的科研人员参考，同时也适合普通高校高年级本科生及研究生阅读。

图书在版编目（CIP）数据

抗念珠菌肽作用机制/李瑞芳著. —北京：科学出版社，2022.4
ISBN 978-7-03-071803-7

Ⅰ. ①抗⋯ Ⅱ. ①李⋯ Ⅲ. ①隐球酵母目–肽抗生素 Ⅳ. ①Q949.331 ②Q516

中国版本图书馆 CIP 数据核字（2022）第 042269 号

责任编辑：李秀伟 刘 晶 / 责任校对：杨 然
责任印制：吴兆东 / 封面设计：无极书装

科学出版社 出版
北京东黄城根北街 16 号
邮政编码：100717
http://www.sciencep.com
北京建宏印刷有限公司 印刷
科学出版社发行 各地新华书店经销
*
2022 年 4 月第 一 版 开本：720×1000 1/16
2022 年 4 月第一次印刷 印张：14 1/2
字数：290 000
定价：188.00 元
(如有印装质量问题，我社负责调换)

作 者 简 介

李瑞芳，女，1971年10月生，河南南乐人。2004年6月毕业于中山大学，获理学博士学位。2012年11月至2013年12月，美国加州大学戴维斯分校访问学者。现为河南工业大学教授、博士生导师，河南省特聘教授，河南省高层次人才，河南省学术技术带头人，河南省学位委员会第四届学科评议组成员，河南省一级重点学科药学学科带头人，河南省高校科技创新团队带头人。长期致力于生物医药领域的科学研究，专注于抗菌肽结构、功能及其作用机制研究。

序　一

病原菌对抗生素的耐药性问题，已成为困扰国际医药学界的一大难题，严重危害着人类健康，使人类面临进入"后抗生素时代"的风险。近些年来，在感染类疾病中，侵染性真菌病发病率不断升高，耐药性病原真菌不断增多。在侵染性真菌感染中，以念珠菌感染为主，其中耐药性念珠菌感染发病率呈上升趋势。但是，抗真菌药物品种少，研发进展缓慢，可选择范围狭窄。因此，尽快研究和开发新型、高效、低毒且念珠菌不易对其产生耐药性的抗真菌药物具有重要意义。

抗菌肽是生物在生存过程中为适应外界环境，在体内产生的一类对病原微生物有选择性抑杀作用的多肽。抗菌肽的作用机制涉及攻击多个低亲和力靶标，故病原微生物很难对其产生耐药性。哺乳动物细胞和真菌细胞结构的不同，使抗菌肽能够选择性地杀伤真菌，而对哺乳动物细胞无害。因此，抗菌肽可能是解决病原真菌耐药性、药物毒副作用问题的最佳选择，用其来治疗人和动物的真菌感染性疾病，在临床上有着极大潜力。李瑞芳团队研究其作用机制，恰恰为抗菌肽开发奠定了理论基础。该书关于嗜铬粒蛋白 A 衍生抗真菌肽抗念珠菌作用机制的研究，其现实意义和价值正在于此。

作为研究抗菌肽作用机制的专著，该书的一个突出特点是研究内容的前沿性。纵观全书，作者不仅分别介绍了抗菌肽对真菌细胞壁、细胞膜、线粒体膜通透性转换孔及细胞凋亡作用机制的国内外最新研究进展，还详细阐述了作者的最新研究成果。就此而言，该书所呈现的研究内容本身，就具有十分重要的学术价值。

该书的另一个突出特点是科学理论的系统性。作者从对嗜铬粒蛋白 A 衍生抗真菌肽 CGA-N46、CGA-N12 和 CGA-N9 的发现，抗菌活性，生物安全性，动物实验开始，延续到对 CGA-N12 和 CGA-N9 两个抗真菌肽作用机制的研究。以敏感菌热带念珠菌为受试菌，对 CGA-N12 和 CGA-N9 由外向内的作用机制进行研究，揭示其抗念珠菌作用机制，阐明其特异抗念珠菌的原因，并发现了特异性作用靶点。CGA-N12 和 CGA-N9 对念珠菌线粒体膜通透性转换孔的作用，是作者研究成果的创新点。线粒体是介导细胞凋亡的重要细胞器，尽管有许多文献报道抗菌肽对细胞凋亡的作用，却很少有文献深入细致地介绍抗菌肽对线粒体的具体作用。作者的研究结果揭示了 CGA-N12 打开线粒体膜通透性转换孔的机制，具有创新性。

　　李瑞芳教授长期从事抗真菌肽作用机制的研究。她的研究成果，体现了科研工作者勇于探索又勤于思考的可贵学术品格。她在研究过程中所展现出的严谨的学风及孜孜以求的作风，令人赞赏。故欣然命笔，草作短序，并借机向广大读者推荐这一可喜的研究成果。

张改平

中国工程院院士

河南农业大学校长

2021 年 2 月

序　二

　　1921 年，胰岛素的发现揭开了多肽药物研发的序幕。随着生物技术的发展，越来越多的内源性多肽被发现，并受到医药学界的关注。李瑞芳教授长期从事多肽研究，先后发现了 CGA-N46、CGA-N12 和 CGA-N9 等抗真菌肽，并对其抗念珠菌作用机制进行了深入而又系统的研究，取得了丰硕的研究成果。李瑞芳教授与我多次在中国国际多肽学术会议上就多肽问题进行学术交流，她对科研认真执着、勇于探索的学风给我留下了很深的印象，使我欣喜于多肽领域的人才辈出。

　　深入研究抗菌肽作用机制可以从分子水平揭示其抗菌作用、毒副作用和选择性毒力的基本原理，为临床用药提供参考，有利于更好地发挥其抗菌作用。李瑞芳教授撰写的《抗念珠菌肽作用机制》一书，是其长期科研实践的理论总结，是对抗真菌肽作用机制的理性认识。与抗菌肽领域已有著作相比，该书特色鲜明，主要表现在以下几个方面。

　　第一，这是一部揭示抗真菌肽作用机制的专著。该书以抗真菌肽 CGA-N12 和 CGA-N9 抗念珠菌作用机制为例，从细胞壁、细胞膜、线粒体和细胞凋亡等四个方面介绍了抗真菌肽作用机制；从外到内、从整体到局部，分层次介绍了抗真菌肽对念珠菌作用的整个过程。该书材料丰富，切合实际，体系完整，对从事多肽科学研究的青年学者具有指导作用。

　　第二，内容全面而又系统。该书每章首先介绍抗菌肽在相应主题上的国内外最新研究动态，然后具体介绍其研究团队的最新研究成果，最后对自己的研究成果和实践认知进行理论总结，内容全面而又系统，是当前抗真菌肽作用机制研究领域的最新成果。

　　第三，创新性较强。该书的创新性主要表现在两个方面：一是发现了 CGA-N12 作用于念珠菌细胞壁的作用靶点——β-(1,6)-葡聚糖合酶 KRE9，作用靶点 KRE9 的发现，揭示了 CGA-N12 对念珠菌细胞壁合成的作用机制，揭示了 CGA-N12 特异性抗念珠菌的分子机制；二是揭示了 CGA-N12 对念珠菌线粒体膜通透性转换孔的作用，抗菌肽对线粒体的具体作用机制报道较少，作者的研究成果恰恰揭示了 CGA-N12 打开线粒体膜通透性转换孔的机制，阐明了抗菌肽诱导念珠菌细胞凋亡的本质，具有较强的创新性。该研究成果丰富了抗菌肽作用机制理论体系。

多肽新药创制是一个发展前景广阔的领域。李瑞芳教授在抗菌肽作用机制方面的基础研究，为这一领域增添了新的内涵！其研究工作富于成效，体现了我国科研工作者勇于探索、勤于思考的可贵品质。

我为多肽科学领域又添佳作而甚为欣喜。

王 锐

中国工程院院士

兰州大学副校长

2021 年 3 月

前　　言

本书汇集了我们研究团队近 20 年的学术研究成果，反映了抗菌肽作用机制理论体系的最新进展。2000～2004 年，在中山大学攻读博士学位期间，我主要研究嗜铬粒蛋白 A 衍生肽基因工程表达，并进行了抗菌肽筛选，当认识到抗菌肽自身所具有的优势和发展潜力后，便毅然致力于抗菌肽药物的研究。博士毕业后，我被引进到河南工业大学，当时，河南工业大学生物工程学院拟建设微生物与生化药学学科，由于研究方向与学院的学科发展规划不谋而合，我于 2005 年承担了微生物与生化药学学科申报工作并获得批准。可以说，河南工业大学微生物与生化药学学科的发展，是由抗菌肽的研究工作起步的。随着学科队伍的壮大与研究领域的拓展，2010 年，微生物与生化药学二级学科发展成为药学一级学科。在药学学科发展过程中，抗菌肽研究一直是一个重要的学科方向，我也有幸成为药学河南省重点一级学科带头人。2012 年 11 月受国家留学基金委的委派，我赴美国加州大学戴维斯分校生化与医学系进行为期 1 年的访问研究，期间学习了多肽化学合成的相关知识，并进行了靶向念珠菌多肽设计和筛选研究。

对抗菌肽作用机制的研究，不仅有利于抗菌肽药物的研发，也是抗菌肽设计、修饰及基于抗菌肽的小分子化学药物研发的基础。从事科学研究近 20 年来，我一直围绕抗菌肽进行研究，从未间断，尤其在抗真菌肽作用机制方面进行了深入系统的研究。本书是介绍抗真菌肽作用机制的专著，总结了国家自然科学基金面上项目"动物内源性多肽 CGA-N46 抗真菌作用机制研究"（31071922）和"动物源抗真菌肽 CGA-N46 降低真菌线粒体膜电位分子机制研究"（31572264）的最新研究成果，系统阐述了嗜铬粒蛋白 A 衍生抗真菌肽对念珠菌细胞壁、细胞膜、线粒体膜通透性转换孔及细胞凋亡等四个方面的作用机制。此书的出版，标志着我承担的前两项国家自然科学基金项目研究内容的完成，自然很是欣慰！但是，科学研究永无止境，尚需努力、努力、再努力！

在章节编排上，本书第一章介绍了嗜铬粒蛋白 A 衍生抗真菌肽 CGA-N46、CGA-N12 和 CGA-N9 的发现，及其生物信息学分析和生物活性研究。第二章介绍了念珠菌感染与免疫、抗念珠菌药物研发情况及念珠菌的耐药性。第三章至第六章，分别从细胞壁、细胞膜、细胞凋亡、线粒体膜通透性转换孔等四个方面阐述了嗜铬粒蛋白 A 衍生抗真菌肽 CGA-N12 和 CGA-N9 的抗念珠菌作用机制。该研究成果为抗真菌肽药物开发奠定了理论基础。从写作特点角度上，本书每一章，均先介绍该章主题内容的国内外总体研究现状,再具体介绍 CGA-N12 和 CGA-N9 的研究结果,形成了一个基本完整的理论体系。

凡科研成果,均当有其学术价值,亦有其社会价值,这是不言而喻的。本书可供从事生物学、药学、化学专业教学及天然活性产物研究的人员参考,也适合普通高校相关专业高年级本科生及研究生阅读,特别是对多肽药物研究领域、抗感染药物研究领域的科研人员会有较大帮助。且不无自信地说,此成果一旦得到开发,与其相关的诸多领域,也会有相应的社会价值。

科学研究始终处于动态发展中,随时会有新的研究内容和成果。随着时间的推进、研究的深入,有关抗真菌肽作用机制的研究报告、论文、会议资料等会越来越多。由于水平有限,加上时间仓促,书中不当之处在所难免,恳请诸位专家及众读者于参阅过程中提出宝贵意见,以便于再版时订正。

作　者

2021 年 1 月 25 日

目　录

第一章 嗜铬粒蛋白 A 衍生抗菌肽

第一节 抗菌肽概述

抗菌肽（antimicrobial peptide，AMP）是生物在生存过程中为适应外界环境，由基因编码、核糖体合成的具有抗菌活性的多肽，是生物体防御系统的重要组成部分。由于抗菌肽具有多重抑菌作用方式，使病原菌不易产生耐药性，这一优势使抗菌肽成为治疗临床感染极具潜力的候选药物。深入了解抗菌肽的特性与分类，将有助于抗菌肽药物的研究与开发。

一、抗菌肽的特性与分类

（一）抗菌肽的特性

1974 年，瑞典科学家 Boman 等将大肠杆菌注射到天蚕体内，发现大肠杆菌能诱导天蚕的免疫反应[1]；1981 年，其同事 Steiner 等从大肠杆菌免疫天蚕体内分离出两种具有抗菌活性的碱性多肽。研究发现，两种多肽具有相似的结构，Steiner 等将它们命名为 Cecropins，这是人类最早发现的抗菌肽[2]。后续研究表明，抗菌肽广泛存在于生物界，具有净正电荷的共同特征和形成两亲性结构的能力，是包括人类在内的许多物种固有免疫系统的重要组成部分[3]。天然抗菌肽通常在微摩尔浓度下就能抑制细菌或真菌，包括耐药菌株的生长，但对宿主细胞无毒。抗菌肽结构多样，都含有阳离子和疏水氨基酸，易与微生物细胞质膜结合[3]。抗菌肽一般由 10～50 个氨基酸组成，分子质量小，具有热稳定性和酸碱稳定性，部分抗菌肽还能够抵抗胰蛋白酶和胃蛋白酶水解。

与传统抗生素相比，抗菌肽具有多靶点、弱作用力的特点。传统抗生素通过破坏微生物生长或生存必需的生理功能，如阻断细菌蛋白质的合成或改变酶活性发挥杀菌作用，而细菌只要改变一种基因就足以对抗抗生素的这种作用。抗菌肽则首先作用于病原菌细胞膜，导致膜通透性增大；进入细胞后，还可以与多种细胞内物质相互作用，尤其是线粒体，使线粒体功能失常。因此，细菌必须改变相当部分基因才能抵抗抗菌肽的进攻，而这几乎是不可能的，故抗菌肽产生耐药性的可能性较小。抗菌肽只对原核生物细胞和真核生物病变细胞有抗菌作用，对正常的真核生物细胞不起作用。原因在于原核生物和真核生物的细胞膜结构不同，真核生物细胞膜中含有大量胆固醇，胆固醇的存在使膜结构趋于稳定。肿瘤细胞的细胞骨架系统与正常细胞相比不发达，这可能是抗菌肽对肿瘤细胞也具有抑制作用的原因之一。高等动物细胞存在高度发达的细胞骨架系统，其存在可以抵抗抗菌肽的作用。抗菌肽具有广谱抗菌活性，可以抗细菌、真菌、病毒、原虫，部分抗菌肽还具有抗肿瘤活性。此外，有些抗菌肽还具有促进创伤愈合和血管生成、中和或阻断内毒素、免疫调节和免疫抑制等功能。因此，抗菌肽有望开发成为一类新型、高效的抗菌药物或辅助治疗药物[4]。

科研工作者对已报道抗菌肽进行收集、归纳、整理，建成了抗菌肽数据库。目前，国际上有多个影响较大的抗菌肽数据库，如 APD 数据库（https://wangapd3.com）、DRAMP 数据库（http://dramp.cpu-bioinfor.org/）、CAMP$_{R3}$ 数据库（http://www.camp.bicnirrh.res.in/）等。截至 2020 年 8 月 19 日，APD 数据库已收录 3240 种抗菌肽，其中 2405 种来自动物、360 种来自植物、358 种来自细菌、20 种来自真菌、8 种来自原生生物、5 种来自古生菌，还有一些合成肽。对 APD 数据库中的 3240 种抗菌肽生物活性进行分析，发现抗菌肽功能多样。根据其生物学活性进行分类，不同活性抗菌肽及其在 3240 种抗菌肽中所占比例见表 1-1。由表 1-1 可知，在收集的活性肽中，抗细菌肽占比最高（83.67%），其次是抗真菌肽（37.16%），抗念珠菌肽位居第三，占 20.77%。

表 1-1　APD 数据库抗菌肽功能分类及所占比例*

类别	数量	百分比/%
抗细菌肽	2711	83.67
抗真菌肽	1204	37.16
抗念珠菌肽	673	20.77
抗癌（抗肿瘤）肽	250	7.72
抗病毒肽	190	5.86
抗耐药金黄色葡萄球菌肽	177	5.46
抗寄生虫肽	135	4.17
抗艾滋病病毒肽	109	3.36
抗内毒素肽	85	2.62
趋化肽	62	1.91
抗生物膜肽	65	2.01
杀虫肽	39	1.20
固定化肽	34	1.05
酶/蛋白水解酶抑制肽	31	0.96
伤口愈合肽	23	0.71
抗氧化肽	26	0.80
抗炎肽	23	0.71

续表

类别	数量	百分比/%
抗糖尿病肽	16	0.49
抗毒素肽	15	0.46
杀精肽	14	0.43
抗结核肽	14	0.43
通道抑制剂	7	0.22

* 数据统计截止时间为 2020 年 8 月 19 日。

（二）抗菌肽的分类

抗菌肽广泛存在于微生物、植物和动物中。动物和植物产生的抗菌肽研究比较成熟，大多都已知其抗菌机制；微生物中研究较多的是细菌产生的抗菌肽，对酵母、霉菌和藻类产生的抗菌肽研究较少。根据来源不同，抗菌肽大致分为动物源抗菌肽、植物源抗菌肽、微生物源抗菌肽和人工设计合成的抗菌肽。

1. 动物源抗菌肽

（1）哺乳动物源抗菌肽

来源于哺乳动物的抗菌肽，大致分为 Defensins 家族（防御素家族）、Cathelicidins 家族和 Bactenecins 家族。

Defensins 家族是一类富含二硫键的阳离子型多肽，不仅存在于动物体内，也广泛分布于真菌和植物中，是生物免疫系统中的防御分子[5]。防御素抗菌谱广，具有直接杀菌功能，是一类重要的抗菌肽，根据结构分为 α-Defensins、β-Defensins、θ-Defensins 三类，其区别主要是二硫键位置不同。其中 α-Defensins 和 β-Defensins 的数量最多。

Cathelicidins 是一类具有广谱抗微生物活性的多功能抗菌肽，在几乎所有种类的脊椎动物体内均有发现，在动物先天免疫系统中发挥极其重要的作用。Cathelicidins 对普通革兰氏阳性菌、革兰氏阴性菌、真菌以及病毒具有非常强的抗性，具有杀菌功能，不易产生耐药性。此外，Cathelicidins 无分子内二硫键，结构简单，溶血活性和细胞毒性小[6]。

Bactenecins 家族是分离自牛中性粒细胞的防御多肽，是由中性粒细胞内大颗粒中的蛋白前体加工形成的阳离子抗菌肽[7]，具有广谱杀菌功能，是宿主免疫系统中的重要防御分子。

（2）两栖动物源抗菌肽

两栖动物皮肤在自然进化过程中形成了防御病原微生物的三套防御系统。皮肤抗菌肽是两栖动物先天性防御系统的主要组成部分。两栖动物皮肤抗菌肽具有高效、广谱、不易产生耐药性等特点[8]，一般由 11～47 个氨基酸残基组成，除 Distinctin 为两条肽链外，其他的蛙皮抗菌肽分子都是一条肽链。两栖动物源抗菌肽抗菌活性具有广谱性，不仅对革兰氏阳性菌和革兰氏阴性菌具有良好抗菌活性，对真菌、病毒等也具有生物学活性。研究最多的两栖动物源抗菌肽来源于蛙科。

（3）海洋动物源抗菌肽

海洋中有非常丰富的物种资源。从海洋动物中分离出的抗菌肽种类较多，包括从无脊椎动物和鱼类中分离的抗菌肽等。来源于海洋无脊椎动物的抗菌肽，一般分子质量小于 10 kDa，且具有两亲性。这些抗菌肽一部分来源于甲壳类，一部分来源于贝类，还有一部分来源于海鞘类。甲壳类抗菌肽大多数提取自甲壳动物的血细胞和浆细胞[9]。贝类抗菌肽中报道最多的是贻贝类抗菌肽，如从紫贻贝中提取的 Defensin A 和 Defensin B、从地中海贻贝中提取的 MGD-1 和 MGD-2 等。海鞘类抗菌肽中研究比较多的是 Halocyamine A，对多种细菌和真菌具有抑菌活性。来源于鱼类的抗菌肽，大多数分离于鱼类的表皮黏液中，还有部分来自于鱼类的各种组织脏器，其分子质量多集中在 2～10 kDa，结构多为 α 螺旋，具有两亲性特征。

（4）鸟源抗菌肽

鸟源抗菌肽较少。这类抗菌肽大多与哺乳动物 β-Defensins 同源，如从鸡的异嗜白细胞中提取的 Gallinacins 等[10]。

（5）昆虫源抗菌肽

截至目前，从昆虫体内发现了 200 多种抗菌肽。昆虫源抗菌肽根据其氨基酸序列和结构特性，分为 α 螺旋结构的抗菌肽、可以在内部形成二硫键的抗菌肽、富含脯氨酸（Pro）的抗菌肽和富含甘氨酸（Gly）的抗菌肽。

目前已成功分离出 60 多种 α 螺旋结构的抗菌肽，这些抗菌肽不含二硫键和半胱氨酸（Cys）[11]。Cecropins 和 Andropins 是两种具有代表性的 α 螺旋抗菌肽。Cecropins 主要对革兰氏阴性菌发挥作用，可以溶解细菌细胞膜。Andropins 主要对革兰氏阳性菌发挥作用，对革兰氏阴性菌几乎无作用[12]。Apidaecins 和 Abaecin 是两种典型的、含脯氨酸的抗菌肽，均来自于蜂类昆虫。目前，已发现的富含脯氨酸的抗菌肽有 7 种[13]。Sarcotoxin II 是一种典型的、富含甘氨酸的抗菌肽，来源于麻蝇，是目前发现的昆虫源抗菌肽中分子质量最大的肽，分子质量可达 30 kDa，对革兰氏阴性菌和革兰氏阳性菌均具有较好的活性[14]。

蜂毒肽（melittin）是提取自蜂类毒液中的一种高活性肽，由 26 个氨基酸残基组成，氨基酸序列为 NH_2-GIGAVLKVLTTGLPALISWIKRKRQQ-COOH，分子质量为 2847.5Da[15]。蜂毒肽是一种阳离子肽，具有两亲性结构特征，生物学活性高，不仅能够抗菌，还能够抗肿瘤、抗病毒、抗炎和镇痛等[16]。蜂毒肽在发挥作用时，会破坏微生物的细胞膜，从而使磷脂双分子层结构崩解。

2. 植物源抗菌肽

植物源抗菌肽是一类对细菌、真菌等微生物有抑制或杀灭作用的小分子多肽，被细菌、真菌或物理的、化学的刺激所诱导产生，有些抗菌肽甚至在植物体内能组成型表达。从化学结构来看，植物源抗菌肽主要包括硫堇（thionins）、植物防卫素（Defensins 家族）、脂转移蛋白（lipid transfer protein，LTP）和橡胶素（hevein）等抗菌肽家族。植物源抗菌肽抗菌能力强，有较好的耐热性。

3. 微生物源抗菌肽

（1）细菌源抗菌肽

细菌源抗菌肽是由细菌产生的抗性代谢产物，是在代谢过程中通过核糖体合成的一类能够抑制和杀死竞争菌的多肽，又称细菌素（bacteriocin），主要包括地衣芽孢杆菌和枯草芽孢杆菌产生的杆菌肽（bacitracin）、短芽孢杆菌产生的短杆菌肽 S（gramicidin S，GS）和多黏芽孢杆菌产生的多黏菌素（polymycin）等。细菌素具有不易产生耐药性、无危害等特点，是食品防腐保鲜方面良好的天然防腐剂[17]。产生细菌素的细菌通常称为益生菌。细菌素通常是一类具有疏水性或两亲性的阳离子肽。

（2）病毒源抗菌肽

慢病毒裂解肽（lentiviral cleavage peptide，LLP）为人类免疫缺陷病毒 1 型跨膜蛋白的离散 C 端序列，具有很强的抗菌活性。LLP 二聚体 Bis-LLP 对 *Serratia marcescens* 的细菌外膜和胞质膜均有破坏作用，表现出很高的细胞毒性[18]。

4. 人工设计合成抗菌肽

生物体内的天然抗菌肽含量较少，因而提取难度大、分离纯化效率低、分离成本高，影响了抗菌肽的规模化生产。天然抗菌肽自身还存在生物活性低、代谢稳定性差等问题。为了解决这些问题，快速获得活性高且稳定的抗菌肽，科研工作者开始人工设计合成抗菌肽[19]。常用的合成抗菌肽方法主要有 3 种，分别是固相合成法、片段法和组合化学法。

（1）固相合成法合成抗菌肽

该法采用惰性固体树脂作为载体，运用氨基酸脱水缩合原理合成抗菌肽。树脂上的氨基基团（—NH$_3$）与氨基酸的羧基基团（—COOH）在缩合剂的作用下连接，除去氨基酸的氨基保护基团，暴露氨基酸的—NH$_3$，与下一个氨基酸的—COOH 相连；重复此步骤，直到最后一个氨基酸连接上去，然后使用切割液将合成的肽切割下来，即得到抗菌肽粗品。化学合成抗菌肽是从羧基向氨基方向合成，这与肽的生物合成方向不同。根据氨基酸氨基保护基团的类型，固相合成法又分为 Boc 合成法和 Fmoc 合成法。目前应用最多、最广泛的是 Fmoc 合成法。

该方法比较温和，对实验条件要求不高，普通实验室就可以进行合成。

（2）片段法合成抗菌肽

该方法起源于固相合成法，又称为"片段连接法"，适用于合成较长的肽段。简单来说，片段法就是先将完整的肽段分成小段肽段，然后分段合成，再将这些肽段在溶液或者树脂上按顺序连接起来，形成一个完整的肽段。这种方法比较耗时，且成本较高，但当组成抗菌肽的氨基酸残基数较多时，该方法是合成抗菌肽的唯一办法。

（3）组合化学法合成抗菌肽

组合化学法也称为"组合库"或"自动合成法"。该方法的核心思想是把一类化学结构相似、性质不同的化学单体作为合成材料，让其在同一种条件下进行反应，根据一定的组合规律，得到多种类型的化学物质。可以通过使用组合库研究抗菌肽结构与功能的关系，进而发现新型抗菌肽。

二、抗菌肽理化特性

抗菌肽（AMP）作为小分子活性物质，多由6～50个氨基酸组成，平均长度为30多个氨基酸残基。抗菌肽的电荷、两亲性及结构是影响其活性的重要参数。

（一）电荷

AMP多为阳离子多肽，有利于其通过静电作用与细胞膜的负电荷结合。因此，正电荷量是判断AMP活性的重要参考指标之一，正电荷量越高，抗细菌活性越强。抗真菌肽不需要太高的正电荷量，大多数抗菌肽总正电荷范围为+1～+11，一般在+3～+9有良好活性，平均净电荷约为+3。

（二）两亲性

AMP的水脂两亲性结构，被认为是其与靶膜脂质双分子层相互作用的关键特征。AMP的疏水性越强，抗菌肽活性越高，但通常伴随着对哺乳动物溶血性增加。因此，维持适度疏水性对AMP的活性及安全性十分重要[20]。一般认为，疏水性以不超过50%为宜[21]。

（三）结构

1. 一级结构

对已报道的抗菌肽一级结构进行分析总结，不同作者的结论不同，甚至有很大出入。有的科学家认为抗菌肽一级结构具有以下特征：①N端富含极性氨基酸，这一特征使抗菌多肽具有表面活性剂作用；②绝大多数抗菌多肽的第二位氨基酸是色氨酸（W），它对抗菌肽杀菌活性起着至关重要的作用；③C 端通常酰胺化，可能与抗菌肽的广谱抗菌活性有关；④抗菌肽通常富含脯氨酸（P），直接影响其杀菌活性。

但对 APD 数据库中的抗菌肽序列进行分析发现，抗菌肽具有以下结构特征：①抗菌肽氨基端通常以疏水性氨基酸开始，高活性抗菌肽需要含有一定比例的疏水性氨基酸，但为保证抗菌肽低溶血性，疏水性氨基酸含量要合适；②最终形成完整的疏水面和亲水面的抗菌肽破膜活性强；③抗菌肽中的碱性氨基酸以精氨酸（R）和赖氨酸（K）为主，酸性氨基酸包括谷氨酸（E）和天冬氨酸（D）；④高活性抗菌肽需要带正电荷，正电荷含量越高，抗细菌活性越强；⑤对 APD 数据库的 3240条多肽序列（APD，https://wangapd3.com）的氨基酸组成进行统计分析，结果表明抗菌肽中甲硫氨酸（M）和色氨酸（W）含量低（表 1-2）。

综上所述，抗菌肽一级结构具有多样性和复杂性。其一级结构特征目前还没有定论。

表 1-2　APD 数据库抗菌肽序列氨基酸分布*

	氨基酸名称（单字母）	含量占比/%
非极性 R 基氨基酸	L	8.25
	A	7.67
	I	5.90
	V	5.69
	P	4.68
	F	4.09
	W	1.66
	M	1.26
不带电荷的极性 R 基氨基酸	G	11.5
	C	6.80
	S	6.06
	T	4.48
	N	3.86
	Q	2.59
	Y	2.48
带负电荷的极性 R 基氨基酸	D	2.69
	E	2.69
带正电荷的极性 R 基氨基酸	K	9.51
	R	5.89
	H	2.17

*数据统计截止时间为 2020 年 8 月 19 日。

2. 二级结构

抗菌肽的二级结构是其发挥抗菌活性的关键。抗菌肽的二级结构包括 α 螺旋、β 折叠、环状结构、无规则卷曲及复合结构,常见的有 α 螺旋、β 折叠和延伸/无规则卷曲结构(图 1-1)。分析 APD 数据库中 3240 种抗菌肽的结构,发现抗菌肽的二级结构包括 α 螺旋结构、β 折叠结构、α 螺旋和 β 折叠紧密结合结构、富含非天然氨基酸结构、含二硫键结构等。其中,α 螺旋结构占 14.22%,β 折叠结构占 2.68%(表 1-3)。α 螺旋抗菌肽在水溶液中通常是非结构化的,但与生物膜接触时,变为两亲性螺旋结构。典型的 α 螺旋抗菌肽有 LL-37、人乳铁蛋白等。Bowie 等[22]发现 α 螺旋抗菌肽更有利于穿膜,抗菌活性更高,但 AMP 的螺旋性过高则会引起细胞毒性。

α螺旋　　　　　　　　　　β折叠　　　　　　　　　无规则卷曲

图 1-1　抗菌肽结构特征

表 1-3　APD 数据库抗菌肽结构及所占比例*

结构类型	所占比例/%
含二硫键结构(非 3D 结构)	15.55
α 螺旋结构	14.22
α 螺旋和 β 折叠紧密结合结构	3.54
富含非天然氨基酸结构	3.39
β 折叠结构	2.68
非螺旋非折叠结构	0.61
未知 3D 结构	59.90

*数据统计截止时间为 2020 年 8 月 19 日。

β 折叠肽通过二硫键稳定结构,并组成两亲性分子,由于它们的刚性结构,β 折叠肽在水溶液中更为有序,在与膜相互作用时不会像螺旋肽那样发生剧烈的构象变化。最具代表性的 β 折叠肽是防御素。

三、抗菌肽的应用前景与亟待解决的问题

(一)抗菌肽的应用前景

传统抗生素在临床上的应用,使越来越多的病原微生物产生了耐药性。抗菌

肽是生物在生存过程中为适应外界环境，在体内产生的一类对病原微生物或癌细胞有选择性抑杀作用的多肽。由于抗菌肽的作用机制涉及攻击多个低亲和力靶标，所以病原微生物很难对其产生耐药性[23]。因此，抗菌肽可能是解决病原菌耐药性问题的最佳选择。用抗菌肽治疗人和动物的感染性疾病有着极大潜力。近年来，为了解决病原菌耐药性问题，越来越多的科研工作者开始将目光投向抗菌肽研究。国外报道的抗菌肽主要有天蚕素、防御素、Maganin 等。我国科学家以两栖类动物、家蚕、果蝇、微生物等为研究对象，发现了多种具有抗菌活性的多肽。其中从两栖类动物（如侏儒爪蟾、树蛙、中华大蟾蜍、大蹼铃蟾、云南臭蛙、牛蛙）中分离提取的抗菌肽占很大比例。随着动物和微生物抗菌肽理论与应用研究的逐渐深入，先后有 Maganin、乳链菌肽（即乳酸链球菌素，乳酸链球菌肽，nisin）和 Cecropins 等抗菌肽在医药、食品和农业领域应用。目前，抗菌肽的应用研究领域主要包括动植物转基因工程领域、食品和化妆品行业、畜牧业和医药行业等。

1. 抗菌肽在动植物转基因工程领域的应用

科学家使用转基因技术，试图将具有稳定性好、活性强、抗菌谱广、毒性低等优良特性的抗菌肽的基因导入动植物体内，以期获得抗病能力强的动植物。抗菌肽在植物基因工程方面的应用，成功的案例较多。例如，李乃坚等应用花粉管通道技术成功将抗菌肽 B 的基因整合到烟草基因组中，并获得遗传特性[24]。抗菌肽转基因动物可使动物具有更强的抗病能力。例如，2008 年，Cheung 等利用转基因技术，成功将 Protegrin-1 的基因转入小鼠体内，获得了转基因小鼠，使其抗放线杆菌的能力提高[25]。抗菌肽在动物转基因工程方面的应用仍处于实验阶段。

2. 抗菌肽在食品和化妆品行业的应用

抗菌肽具有广谱抗菌活性，经常被用于食品的保鲜、保藏及化妆品的防腐等。目前，部分研究人员正致力于将抗菌肽开发成新型食品添加剂或防腐剂，例如，乳链菌肽被用于食品保藏剂和香口剂。另外，抗菌肽防腐剂在化妆品行业也具有很大的开发潜力和优势[26]。

3. 抗菌肽在畜牧业的应用

传统抗生素、传统兽药及传统饲料添加剂的广泛使用，使动物产生了耐药性及药物体内残留问题，严重影响了畜牧业发展和人类健康。为了解决这一问题，研究人员将抗蛋白酶降解的抗菌肽作为添加剂加入饲料，以此来提高动物的抗病能力，减少药物体内残留，提高肉类产品质量[27]。科研人员还将抗菌肽基因转化到酵母内进行高效表达，优化其发酵条件，生产出新型酵母制剂，替代传统抗生素，对畜牧业的发展具有积极影响[28]。

4. 抗菌肽在医药行业的应用

目前，被美国食品药品监督管理局（Food and Drug Administration，FDA）批准应用于临床的抗菌肽有 13 种（表 1-4），还有多种抗菌肽正在进行临床研究（表 1-5）[29]。抗菌肽因其特有的应用潜力，成为生物化学、药学等领域的研究热点[30-34]。抗菌肽具有抗菌谱广、热稳定性高、作用机制多样、不易产生耐药性等优点，这为解决传统抗生素的耐药性问题提供了潜在的解决办法，被认为是传统抗生素的理想替代者[35]。抗菌肽发挥作用时，不仅与病原微生物直接作用，还可通过其他方式杀死病原微生物，如调节多种炎性介质等[36,37]。因此，抗菌肽有望开发成新一代抗感染药物[38]。

表 1-4 美国食品药品监督管理局（FDA）及其他国家批准的抗菌肽药物

通用名称	来源	医疗用途	批准时间	作用方式	商品名/公司
杆菌肽	枯草芽孢杆菌	皮肤与软组织局部感染、皮肤创面的感染、大面积手术或烧烫伤感染、眼结膜感染、五官和口腔感染、膀胱冲洗或脓腔注入	1984 年	特异抑制细菌细胞壁合成阶段的脱磷酸化作用，影响磷脂转运和向细胞壁支架输送黏肽，抑制细菌细胞壁的合成	BACiiM / X-GEN Pharmaceuticals
波普瑞韦	合成肽	基因 1 型丙型肝炎	2011 年	波普瑞韦为丙型肝炎病毒非结构蛋白 3/4A 丝氨酸蛋白酶抑制剂，抑制病毒 DNA 复制	Victrelis/Merk 公司
达巴万星	半合成脂糖肽	急性细菌性皮肤病和皮肤结构感染	2014 年	抑制细菌细胞壁肽聚糖的延伸和交联，阻止细胞壁合成	Dalvance/Durata 制药公司
达托霉素	玫瑰孢链霉菌	细菌皮肤和皮下组织感染	2003 年	扰乱细胞膜对氨基酸的转运，从而阻碍细菌细胞壁肽聚糖和胞壁酸酯的生物合成，改变细胞膜电位；还能够破坏细菌细胞膜	Cubicin/Cubist 制药公司
恩夫韦地	合成肽	治疗 HIV-1 感染	2003 年	可与病毒包膜糖蛋白结合，阻止病毒与细胞膜融合所必需的构象变化，从而抑制 HIV-1 的复制	Fuzeon/美国 Trimeris 公司和瑞士 Roche 公司共同开发
天然干扰素-α	人血液	用于治疗转移性肾细胞癌、乙型肝炎	2006 年	提高身体的天然防御功能	Intron/Roferon-A 和 Roche 公司
奥利万星	半合成糖肽	急性细菌性皮肤病和皮肤结构感染	2014 年	抑制革兰氏阳性菌细胞壁的生物合成	Orbactiv/Medicines 公司
替考拉宁	半合成糖肽	金黄色葡萄球菌及链球菌属等敏感菌所致的严重感染，如心内膜炎、骨髓炎、败血症及呼吸道、泌尿道、皮肤、软组织等的感染	1990 年	干扰细菌细胞壁肽聚糖中部分合成过程	Targocid/Sanofi 公司和 Cipla 公司

续表

通用名称	来源	医疗用途	批准时间	作用方式	商品名/公司
特拉匹韦	半合成肽	丙型肝炎	2011 年	丙型肝炎病毒 NS3-4A 蛋白酶抑制剂	Incivek/Vertex 制药公司/Johnson & Johnson
替拉万星	万古霉素的衍生物	革兰氏阳性菌,特别是 MDRS 引起的感染	2009 年	抑制糖苷转移酶和转肽酶,阻碍肽聚糖合成和交联,干扰细胞壁和肽聚糖合成	Vibativ/Theravance Biopharma
万古霉素	东方拟无枝酸菌	革兰氏阳性菌,特别是 MDRS 引起的感染	1954 年	通过抑制革兰氏阳性菌的细胞壁合成而起作用	Alvanco/Human Pharmacia or Vancocin 和 Eli-Lilly 公司
P178(T20, Enfuvirtide & Fuzeon)	合成肽	治疗 HIV-1 感染	2007 年	抑制 HIV-1 与细胞膜的融合	Trimeris 公司
齐考诺肽	ω-芋螺毒素	鞘内输注治疗用其他治疗方法(如全身性镇痛、辅助治疗或鞘内输注吗啡)耐受或无效的慢性严重疼痛	2005 年	阻滞 N 型钙通道	Prialt/Neurex group

表 1-5 处于临床试验阶段的抗菌肽药物

通用名称	来源	医疗用途	研发阶段	公司名称
Histatin	人的唾液	口腔念珠菌病的漱口治疗	临床 II～III 期	Demgen、Dow Pharmaceutical Sciences 和 Pacgen
P113	人的唾液	HIV 患者口腔念珠菌病的漱口治疗	临床 II 期(已完成)	Demegen
MX-594AN	牛中性粒细胞胞浆颗粒	导管感染及其他痤疮类治疗	临床 II 期 b 段	Migenix
hLF1-11	人	LPS 介导的真菌感染性疾病治疗	临床 I 期	AM-Pharma
Myoprex	昆虫	肠胃外给药,真菌感染	临床 III 期	Xoma Ltd
Plectasin	*Pseudoplectania nigrella*	肺炎球菌和链球菌感染	临床 I 期	Novozymes A/S
PAC113	人的唾液	口腔念珠菌感染	临床 II 期 b 阶段	Pacgen
EA-230	人绒毛膜促性腺激素(HCG)	败血症	临床 II 期	Xoma
XOMA-629	合成肽	短小棒状杆菌引起的脓包	临床 II 期 a 阶段	Xoma
DiaPep277	人热休克蛋白 60(Hsp60)	1 型糖尿病	临床 III 期	DeveloGen
Pliditepsin (Aplidin)	地中海海鞘	癌症	临床 II 期或 III 期	PharmaMar
PM060184	*Lithop locamialithistoides*	癌症	临床 I 期	PharmaMar
Marizomib	放线菌和盐藻	癌症	临床 I 期	Nereus Pharmaceutical

（二）抗菌肽药物开发面临的挑战与应对策略

近十年来，抗菌肽研究备受关注，数百种肽处于临床前研究或开发中[39]。但由于抗菌肽相较于抗生素活性弱、易被各种蛋白酶降解、无特异性细胞毒性及易被肾清除，使其在临床试验中仅限于局部应用[29,40]。抗菌肽的特异性和活性取决于其与靶细胞的相互作用。抗菌肽在靶细胞膜上的积累，使靶细胞膜被破坏，有些抗菌肽就是通过直接破膜导致细胞死亡[41]。因此，控制抗菌肽的膜选择性是抗菌肽药物开发要解决的一个重要问题。

为提高抗菌肽的稳定性、安全性和有效性，科研工作者已进行了各种研究。例如，引入非天然氨基酸、天然或非天然氨基酸类似物、肽模拟物、肽链环化等，通过对抗菌肽进行化学改性，可以提高其稳定性、生物相容性[42,43]。群居黄蜂 *Polybia paulista* 毒液中的抗菌肽 Polybia-MPI，具有广谱活性，可杀灭细菌和真菌。为了防止蛋白酶对 Polybia-MPI 的水解，Zhao 等合成了 D-赖氨酸取代的类似物（D-Lysine-MPI）和 Polybia-MPI 的 D-对映体[44]。

剂型和给药策略是新药研发的重要内容。合理的剂型可以提高 AMP 的治疗指标和生物利用度。应用不同的输送系统可以改善抗菌肽的毒性、稳定性、半衰期和释放特性。使用运载工具、纳米载体吸附或封装抗菌肽，将抗菌肽特异性地转移到特定位置，从而实现控释和缓释[45,46]。目前，常用的载体有水凝胶[47]、壳聚糖[48]、透明质酸[49]等聚合材料。抗菌肽可以共价附着或非共价封装到递送系统。用水凝胶[47]、脂质体[50]、大分子材料[51]等制备的抗菌肽纳米药物递送系统，广泛用于抗菌肽缓释和控释研究。

目前，聚乙二醇（PEG）常被用于抗菌肽的修饰。聚乙二醇修饰，可以提高抗菌肽水溶性，降低抗菌肽的血浆清除率，改善抗菌肽药代动力学性质，保护抗菌肽不被酶降解，延长抗菌肽药物半衰期[52,53]。聚乙二醇化抑制肽类药物与膜的相互作用，因此可以减少肽类药物与生物靶点的结合，导致临床功能降低[54]。

合适的递送系统可以提高抗菌肽理化稳定性、靶向性，提高生物利用度，防止蛋白酶降解。乳链菌肽用脂质体包封后，可以使其免受极端的碱性/酸性条件和高温的损害[55]。无机材料，如介孔二氧化硅颗粒[56]、量子点[57]、金和银纳米颗粒[58,59]、钛[60]、石墨烯[61]和碳纳米管[62]等，也已用于抗菌肽递送系统。由于具有装载抗菌肽的确定介孔，二氧化硅纳米颗粒已广泛用于抗菌肽递送系统[63]。

由于血浆中酶的降解和肝、肾的快速清除，静脉内给药抗菌肽的半衰期短。因此，抗菌肽的局部应用是最常见的给药途径，包括局部皮肤乳膏、皮肤柔软剂、手术部位或鼻喷雾剂。为了促进抗菌肽的快速渗透，通常将抗菌肽与渗透增强剂一起使用；为了增加亲脂性，将抗菌肽封装在疏水性载体中，或用疏水性基团对抗菌肽进行化学修饰。

抑制病原微生物生物膜的形成可以阻止其黏附、定居。用抗生物膜抗菌肽涂覆生物材料、医疗器械和植入物的方法日趋成熟，在体外[64,65]和体内[66]均显示出有益作用。抗菌肽与抑制病原微生物生物膜形成的酶一起使用，对慢性伤口感染的治疗具有协同作用[67]。

重组表达是化学合成抗菌肽的一种替代方法，但其研发周期长、成本高，而且在肽序列的修饰方面也有局限性。生产成本高也限制了抗菌肽的临床应用。根据 Marr 等估计，生产 1 g 多肽的成本为 50～400 美元[68]。鉴于抗菌肽生产成本问题，其在多肽生产技术方面值得深入研究。

第二节　嗜铬粒蛋白 A 衍生抗菌肽

嗜铬粒蛋白（chromogranin, CG）是一个水溶性酸性糖蛋白家族，主要包括嗜铬粒蛋白 A（CGA）、嗜铬粒蛋白 B（CGB）和嗜铬粒蛋白 C（CGC）。通过免疫组织化学、放射性免疫测定、原位杂交和 Northern 印迹杂交技术检测发现，CG 存在于几乎所有内分泌组织和神经组织中。在亚细胞水平，嗜铬粒蛋白储存在含有蛋白质和肽类激素的致密核心囊泡中。嗜铬粒蛋白有两个重要特征：一是其基因编码的氨基（N—）末端信号肽可以引导蛋白质转运进入高尔基复合体，具有与钙结合的能力；二是具有若干易被蛋白酶识别的碱性氨基酸位点，形成生物活性肽的裂解部位[69,70]。在 CGA、CGB 和 CGC 中，CGA 分布最为普遍，其基因定位在 14 号染色体上。CGA 最初是在肾上腺细胞嗜铬颗粒中发现的，故被称为嗜铬粒蛋白。后来发现其广泛存在于所有能分泌儿茶酚胺的内分泌细胞囊泡中，与儿茶酚胺共同储存和释放。CGA 是一种酸性、亲水性多肽，由 439 个氨基酸组成，含有若干易被蛋白酶识别的碱性氨基酸位点，易被水解成具有特定生物活性的多肽片段。CGA 及其衍生片段向我们展现了一段极为古老的进化历程，从哺乳动物到无脊椎动物几乎无所不在地贯穿于动物世界[71]。

一、嗜铬粒蛋白 A 研究现状

1986 年，Tatemoto[72]从胰岛细胞嗜铬颗粒中分离出一种由 49 个氨基酸组成的新型多肽并进行了测序，该新型多肽强烈抑制葡萄糖诱导的胰岛素从胰腺释放，因此被命名为胰抑素。同年，Iacangelo 等[73]首次对牛嗜铬粒蛋白 A 进行测序，并构建了牛 CGA 的 cDNA 文库。1987 年，Lee[74]发现 Tatemoto 所发表的胰抑素序列与牛 CGA 的部分序列相同，故推测 CGA 是胰岛素抑制因子或类胰岛素抑制因子的激素前体。1988 年，Helman 构建了人的 CGA cDNA 文库并测序，发现人嗜铬粒蛋白 A 前体由 457 个氨基酸组成，其中包括由 18 个氨基酸组成的信号肽序列。成熟 CGA 分子质量大约为 4.8 kDa。与前人公布的牛、猪、鼠的 CGA 序列对比可知，它们的 N 端和 C 端具有高度同源性[75]。

1993 年，Fasciotto 发现 CGA 的 347～419 位氨基酸片段具有抑制甲状旁腺细胞分泌甲状旁腺的功能[76]。同年，Metz-Boutique 的研究表明，CGA 上有一些保守的氨基酸残基是潜在的蛋白酶水解位点，经过自然水解产生各种具有抑制功能的生物活性衍生肽[70]。例如，CGA248-293（pancreastatin，PST）具有抑制胰岛素分泌活性，CGA79-115 具有抑制前列腺癌细胞生长和迁移的功能，CGA1-76（vasostatin-I，VS-I）[77]、CGA1-113（vasostatin-II，VS-II）[78]等具有抑制血管收缩的功能。2000 年，Lugardon 等[77]发现 vasostatin-I 具有抗真菌和抗细菌功能。这些短肽可调节能量代谢、激素分泌、Ca^{2+}稳态和心血管功能。CGA 高度保守，尤其是其氨基（N—）末端区域（CGA1-76）和羧基（C—）末端区域（CGA316-431）[69,79]。CGA 可在涉及防御功能的生物体液（血清、唾液）和受刺激的中性粒细胞分泌物中收集检测到[71]。患有肾和肝功能衰竭、心脏骤停和原发性高血压等疾病患者的血清中 CGA 含量升高。在炎症患者血清中也出现了上述现象，证实 CGA 参与了炎症反应[80,81]。

Lugardon 等[82]的进一步研究结果证实，CGA47-66 具有抗真菌活性，在钙离子存在下，具有抑制钙调磷酸化酶的活性。这与 "CGA 是某些具有抑制功能的激素前体"[83]的推论相符。用 ^{1}HNMR 分析人工合成的 CGA N 端 47～66 位氨基酸，其空间结构为 α 螺旋。CGA47-66 的二级结构对其穿透细胞膜具有重要意义。

Radek 等[84]研究发现，牛源 CGA344-364（又名 catestatin）是 CGA 第二个具有抗病原微生物活性的重要防御分子。实验证明，catestatin 是一个具有抗菌、抗原虫的多功能肽[85,86]。因此，科学家认为 CGA N 端抗菌肽 CGA1-76 和 catestatin 是机体天然免疫的重要成员[87,88]。

嗜铬粒蛋白 A 是神经内分泌细胞标志物，Krivova 等[89]用免疫组化方法，研究嗜铬粒蛋白 A 在人胰腺发育过程中的分布，证明该标志物可以用于研究胰腺内分泌组织的发育机制。机体在应激状态下，嗜铬粒蛋白 A 发挥防御和适应性调节功能。血清嗜铬粒蛋白 A 水平已成为入院患者，特别是重症监护室（intensive care unit，ICU）患者入院病情检测项目中的重要生理指标。在肺、心脏和肝等多重脏器衰竭的患者中，嗜铬粒蛋白 A 水平增高[90,91]。嗜铬粒蛋白 A 的应急产生不仅是作为应激标志，其本身也参与严重病理状态下机体功能的修复调节。体外实验表明，重组 CGA1-76，即血管抑素-I（vasostatin-I，VS-I），可抑制 TNF-α 对肺动脉内皮细胞（pulmonary artery endothelial cell，PAEC）单层结构和动脉内皮细胞融合层结构的破坏作用[92]。

综上所述，在组织细胞中，机体以前体肽合成嗜铬粒蛋白 A 后，通过高尔基体分泌到细胞外。嗜铬粒蛋白 A 有多种蛋白酶切位点，在不同组织细胞中被相应的蛋白酶水解成不同的特异性功能片段。研究表明，嗜铬粒蛋白 A 水解后产生的衍生肽段具有抑制血管收缩、抗菌、抑制内分泌激素分泌等多种生物学活性。

下面对已报道的嗜铬粒蛋白 A 衍生活性肽段的功能进行介绍。

①抑制血管收缩。血管收缩抑制因子（vasostatin）有抑制血管收缩和负性肌力的作用。具有该功能的 CGA 衍生肽段主要有 vasostatin-I（CGA1-76）和 vasostatin-II（CGA1-113）。Gallo 等[93]发现 vasostatin-I 可以通过诱导释放 NO 对抗大鼠肾上腺素介导的心肌收缩。

②抗菌活性。vasostatin-I 是嗜铬粒蛋白 A（1-76）的天然片段，是一种能在微摩尔浓度范围内杀死多种真菌的神经肽。在 $1\sim10$ μmol/L 浓度范围内的 vasostatin-I 可有效抑制酵母细胞，如酿酒酵母、白念珠菌及多种丝状真菌（包括烟曲霉菌、镰刀菌）等细胞的生长，甚至浓度低至 0.2 μmol/L 仍可以完全抑制巨大芽孢杆菌的生长。该活性与其正电荷、疏水力及二硫桥（Cys17-Cys38）等理化性质有关[82,88]。其抗真菌机制可能是由于干扰了真菌细胞壁和质膜的稳定性，通过抑制钙调磷酸化酶的活性而影响钙调蛋白的功能，从而抑制或杀死丝状真菌和酵母[82]。牛 CGA344-364（catestatin，CTS）及衍生肽 hCGA344-358（cateslytin）对革兰氏阳性菌、革兰氏阴性菌、白念珠菌、热带念珠菌、光滑念珠菌、新型隐球菌都有显著的抑菌效果[85,94]。牛 CGA 衍生肽 bCGA173-194（chromacin）[95]及 CGB 衍生肽[96]等对细菌、真菌和疟原虫具有抑制活性。

③抑制甲状旁腺分泌。含 Cys^{17}-Cys^{38} 二硫桥的多肽 CGA1-40 被称为甲状旁腺抑制激素（parastatin），具有血管扩张作用和抑制甲状旁腺素分泌的作用。

④抑制胰岛素释放。CGA250-301 被称为胰抑素（pancreastatin）。在正常人体中，胰抑素含量很少，但在 2 型糖尿病患者体内较高。主要是因为胰抑素能够抑制胰岛素释放，并能够阻碍脂肪细胞中葡萄糖的运输和利用。Díaz 等发现胰抑素还对肝癌细胞有抑制作用[97]。

⑤抑制儿茶酚胺释放。人 CGA352-372 与牛 CGA344-364（catestatin）序列具有高度同源性，由于含有抗菌活性区域 hCGA344-358（cateslytin），在极低浓度下，能抑制细菌和真菌的生长[85]，因此，也被称为 catestatin。它还能直接作用于烟碱受体抑制儿茶酚胺释放[98]。

二、嗜铬粒蛋白 A 衍生抗真菌肽 CGA-N46 的发现

21 世纪以来，由念珠菌、曲霉菌、隐球菌等引起的条件性真菌感染率逐渐上升。病原真菌耐药性成为真菌感染治疗不容忽视的一个重要医学问题。相较于其他功能类药物，抗真菌药物品种可选范围小，先导化合物少。因此，我们决定从嗜铬粒蛋白 A 衍生肽中筛选抗真菌活性肽。

相较于传统抗生素，天然抗菌肽的活性并不是很高。抗菌肽越短，越容易被细胞吸收。因此，对天然抗菌肽序列进行有效缩短，删除没有功能或抑菌功能的区段，是抗菌肽改造的重要方面。Andreu[99]在研究抗菌肽 Cecropin A 时，设计了一系列 Cecropin A 羧基端衍生物，与母肽相比，衍生物分子质量更小、活性更高。Buforin 是一种由 39 个氨基酸残基组成的抗菌肽。Park[100]发现由羧基端 26 个氨基酸组成的衍生肽 Buforin II 与母肽 Buforin I 相比，抗细菌、抗真菌活性更强，溶血性更小。PMAP-36 是一种含有 36 个氨基酸残基的抗菌肽。Lv 等[101]在研究抗菌肽 PMAP-36 时，将抗菌肽的羧基端去除 12 个氨基酸，获得了 24 个氨基酸组成的氨基端衍生物 GI24，与母肽 PMAP-36 抑菌活性一致，证明其氨基端是抗菌肽 PMAP 的活性区域。因此，适量去除抗菌肽中的非必要氨基酸，会提高抗菌肽的活性，降低合成成本。

CGA47-66 是 CGA N 端最短的抗真菌活性片段。采用美国临床和实验室标准协会（Clinical and Laboratory Standards Institute，CLSI）推荐的 M27-A 方案中的微量稀释法进行体外抗真菌活性测定，发现 CGA47-66 对白念珠菌、热带念珠菌的最小抑菌浓度（MIC_{100}）为 50 μmol/L。通常采用基因工程方法表达 30 个以上氨基酸组成的多肽。为寻找高效低毒的抗真菌片段，并能够利用基因工程方法表达，我们设计合成了几个 CGA N 端衍生肽。

CGA N 端 Cys^{17}-Cys^{38} 之间的二硫键对 CGA 抗细菌活性具有重要作用[83]。为了摆脱 CGA1-17 的抗细菌活性，寻找较短的、具有较高抗真菌活性的片段，我们选择 CGA18-76、CGA18-66 和 CGA31-76（又称 CGA-N46）进行抗真菌活性研究，并与 CGA1-76 进行比较，旨在获得具有较高抗真菌活性的 CGA 衍生片段。

（一）嗜铬粒蛋白 A 衍生抗菌肽的表达

应用 PCR 技术，以 CGA cDNA 为模板，扩增其 N 端 1～76、18～76、18～66、31～76 位氨基酸组成肽段（CGA1-76、CGA18-76、CGA18-66、CGA31-76）的编码基因，克隆到枯草芽孢杆菌诱导型表达载体 pSBPTQ 上。将构建好的重组质粒 pSVTQ、pSC18-76、pSC18-66 和 pSC31-76，通过感受态细胞转化法，分别转化蛋白酶缺陷型枯草芽孢杆菌菌株 DB1342（his、nprR2、nprE18、aprAS 和 epr），蔗糖诱导发酵表达，离心收集培养液上清进行 SDS-PAGE 分析。对首次表达的 CGA1-76 还进行了免疫印迹鉴定，结果如图 1-2～图 1-5 所示。研究结果表明，重组 CGA1-76、CGA18-76、CGA18-66 和 CGA31-76 经诱导后获得表达，并分泌到细胞外。

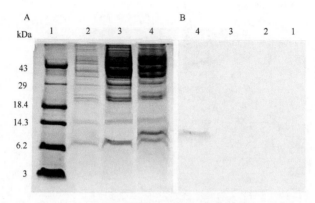

图 1-2 枯草芽孢杆菌 DB1342（pSVTQ）表达产物 SDS-PAGE 和免疫印迹分析

A. SDS-PAGE；B. 免疫印迹

1. 蛋白质分子质量标准；2. 诱导的 DB1342（pSBPTQ）；3. 未诱导的 DB1342（pSVTQ）；4. 诱导的 DB1342（pSVTQ）

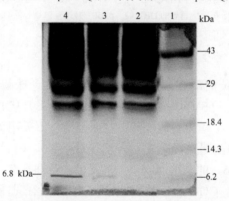

图 1-3 枯草芽孢杆菌 DB1342（pSC18-76）表达产物 SDS-PAGE 分析

1. 蛋白质分子质量标准；2. 诱导的 DB1342（pSBPTQ）；3. 未诱导的 DB1342（pSC18-76）；
4. 诱导的 DB1342（pSC18-76）

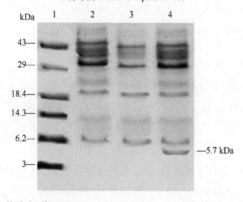

图 1-4 枯草芽孢杆菌 DB1342（pSC18-66）表达产物的 SDS-PAGE 分析

1. 蛋白质分子质量标准；2. 诱导的 DB1342（pSBPTQ）；3. 未诱导的 DB1342（pSC18-66）；
4. 诱导的 DB1342（pSC18-66）

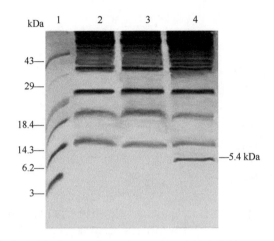

图 1-5　枯草芽孢杆菌 DB1342（pSC31-76）表达产物的 SDS-PAGE 分析

1. 蛋白质分子质量标准；2. 诱导的 DB1342（pSBPTQ）；3. 未诱导的 DB1342（pSC31-76）；
4. 诱导的 DB1342（pSC31-76）

（二）嗜铬粒蛋白 A 衍生抗菌肽抗真菌活性

　　选用烟曲霉菌、黄曲霉菌、石膏样小孢子菌和白念珠菌为受试菌，将 DB1342（pSBPTQ）、DB1342（pSVTQ）、DB1342（pSC18-76）、DB1342（pSC18-66）和 DB1342（pSC31-76）工程菌表达上清，在无菌条件下采用琼脂扩散法研究其抗真菌活性。通过比较抑菌圈直径大小，发现 CGA1-76、CGA18-76、CGA18-66 和 CGA31-76（CGA-N46）的表达产物对烟曲霉菌、黄曲霉菌、石膏样小孢子菌和白念珠菌均有抑制作用。CGA 的 4 个衍生片段抑菌圈直径见图 1-6。在 4 个片段中，CGA18-66 对烟曲霉菌、黄曲霉菌、石膏样小孢子菌和白念珠菌均有较强的抑制作用，抑菌圈直径达到 12 mm；CGA-N46 对白念珠菌的抑制作用最强，抑菌圈直径达到 30 mm；CGA18-76 和 CGA1-76 抗真菌活性较小，抑菌圈直径仅为 8 mm 左右。

（三）嗜铬粒蛋白 A 衍生抗菌肽的抗细菌活性

　　为判断筛选到的抗菌肽是否去除了抗细菌活性，以便用原核表达系统进行发酵表达，我们选用大肠杆菌和枯草芽孢杆菌为受试菌，将 DB1342（pSBPTQ）、DB1342（pSVTQ）、DB1342（pSC18-76）、DB1342（pSC18-66）和 DB1342（pSC31-76）工程菌表达上清，在无菌条件下采用琼脂扩散法，判断 CGA1-76、CGA18-76、CGA 18-66 和 CGA-N46 的抗细菌活性，结果如图 1-7 所示。测量抑菌圈直径，结果见表 1-6。在 CGA1-76、CGA18-76、CGA18-66 和 CGA-N46 中，CGA1-76 对 *E. coli* DH5α 和 *B. subtilis* DB1342 抑制作用最强，抑菌圈直径均达到 22 mm；CGA18-66 次之，抑菌圈直径分别为 9 mm 和 12 mm；CGA18-76 和 CGA-N46 对大肠杆菌和枯草杆菌均失去抑制作用，抑菌圈直径均为 0 mm。

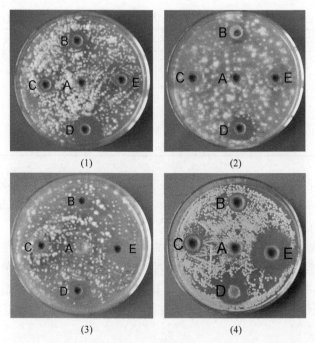

图 1-6 重组 CGA1-76、CGA18-76、CGA18-66 和 CGA-N46 对病原真菌生长的影响

A. DB1342（pSBPTQ）对照；B. DB1342（pSVTQ）诱导表达产物；C. DB1342（pSC18-76）诱导表达产物；
D. DB1342（pSC18-66）诱导表达产物；E. DB1342（pSC31-76）诱导表达产物
（1）烟曲霉菌；（2）黄曲霉菌；（3）石膏样小孢子菌；（4）白念珠菌

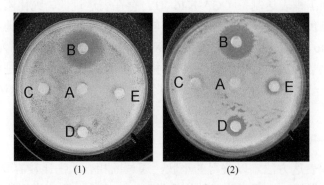

图 1-7 重组 CGA1-76、CGA18-76、CGA18-66 和 CGA-N46 对大肠杆菌和枯草芽孢杆菌生长
的抑制作用

A. DB1342（pSBPTQ）对照；B. DB1342（pSVTQ）诱导表达产物；C. DB1342（pSC18-76）诱导表达产物；
D. DB1342（pSC18-66）诱导表达产物；E. DB1342（pSC31-76）诱导表达产物
（1）*E. coli* DH5α；（2）*B. subtilis* DB1342

表 1-6　重组 CGA1-76、CGA18-76、CGA18-66 和 CGA-N46 的抑菌圈直径（单位：mm）

	烟曲霉菌	黄曲霉菌	石膏样小孢子菌	白念珠菌	大肠杆菌	枯草芽孢杆菌
阴性对照	0	0	0	0	0	0
CGA1-76	8	8	8	8	22	22
CGA18-76	8	8	8	8	0	0
CGA18-66	12	12	12	12	9	11
CGA-N46	8	8	14	30	0	0

研究结果表明，CGA1-76、CGA18-76、CGA18-66 和 CGA-N46 对烟曲霉菌、黄曲霉菌、石膏样小孢子菌和白念珠菌均有抑制作用，CGA18-66 是 CGA 的抗真菌活性区，而 CGA-N46 对白念珠菌的特异性抑制作用最强[102,103]。

研究 CGA1-76、CGA18-76、CGA18-66 和 CGA-N46 对大肠杆菌和枯草芽孢杆菌的抑制活性实验表明，CGA 1-76 对大肠杆菌和枯草芽孢杆菌的抑制作用最强。随着 N 端氨基酸片段的逐渐缩短，其抗细菌活性依次减弱，最后消失，说明 N 端 Cys^{17}-Cys^{38} 之间的二硫键是 CGA 抗细菌活性的必需构型，证实了 Lugardon 的实验结果[82]。

三、嗜铬粒蛋白 A 衍生抗真菌肽 CGA-N12 和 CGA-N9 的发现

采用基因工程表达制备 CGA-N46 时，存在表达量低、纯化困难的问题。尽管进行了多顺反子表达[104]和发酵条件响应面法优化[105]，仍未能满足要求。化学合成 CGA-N46，由于片段长，合成费用高，产品纯度也难以保证。为了获得高效、低毒、便于化学合成的抗真菌肽，我们对 CGA-N46 的衍生片段进行了筛选，获得了活性高、安全性好、两亲性不同的两个衍生肽 CGA-N12 和 CGA-N9，下面介绍其发现经过。

（一）CGA-N46 衍生肽的筛选

基因工程表达方法难以获得的小肽，通过固相合成法比较容易得到[106,107]。生物信息学的发展，为研究分子结构提供了一个平台。利用生物信息学软件对肽的理化性质进行分析，可以为有目的地设计和改造抗菌肽提供思路。基于 CGA-N46 氨基酸序列，进行衍生抗真菌肽的筛选，目的是获得序列短、半衰期长、稳定性高的衍生肽。实验室自建计算机程序，通过保持氨基端不变，逐个删减 CGA-N46 羧基端氨基酸残基得到一系列 CGA-N46 衍生肽；保持羧基端不变，逐个删减 CGA-N46 氨基端氨基酸残基得到一系列 CGA-N46 衍生肽。利用 http://www.expasy.ch/tools/网站 ProtParam 工具，分析 CGA-N46 及其衍生肽的等电

点、总平均亲水性，以及在哺乳动物红细胞内、真核细胞内、原核细胞内的半衰期和脂肪指数（aliphatic index）等理化性质，筛选出稳定性高、半衰期长的衍生肽，确定为研究对象。通过筛选，共获得 5 个衍生肽段，分别为 CGA46-60、CGA61-76、CGA65-76、CGA68-75 和 CGA47-55，为便于书写，分别命名为 CGA-N15、CGA-N16、CGA-N12、CGA-N8 和 CGA-N9。它们的氨基酸序列及其与母肽 CGA-N46 的关系见表 1-7。通过筛选获得的这几个衍生肽，长度短，氨基酸个数少，能够采用 Fmoc 固相合成法合成，采用 HPLC 技术纯化制备。

表 1-7　CGA-N46 及其衍生肽的氨基酸序列

抗真菌肽名称	氨基酸序列（N→C）
CGA-N46	PMPVSQECFETLRGHERILSILRHQNLLKELQDLALQGAKERAHQQ
CGA-N15	ERILSILRHQNLLKE
CGA-N16	LQDLALQGAKERAHQQ
CGA-N12	ALQGAKERAHQQ
CGA-N8	GAKERAHQ
CGA-N9	RILSILRHQ

（二）CGA-N46 衍生肽抗真菌活性及溶血性

采用美国临床和实验室标准协会（CLSI）推荐的 M27-A 方案中的微量稀释法进行体外抗真菌活性测定，测试菌为白念珠菌、热带念珠菌、光滑念珠菌、近平滑念珠菌、克柔念珠菌等临床常见致病菌。计算 MIC_{100} 和存活率。MIC_{100} 指能够 99.9%抑制病原微生物生长的抗菌肽最小浓度。能够被 MIC_{100} 抑制的病原菌为敏感菌。培养基作为空白对照，正常生长的微生物细胞作为阴性对照。抗菌肽抑菌率计算公式如下：

$$细胞生长抑制率（\%）=$$
$$[1-(样品组\ A_{570}-空白组\ A_{570})/(对照组\ A_{570}-空白组\ A_{570})]\times100\% \quad (1\text{-}1)$$

采用分光光度法测定溶血性。用生理盐水代替 PBS，96 孔板梯度稀释 CGA-N46 及其衍生肽溶液。引起 5%溶血的抗菌肽最小浓度定义为最小溶血浓度（minimum hemolytic concentration，MHC）。抗菌肽溶血率计算公式如下：

$$溶血率（\%）=$$
$$(样品\ A_{570}-阴性对照\ A_{570})/(阳性对照\ A_{570}-阴性对照\ A_{570})\times100\% \quad (1\text{-}2)$$

CGA-N46 及其衍生肽对不同测试菌的 MIC_{100} 和 MHC 见表 1-8。从表 1-8 可以看出，CGA-N46 衍生肽对 5 种念珠菌生长具有较强的抑制作用且抑菌活性明显高于母肽 CGA-N46。不同衍生肽对不同念珠菌具有不同的抗菌活性。CGA-N46 的敏感菌是克柔念珠菌，MIC_{100} 为 1872 μg/mL（370 μmol/L）；CGA-N15 和

CGA-N12 的敏感菌是热带念珠菌，MIC_{100} 为 120.5 μg/mL 和 99 μg/mL（73 μmol/L 和 75 μmol/L）；CGA-N16 的敏感菌是光滑念珠菌，MIC_{100} 为 492.8 μg/mL（280 μmol/L）；CGA-N8 的敏感菌是克柔念珠菌和白念珠菌，MIC_{100} 均为 211.2 μg/mL（240 μmol/L）；CGA-N9 敏感菌为热带念珠菌，MIC_{100} 为 3.9 μg/mL（3.9 μmol/L）。因此，衍生肽不同，敏感菌也不同，可能是因为衍生肽本身的电荷或两亲性对不同的念珠菌属具有不同的选择性或亲和性。与 Lugardon 发现的最短抗菌肽 CGA47-66（MIC_{100} 50 μmol/L）相比，我们发现了长度更短、活性更高的抗真菌活性片段 CGA47-55（CGA-N9，MIC_{100} 3.9 μmol/L）。

表 1-8　CGA-N46 及其衍生肽最低抑菌浓度及最小溶血浓度

	CGA-N46	CGA-N15	CGA-N16	CGA-N12	CGA-N8	CGA-N9
克柔念珠菌/（μg/mL）	1872	214.5	668.8	343	211.2	15.6
光滑念珠菌/（μg/mL）	2429	181.5	492.8	356	264	500
近平滑念珠菌/（μg/mL）	2429	214.5	563.2	356	264	250
热带念珠菌/（μg/mL）	2530	120.5	721.6	99	255.2	3.9
白念珠菌/（μg/mL）	2530	214.5	668.8	370	211.2	/
最小溶血浓度（MHC）/（μg/mL）	3744.4	51.2	98.6	514.8	237.6	105.6
治疗指数（TI）	2.0	0.4	0.2	5.2	1.1	27.1

　　CGA-N46 及其衍生肽的溶血性在一定程度上反映了它们对红细胞的毒性。实验结果显示，CGA-N46 衍生肽的溶血性与其浓度呈正相关，即剂量越大溶血越明显，当剂量变小时溶血性减少或消失（表 1-8）。CGA-N15 和 CGA-N16 在敏感菌 MIC_{100} 浓度时，溶血率大于 5%，溶血较为严重；CGA-N8 溶血性次之，CGA-N12 和 CGA-N9 溶血性最小，在其抗热带念珠菌的 MIC_{100} 浓度时，均未表现出溶血性。已报道的 BK、蜂毒肽（mellitin）等抗菌肽具有很高的溶血性。BK 是从蛙（*Bufo kavirensis*）的皮肤中分离纯化出的抗菌肽，在浓度为 100 μg/mL 时，溶血率为 5%[108]。蜂毒肽是从蜂毒中提取的抗菌肽，对细胞膜具有强表面活性和溶血作用，浓度为 2 μmol/L（5.69 μg/mL）时，溶血率为 10%[109]。与 BK 和蜂毒肽相比，CGA-N12 和 CGA-N9 安全性更高。

　　治疗指数（therapeutic index，TI）是 MHC 与敏感菌 MIC_{100} 比值。治疗指数越大，说明药物对靶细胞选择性越高，成药性越强。根据治疗指数从大到小排序，CGA-N46 及其衍生肽依次为 CGA-N9（27.1）、CGA-N12（5.2）、CGA-N46（2.0）、CGA-N8（1.1）、CGA-N15（0.4）和 CGA-N16（0.2）（表 1-8）。抑菌实验证明，CGA-N46 的中间片段和羧基端片段均具有较强的抑菌活性，远高于母肽 CGA-N46；但 CGA-N15 溶血性较强，不能作为理想肽。抑菌实验和溶血性实验结果证明，CGA-N12、CGA-N9 与母肽 CGA-N46 相比，抑菌活性强，治疗指数高，细胞选择性更好。

影响抗菌肽抑菌活性的因素很多，主要有氨基酸残基序列、肽链所带电荷、两亲性、抗菌肽二级结构等[110,111]。因此，不同衍生肽的敏感菌不同。

综上所述，我们利用自制计算机程序，采用从 CGA-N46 两端依次删减氨基酸的方法，设计出了 CGA-N46 系列衍生肽。运用生物信息学软件预测了 CGA-N46 衍生肽的理化性质和二级结构特征，对稳定性高、半衰期长的衍生肽进行抑菌活性测定，筛选到由 CGA-N46 羧基端 12 个氨基酸组成的衍生肽 CGA-N12 和氨基端 9 个氨基酸组成的衍生肽 CGA-N9[112,113]。

第三节　嗜铬粒蛋白 A 衍生抗真菌肽生物信息学分析

抗真菌肽的结构与功能密切相关。我们利用生物信息学知识并结合试验分析，获得了 CGA-N46、CGA-N12 和 CGA-N9 的结构特征和理化性质，具体情况如下。

一、结构特征

利用 http://www.expasy.ch/tools/网站 ExPASy 分析系统中的 ProtParam 工具，对 CGA-N46、CGA-N12 和 CGA-N9 的氨基酸组成、电荷分布、等电点、稳定性、两亲性和半衰期等理化性质进行分析。抗菌肽的氨基酸组成影响其电荷、两亲性、等电点等理化性质。CGA-N46、CGA-N12 和 CGA-N9 的氨基酸组成见表 1-9。在 CGA-N46、CGA-N12 和 CGA-N9 序列中，含量较多的氨基酸为谷氨酰胺（Gln）、亮氨酸（Leu）、精氨酸（Arg）和组氨酸（His），其他氨基酸没有明显偏好性。

表 1-9　CGA-N46、CGA-N12 和 CGA-N9 的氨基酸组成

氨基酸	氨基酸个数（百分含量/%）		
	CGA-N46	CGA-N12	CGA-N9
Ala（A）	3（6.5%）	3（25%）	0
Arg（R）	4（8.7%）	1（8.3%）	2（22.2%）
Asn（N）	1（2.2%）	0	0
Asp（D）	1（2.2%）	0	0
Cys（C）	1（2.2%）	0	0
Gln（Q）	6（13.0%）	3（25%）	1（11.1%）
Glu（E）	5（10.9%）	1（8.3%）	0
Gly（G）	2（4.3%）	1（8.3%）	0
His（H）	3（6.5%）	1（8.3%）	1（11.1%）

氨基酸	氨基酸个数（百分含量/%）		
	CGA-N46	CGA-N12	CGA-N9
Ile（I）	2（4.3%）	0	2（22.2%）
Leu（L）	8（17.4%）	1（8.3%）	2（22.2%）
Lys（K）	2（4.3%）	1（8.3%）	0
Met（M）	1（2.2%）	0	0
Phe（F）	1（2.2%）	0	0
Pro（P）	2（4.3%）	0	0
Ser（S）	2（4.3%）	0	1（11.1%）
Thr（T）	1（2.2%）	0	0
Trp（W）	0（0.0%）	0	0
Tyr（Y）	0（0.0%）	0	0
Val（V）	1（2.2%）	0	0

预测抗菌肽电荷分布，可帮助分析其细胞膜活性。CGA-N46、CGA-N12 和 CGA-N9 的电荷分布、两亲性氨基酸分布等特征见表 1-10。在 CGA-N46、CGA-N12 和 CGA-N9 序列中，带电荷氨基酸和两亲性氨基酸分散分布在序列中，没有聚集成簇现象。

表 1-10　CGA-N46、CGA-N12 和 CGA-N9 的氨基酸序列及电荷分布（N→C）

CGA-N46	氨基酸序列	PMPVSKECFETLRGDERILSILRHQNLLKELQDLALQGAKERAHQQ
	氨基酸特性	OOOOW+-WO-WO+W--+OOWOO++WWOO+-OW-OOOWWO-+-O+WW
CGA-N12	氨基酸序列	ALQGAKERAHQQ
	氨基酸特性	OOWWO+-+O+WW
CGA-N9	氨基酸序列	RILSILRHQ
	氨基酸特性	+OOWOO++W

注：W 表示亲水性氨基酸；O 表示疏水性氨基酸；+表示带正电荷氨基酸；-表示带负电荷氨基酸。

二、理化性质

在生物信息学分析中，用于表示抗菌肽稳定性的参数有脂肪指数、不稳定指数（instability index）和估计半衰期（estimated half-life）。

抗菌肽的脂肪指数代表了热稳定性，主要根据抗菌肽序列中 4 种脂肪族氨基酸（丙氨酸、缬氨酸、亮氨酸、异亮氨酸）的含量进行预测。脂肪指数越大，说明抗菌肽的热稳定性越高；反之，热稳定性越低。CGA-N46、CGA-N12 和 CGA-N9 的脂肪指数见表 1-11。结果表明，CGA-N46、CGA-N12 和 CGA-N9 都有很高的热稳定性，其中，CGA-N9 热稳定性最高。

表 1-11 CGA-N46、CGA-N12 和 CGA-N9 的理化性质预测

肽名称	相对分子质量	pI	净电荷	GRAVY	半衰期			脂肪指数
					哺乳动物细胞	酵母细胞	大肠杆菌	
CGA-N46	5341.06	7.33	+1	−0.69	>20h	>20h	?	97.16
CGA-N12	1336.45	10.09	+2	−1.40	4.4h	>20h	>10h	57.5
CGA-N9	1135.36	12.40	+3	0.01	1h	2min	2min	173.33

注：?表示利用 N 端法则，预测不到 N 端为 Pro 的 CGA-N46 在大肠杆菌中的半衰期。

ProtParam 软件（http://www.expasy.ch/tools/）根据 N 端法则（the N-end rule）预测抗菌肽在哺乳动物网织红细胞、酵母细胞和大肠杆菌等 3 种模型细胞内的半衰期，即抗菌肽 N 端的氨基酸残基种类在一定程度上决定了抗菌肽的半衰期。CGA-N46、CGA-N12 和 CGA-N9 半衰期预测结果见表 1-11。结果表明，CGA-N46 和 CGA-N12 在细胞内半衰期比 CGA-N9 长。

总平均亲水性（grand average of hydropathicity，GRAVY）是肽链中各个氨基酸亲疏水值相加之和除以氨基酸总数的比值，$-2 \leqslant$ GRAVY 值 $\leqslant 2$。可依据 GRAVY 值预测蛋白质的两亲性，负值代表蛋白质为亲水性蛋白质，正值代表蛋白质为疏水性蛋白质；负值越小代表亲水性越强，正值越大代表疏水性越强。CGA-N46、CGA-N12 和 CGA-N9 两亲性用软件 NovoPro（https://www.novopro.cn/tools/calc_peptide_property.html）预测，结果见表 1-11。结果表明，CGA-N46 和 CGA-N12 为亲水抗菌肽，CGA-N9 为弱疏水抗菌肽。

根据等电点（pI）和电荷特性（表 1-11）可知，CGA-N46、CGA-N12 和 CGA-N9 均为净电荷为正电荷的碱性抗菌肽，其中，CGA-N9 碱性最强，CGA-N12 次之，CGA-N46 近中性。

综上所述，CGA-N9 是一个碱性带正电荷多肽，弱疏水性、热稳定性最强，在细胞中半衰期没有 CGA-N12 和 CGA-N46 长；CGA-N12 碱性比 CGA-N9 弱，带正电荷，比 CGA-N9 少 1 个正电荷，亲水性肽，热稳定性在三者中最低，在细胞中的半衰期较长；在三者中，CGA-N46 带正电荷最少，近中性，亲水性肽，热稳定性居中，在细胞中半衰期最长。

第四节 嗜铬粒蛋白 A 衍生抗真菌肽生物活性

药物发现是药物研发流程的第一个环节，包括药物的发现及设计两大核心内容。其主要目的是通过筛选及活性分析，确定具有后续开发价值的候选药物。新药研究包括临床前研究、临床研究及售后评价等阶段。其中，在临床前研究阶段，重点研究新发现候选药物的作用范围（抗菌谱）、不良反应及动物模型的治疗效果等。抗菌肽 CGA-N46、CGA-N12 和 CGA-N9 为新型候选药物，为促进药物研发，我们研究了 CGA-N46、CGA-N12 和 CGA-N9 的抗菌谱、溶血性、对哺乳动物细胞毒性及其对感染动物模型的治疗作用。

一、抗真菌活性

（一）抗菌谱

MTT 法又称 MTT 比色法、噻唑蓝法，是一种检测细胞存活和生长的方法。其检测原理为：活细胞线粒体中的琥珀酸脱氢酶能使外源性 MTT 还原为水不溶性的蓝紫色结晶甲䐶（formazan）并沉积在细胞中，而死细胞无此功能。二甲基亚砜（DMSO）能溶解细胞中的甲䐶，用酶联免疫检测仪在 570 nm 波长处测定其光吸收值，可间接反映活细胞数量。在一定细胞数量范围内，MTT 结晶形成的量与活细胞数成正比。采用 MTT 法测定 CGA-N46、CGA-N12 和 CGA-N9 对不同病原菌的最小抑菌浓度（MIC_{100}），确定抗菌谱，筛选出敏感菌。测试菌选用白念珠菌、热带念珠菌、光滑念珠菌、近平滑念珠菌、新型隐球菌、黑曲霉菌、黄曲霉菌、烟曲霉菌、毛癣菌、大肠杆菌、沙门氏菌、金黄色葡萄球菌、枯草芽孢杆菌、单增李斯特菌、铜绿假单胞菌等临床常见致病菌，试验结果见表 1-12。结果表明，CGA-N46 和 CGA-N12 对念珠菌有抑制作用，CGA-N46 的敏感菌为克柔念珠菌，MIC_{100} 为 1872 µg/mL；CGA-N12 的敏感菌为热带念珠菌，MIC_{100} 为 99 µg/mL；CGA-N9 对热带念珠菌、新型隐球菌、克柔念珠菌、枯草芽孢杆菌和单增李斯特菌效果较好，其中热带念珠菌和新型隐球菌为敏感菌，MIC_{100} 均为 3.9 µg/mL。

表 1-12　CGA-N46、CGA-N12 和 CGA-N9 的抗菌谱

指示菌	MIC_{100}/（µg/mL）		
	CGA-N46	CGA-N12	CGA-N9
克柔念珠菌（C. krusei）	1872	343	15.63
光滑念珠菌（C. glabrata）	2429	356	500
近平滑念珠菌（C. parapsilosis）	2429	356	250
热带念珠菌（C. tropicalis）	2530	99	3.9
白念珠菌（C. albicans）	2530	370	/
新型隐球菌（C. neoformans）	/	/	3.9
烟曲霉菌（Aspergillus fumigatus）	—	—	/
黄曲霉菌（Aspergillus flavus）	—	—	/
黑曲霉菌（Aspergillus nige）	—	—	/

续表

指示菌	MIC₁₀₀/（μg/mL）		
	CGA-N46	CGA-N12	CGA-N9
毛霉菌（*Mucor mucedo*）	—	—	/
金黄色葡萄球菌（*S. aureus*）	—	—	—
沙门氏菌（*Salmonella*）	—	—	/
单增李斯特菌（*L. monocytogenes*）	/	/	31.25
铜绿假单胞菌（*P. aeruginosa*）	/	/	—
枯草芽孢杆菌（*B. subtilis*）	/	/	15.63
大肠杆菌（*Escherichia coli*）	—	—	—

注："/"表示抑菌活性没有检测；"—"表示在 CGA-N46 浓度为 8000 μg/mL、CGA-N12 浓度为 2000 μg/mL、CGA-N9 浓度为 1000 μg/mL 时，未检测到抑菌活性。

（二）CGA-N12 和 CGA-N9 的杀念珠菌活性

1. CGA-N12 杀念珠菌活性

为了解抗菌肽 CGA-N12 的杀菌作用，将不同浓度 CGA-N12 处理 16 h 后的热带念珠菌悬液涂布到沙堡氏琼脂（Sabouraud agar，SDA）培养基上，30℃培养 36 h，观察菌落生长情况，结果如图 1-8 所示。当抗真菌肽 CGA-N12 浓度＜4×MIC₁₀₀ 时，培养基上观察到大量菌落；浓度≥4×MIC₁₀₀ 时，培养基上基本观察不到菌落生长（*P < 0.05，***P < 0.001）。结果表明，CGA-N12 具有杀热带念珠菌活性，其最小杀菌浓度（MFC₁₀₀）为 4×MIC₁₀₀。

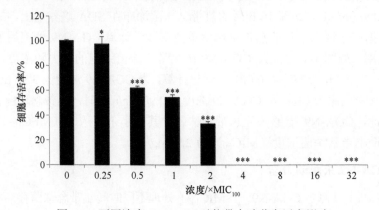

图 1-8　不同浓度 CGA-N12 对热带念珠菌存活率影响

2. CGA-N12 杀菌动力学

将指数期热带念珠菌（1×10⁶ CFU/mL）（CFU，colony forming unit，菌落形

成单位）与不同浓度 CGA-N12 28℃条件下共同孵育。每隔 5 h（0～25 h），取适量菌悬液涂于 SD 琼脂板，28℃培养 32 h，记录琼脂板上的菌落数。研究 CGA-N12 杀菌动力学，可以了解 CGA-N12 发挥杀菌活性的时间，结果见图 1-9。由图 1-9 可以看出，CGA-N12 的杀菌时间为 15 h。在 15 h 内，当 CGA-N12 浓度 $< 4 \times MIC_{100}$ 时，热带念珠菌部分被杀死；当浓度 $\geq 4 \times MIC_{100}$ 时，热带念珠菌被完全杀灭。

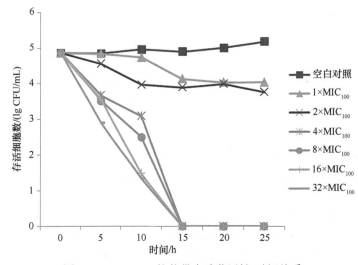

图 1-9　CGA-N12 抗热带念珠菌活性-时间关系

3. CGA-N9 杀念珠菌活性

在进行抗真菌肽 CGA-N9 最小抑菌浓度测定时，将经系列浓度梯度 CGA-N9（1.95～1000 μg/mL）处理 16 h 后的热带念珠菌涂布在 SDA 培养基上，30℃培养 36 h。根据在平板上生长的热带念珠菌单菌落数，计算 CGA-N9 处理后的热带念珠菌存活率。如图 1-10 所示，CGA-N9 抗热带念珠菌细胞的活力随浓度降低逐渐降低（$*P < 0.05$，$***P < 0.001$）。通过计算，当 CGA-N9 浓度为 3.90 μg/mL 时，热带念珠菌存活率为 0%；当 CGA-N9 浓度为 2.90 μg/mL 时，热带念珠菌存活率为 50%。因此，CGA-N9 能够杀死热带念珠菌，其最小杀菌浓度（MFC_{100}）为 3.90 μg/mL，最小半数杀菌浓度（MIC_{50}）为 2.90 μg/mL。

4. CGA-N9 杀菌动力学

采用 MTT 法测定 CGA-N9（$1 \times MIC_{100}$）处理不同时间热带念珠菌存活率，研究 CGA-N9 杀菌活性与时间的关系。CGA-N9 抗热带念珠菌活性-时间关系见图 1-11。在 CGA-N9 处理 4 h 时，细胞活力开始受影响，存活率为 90% 以上；处理 8 h 时影响显著，仅有 32.6% 的热带念珠菌细胞存活；处理 12 h 时，菌体细胞存活率几乎为 0%（$**P < 0.01$，$***P < 0.001$），说明 CGA-N9 的杀菌时间为 12 h。

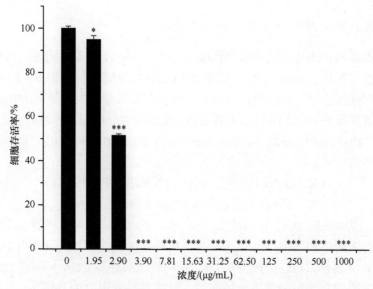

图 1-10　不同浓度 CGA-N9 对热带念珠菌存活率的影响

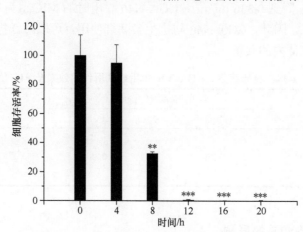

图 1-11　CGA-N9 抗热带念珠菌活性-时间关系

（三）CGA-N9 血清稳定性

CGA-N9 与 25% 人血清分别孵育 4 h、8 h、12 h、16 h、20 h 和 24 h 后，通过微量稀释法测试 CGA-N9 的 MIC_{100} 变化，结果见表 1-13。孵育 24 h，CGA-N9 对热带念珠菌的 MIC_{100} 不变，依然是 3.90 μg/mL，说明 CGA-N9 在血清中稳定。

表 1-13　CGA-N9 血清稳定性

肽名称	MIC_{100}/（μg/mL）						
	0 h	4 h	8 h	12 h	16 h	20 h	24 h
CGA-N9	3.90	3.90	3.90	3.90	3.90	3.90	3.90

（四）CGA-N46 与特比萘芬体外联合用药效果

微量棋盘稀释法是常用的联合药敏方法之一。使用无菌 96 孔板，每种抗菌药物最高从 2 倍 MIC_{100} 浓度开始用灭菌 MH 肉汤倍比稀释。一般取 6～8 个稀释度，各取 50 μL 分别排列在平板的行与列上；然后在无菌微孔板中加入 100 μL 菌液，使最终接种量为 $5×10^5$ CFU/mL；培养过夜，无细菌生长的最低药物浓度为 MIC_{100}。通过计算分级抑菌浓度指数（fractional inhibitory concentration，FIC）判断 CGA-N46 与特比奈芬的相互作用。

$$FIC=联合用药甲药\ MIC_{100}/单独用甲药\ MIC_{100}$$
$$+联合用药乙药\ MIC_{100}/单独用乙药\ MIC_{100} \qquad （1-3）$$

当 FIC 为≤0.5、0.5～1、1～2、>2 时，分别表示协同、相加、无关、拮抗作用。也有文献将 FIC≤0.5 定义为协同、0.5～4 定义为相加与无关、>4 定义为拮抗。表 1-14 显示，FIC 指数为 0.671，说明特比萘芬与 CGA-N46 联合使用，对克柔念珠菌的抑制作用表现为相加作用。特比萘芬联用时的 MIC_{100} 为单用时的 1/6，从 2 μg/mL 降到 0.336 μg/mL；CGA-N46 联用时的 MIC_{100} 为单用时的 1/2，其抗菌活性增强。因此，CGA-N46 与抗生素联合使用，可以降低抗生素用量，从而降低抗生素在体内的残留。

表 1-14　特比萘芬、CGA-N46 单用或联用作用效果及 FIC 值

	最小抑菌浓度/（μg/mL）		
	特比萘芬	CGA-N46	
单用	2	0.5	
联用	0.336	0.251	
FIC 指数			0.671

二、对动物细胞增殖的影响

（一）CGA-N46 对鸡胚成纤维细胞增殖的影响

采用 MTT 法测定 CGA-N46 对鸡胚成纤维细胞（chicken embryo fibroblast，CEF）增殖的影响，结果见表 1-15。处理 24 h 时，CGA-N46 组细胞 OD_{570} 值均大于阴性对照组；当作用 48～72 h 时，与阴性对照组相比，0.5～4 mg/mL 组的细胞 OD_{570} 值大于阴性对照组，且差异显著（$P<0.05$），说明 CGA-N46 在该浓度范围内促进 CEF 细胞增殖；浓度为 4～8 mg/mL 组的细胞 OD_{570} 值差异不显著（$P>0.05$），说明 CGA-N46 对 CEF 的作用消失。研究结果表明，CGA-N46 低浓度时对细胞增殖有促进作用，可能与抗菌肽具有免疫调节、促进伤口愈合功能有关；

高浓度时对细胞增殖影响不明显。因此，CGA-N46 对鸡胚成纤维细胞无毒性。

表 1-15　CGA-N46 对鸡胚成纤维细胞增殖的影响

分组	OD$_{570}$		
	24 h	48 h	72 h
阴性对照	0.041±0.002	0.043±0.007	0.043±0.002
0.5 mg/mL	0.064±0.007**	0.019±0.01	0.018±0.007
1 mg/mL	0.084±0.005***	0.025±0.007	0.016±0.002
2 mg/mL	0.058±0.005*	0.028±0.013	0.025±0.007
4 mg/mL	0.056±0.002*	0.034±0.003	0.024±0.002
8 mg/mL	0.046±0.002	0.035±0.009	0.042±0.02

注：与阴性对照相比，*表示有差异（$P<0.05$），**表示差异显著（$P<0.01$），***表示差异极显著（$P<0.001$）。

（二）CGA-N12 对小鼠肾原代细胞生长的影响

以小鼠肾原代细胞为例，研究 CGA-N12 对正常哺乳动物细胞生长的影响，评价 CGA-N12 对正常哺乳动物组织细胞的毒害作用。采用 MTT 法测定 CGA-N12 处理 24 h 后小鼠肾原代细胞存活率，结果如图 1-12 所示。结果表明，在浓度为 2000 µg/mL（20×MIC$_{100}$）时，仍未检测出 CGA-N12 对小鼠肾原代细胞存活率的影响，说明 CGA-N12 在检测浓度范围内（≤20×MIC$_{100}$），对哺乳动物细胞没有毒性。

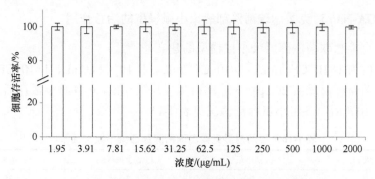

图 1-12　CGA-N12 对小鼠肾原代细胞生长的影响

（三）CGA-N9 对小鼠脑微血管内皮细胞生长的影响

利用 CCK-8 试剂盒检测不同浓度 CGA-N9（0～80×MIC$_{100}$）对小鼠脑微血管内皮细胞 bEnd.3 生长的影响（图 1-13），发现 CGA-N9 浓度为 60×MIC$_{100}$ 时，细胞毒性才开始出现，bEnd.3 细胞的存活率为 78.46%；浓度为 70×MIC$_{100}$ 和 80×MIC$_{100}$ 时，bEnd.3 细胞存活率均达到 75%以上，与 60×MIC$_{100}$ 时差别不显著。有趣的是，在 CGA-N9 浓度为 10×MIC$_{100}$ 至 40×MIC$_{100}$ 时，bEnd.3 细胞的存活率

高于阴性对照组约 30%（**$P < 0.01$，***$P < 0.001$），可能是由于在该浓度范围内，CGA-N9 对 bEnd.3 细胞的生长发挥了促进作用。CGA-N9 浓度为 $50 \times MIC_{100}$ 时，bEnd.3 细胞存活率与阴性对照相当。因此，CGA-N9 在 $\leqslant 50 \times MIC_{100}$ 范围内对于哺乳动物细胞 bEnd.3 无毒性。

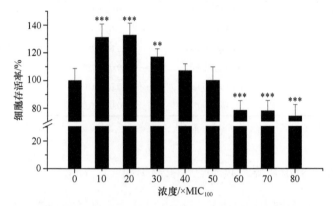

图 1-13　CGA-N9 对小鼠脑微血管内皮细胞生长的影响

三、对感染小鼠模型的治疗作用

（一）CGA-N46 对克柔念珠菌感染小鼠模型的治疗作用

1. CGA-N46 对克柔念珠菌深部感染小鼠模型的治疗作用

（1）克柔念珠菌深部感染小鼠模型的建立

将浓度为 1×10^4 CFU/mL、1×10^5 CFU/mL、1×10^6 CFU/mL、1×10^7 CFU/mL 的克柔念珠菌新鲜菌悬液 $200~\mu L$ 腹腔注射免疫缺陷小鼠，对各组小鼠存活率进行统计。感染 10 d 后，各组小鼠存活情况见表 1-16。

表 1-16　不同剂量克柔念珠菌深部感染小鼠存活率

菌量/CFU	试验小鼠/只	存活小鼠/只	存活率/%
2×10^6	10	3	30
2×10^5	10	4	40
2×10^4	10	9	90
2×10^3	10	10	100

由表 1-16 可知，腹腔注射克柔念珠菌剂量超过 2×10^4 CFU，开始致死小鼠。

对各组存活小鼠进行解剖，观察并统计各组小鼠内脏组织感染状况，发现部分小鼠肝、肺有严重坏死、淤血或白色斑点；脾颜色加深或变浅，伴有白色斑纹；肾偶见白色斑点。具体症状见表 1-17。

表 1-17 不同剂量克柔念珠菌深部感染存活小鼠的症状

菌量/CFU	症状
$2×10^6$	2 只小鼠肝、肺严重坏死；1 只小鼠肺部淤血，脾颜色加深，有斑纹
$2×10^5$	2 只小鼠肝、脾严重坏死、淤血；2 只小鼠肝、肾有白色斑点
$2×10^4$	4 只小鼠肝、肺有坏死、淤血，脾颜色质地不均一；4 只小鼠肝、肺有白色斑点；1 只小鼠无明显症状
$2×10^3$	3 只小鼠肺部淤血；2 只小鼠肝、肺有白色斑点；5 只小鼠无明显症状

用接种针挑取单个肝、肺表面的白色斑点，在含卡那霉素（10 μg/mL）的 SDA 平板上梯度划线培养，有菌落生长。

结果表明，当克柔念珠菌浓度为 $2×10^4$ CFU 时，小鼠存活率较高，组织解剖可见器官出现典型的感染病理症状，说明在此浓度下，小鼠腹腔感染成功。因此，克柔念珠菌深部感染剂量定为 $2×10^4$ CFU。

（2）CGA-N46 对克柔念珠菌深部感染小鼠模型的治疗效果

对免疫抑制小鼠采用腹腔注射克柔念珠菌，建立克柔念珠菌深部感染小鼠模型。采用腹腔注射 30 mg/(kg·d) 和 60 mg/(kg·d) CGA-N46 进行治疗。按说明书给出的剂量，注射特比萘芬，作为治疗对照。注射 PBS，作为感染对照。在给药期间，感染对照组小鼠出现活动力下降、精神萎靡、毛发竖起且无光泽、脊背弓起、行动蹒跚等症状；平均体重增幅仅为 6 g，有死亡，存活率为 77.78%。但 CGA-N46 治疗组小鼠在治疗后期精神逐渐恢复，脊背弓起现象减少，行动较活跃，平均体重增加明显，死亡减少；尤其是 60 mg/(kg·d) CGA-N46 治疗组，治疗 2 周后，小鼠平均体重增幅达 8 g，存活率为 94.44%，明显高于感染对照组。在 14 d 治疗期间，各组小鼠体重变化见图 1-14，存活率变化见图 1-15。研究结果表明，CGA-N46 对克柔念珠菌感染小鼠模型体重和存活率的影响呈现浓度依赖性，60 mg/(kg·d) CGA-N46 治疗效果与特比萘芬治疗效果相当。

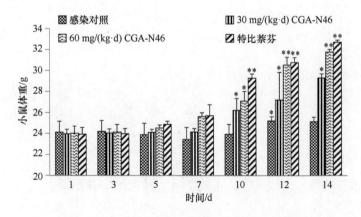

图 1-14 CGA-N46 治疗克柔念珠菌深部感染小鼠体重变化

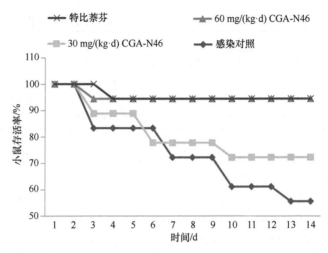

图 1-15　CGA-N46 治疗克柔念珠菌深部感染小鼠存活率变化

（3）CGA-N46 对克柔念珠菌深部感染小鼠模型免疫器官指数的影响

通过测定小鼠免疫器官指数，可以解释抗菌肽 CGA-N46 对小鼠免疫功能的影响。免疫器官的发育影响着生物体免疫和抵抗病原菌感染入侵的能力。药理学试验通常以药物作用下免疫器官质量变化作为衡量机体免疫功能强弱的指标之一。我们通过测定各组小鼠胸腺指数和脾指数的变化，揭示抗菌肽 CGA-N46 对克柔念珠菌深部感染小鼠模型免疫器官的影响，结果见图 1-16 和图 1-17。感染对照组小鼠胸腺指数和脾指数均无明显提高。治疗组在治疗的 1～10 d，30 mg/(kg·d) CGA-N46 对小鼠免疫器官指数无显著影响；从第 12 d 开始，无论是胸腺指数还是脾指数都显著增加（$P<0.05$）。60 mg/(kg·d) CGA-N46 对感染小鼠免疫器官指数的影响在整个治疗期间都极为显著（$P<0.01$），其效果与特比萘芬无明显差异。因此，CGA-N46 可提高感染小鼠免疫器官的功能，且具有剂量依赖性。

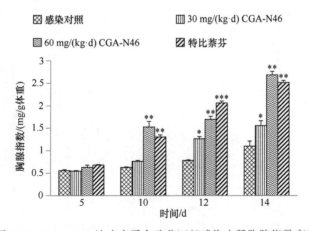

图 1-16　CGA-N46 治疗克柔念珠菌深部感染小鼠胸腺指数变化

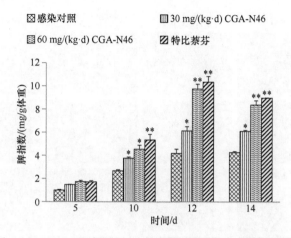

图 1-17　CGA-N46 治疗克柔念珠菌深部感染小鼠脾指数变化

（4）CGA-N46 对热带念珠菌深部感染小鼠模型组织器官病理变化的影响

肺、肝、脾、肾等组织病理变化为疾病的诊断和防治提供了科学依据。经 CGA-N46 治疗后，在不同时间点对小鼠的组织器官进行病理学观察。CGA-N46 治疗 14d，各组小鼠肺、肝、脾、肾的病理变化见图 1-18。与治疗组相比，感染对照组小鼠组织病变严重，肺间质严重充血、肿胀，并伴有大量炎症细胞浸润；肝部分嗜酸性变甚至坏死，肝小叶结构紊乱，肝索几乎不可见，肝细胞水肿，部分肝细胞弥漫性脂肪变性严重，核聚缩或消失；脾白髓、红髓分界不清，结构严重紊乱，脾小体较少，无明显的生发中心，脾实质内散布大量含有异物的多核巨细胞；肾组织中，肾小球结构完整，但存在出血和肿胀现象，肾小管中蛋白渗出液明显，间质水肿并伴有大量炎性细胞浸润。此外，肾细胞的淀粉样变性十分明显。这些病理现象随着感染时间的延长越来越严重。CGA-N46 治疗组，CGA-N46 对组织器官具有保护作用，且呈浓度依赖性和时间依赖性。在治疗第 14d，组织器官均有明显改善，尤其是剂量为 60 mg/(kg·d) 的 CGA-N46 治疗组，其肺、肝和脾组织几乎恢复正常形态（图 1-18），特比萘芬治疗组也有相似的情况。总之，通过对克柔念珠菌感染小鼠模型的肺、肝、脾、肾等组织进行病理学观察发现，CGA-N46 对克柔念珠菌感染引起的小鼠器官组织病变均有明显改善，证实 CGA-N46 对克柔念珠菌感染引起的组织损伤有治疗效果。

2. CGA-N46 对克柔念珠菌浅表皮肤感染小鼠模型的治疗作用

（1）克柔念珠菌浅表皮肤感染小鼠模型的建立

将浓度为 2×10^7 CFU/mL、2×10^8 CFU/mL 和 2×10^9 CFU/mL 的克柔念珠菌菌悬液各 200 μL，分 3 次分别涂抹于小鼠皮肤损伤区。通过观察小鼠皮肤感染状况和成活率，判断克柔念珠菌浅表皮肤感染的最佳浓度，实验结果见表 1-18。4×10^6 CFU

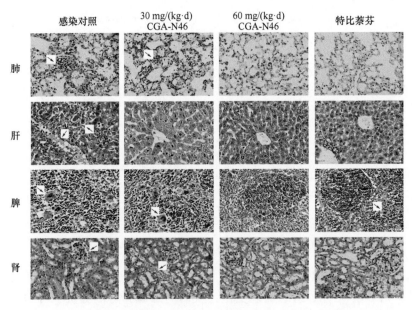

图 1-18 CGA-N46 治疗 14 d 克柔念珠菌深部感染小鼠组织器官病理变化

箭头指向为炎性细胞；HE 染色，400×

表 1-18 不同剂量克柔念珠菌浅表皮肤感染小鼠症状

菌量/CFU	症状
$4×10^6$	感染 2d 后，皮损处结痂；感染 4d 后，皮损处红肿明显减轻，确定未感染
$4×10^7$	感染 2d 后，皮损处红肿明显；感染 4d 后，皮损处出现脓疱，并有部分糜烂，确定感染
$4×10^8$	感染 2d 后，皮损处红肿明显；感染 4d 后，皮损处出现糜烂和脓疱，可见脓液，并有 1 只小鼠死亡；感染 7d 后，又 1 只小鼠死亡，死亡率较高

感染 4 d 后，小鼠皮肤损伤区症状明显好转，感染失败；$4×10^8$ CFU 感染 7 d 后，感染症状非常明显，但小鼠死亡率较高，不是制备克柔念珠菌浅表皮肤感染模型的最佳浓度。$4×10^7$ CFU 克柔念珠菌菌悬液使小鼠皮肤损伤区出现明显炎症，且小鼠存活率为 100%，因此 $4×10^7$ CFU 是制备克柔念珠菌浅表皮肤感染模型的最佳剂量。

（2）CGA-N46 对克柔念珠菌浅表皮肤感染小鼠模型的治疗效果

①皮损部位活菌检测。建立克柔念珠菌浅表皮肤感染小鼠模型后，分别用浓度为 4 mg/mL 和 8 mg/mL 的 CGA-N46 溶液涂抹于感染部位，设未经 CGA-N46 处理的小鼠作为对照。治疗 14 d 后，分别取各组小鼠毛发和皮屑进行分离培养，均未分离出克柔念珠菌，说明 CGA-N46 能治疗克柔念珠菌浅表皮肤感染。

②临床症状观察。治疗 14 d 后，4 mg/mL CGA-N46 治疗组小鼠皮损处仍存在红斑、鳞屑和结痂等现象，但面积、数量较感染对照组减少；而 8 mg/mL CGA-N46 治疗组小鼠，皮损处的红斑、鳞屑、脓肿、结痂进一步减少，脱毛现象明显改善，

且有新绒毛长出，与阳性对照特比萘芬治疗对照组相比差别不明显；而阴性对照组小鼠皮损处仍有红斑、脓肿、结痂及严重脱毛现象（图 1-19），说明 8 mg/mL CGA-N46 对克柔念珠菌皮肤感染有很好的治疗效果。

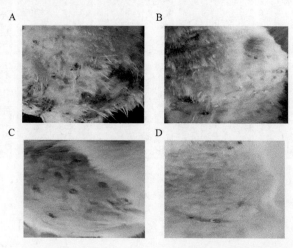

图 1-19　CGA-N46 治疗 14 d 克柔念珠菌浅表皮肤感染小鼠临床症状
A. 感染对照组；B. 4 mg/mL CGA-N46 治疗组；C. 8 mg/mL CGA-N46 治疗组；D. 特比萘芬治疗对照组

抗菌肽能促进伤口愈合及血管生成。Carretero 等[114]和 Otte 等[115]发现抗菌肽 LL-37 能激活内皮生长因子的表达，促进浅表皮肤细胞再生或形成肉芽组织愈合伤口。Chang 等[116]从 *Amolops jingdongensis* 蛙皮肤中分离获得具有抗菌活性的类 Bv8 毒素，通过激活白细胞介素（IL）-1 的产生，对新生小鼠的成纤维细胞和角质形成细胞具有较强的增殖作用，是一种有效的伤口愈合调节剂。我们通过研究发现，CGA-N46 治疗克柔念珠菌浅表皮肤感染效果显著，疤痕面积小，证明 CGA-N46 能有效治疗克柔念珠菌引起的浅表皮肤感染，促进伤口愈合。

③皮肤组织病理切片观察。对克柔念珠菌皮肤感染小鼠进行 14 d 治疗后，观察小鼠皮肤病理切片，结果如图 1-20 所示。正常对照组小鼠皮肤组织结构完整，分层清晰，表皮未见角化过度或角化不全，棘层肥厚，表皮细胞空泡化，毛囊结构清晰可见，未见炎性细胞浸润，真皮层也未见血管扩张充血或水肿。感染对照组小鼠皮肤损伤区表皮广泛角化过度，表皮明显增厚，可见脓肿小泡，部分表皮细胞空泡化，毛囊结构较少，真皮层内血管扩张，有大量炎性细胞浸润。4 mg/mL CGA-N46 治疗组小鼠皮肤损伤区表皮增厚明显，皮突延长并形成波浪状起伏，棘层增厚，毛囊结构少见，真皮层内血管扩张，有少量炎性细胞浸润。8 mg/mL CGA-N46 治疗组小鼠皮肤损伤区表皮增厚、角化过度、皮突延长等现象得到明显改善，毛囊结构清晰，且有新的毛发生成，未见炎性细胞浸润现象。特比萘芬治疗组小鼠皮肤损伤区，毛囊结构增多，且有新的毛发生成，但皮突延长改善不明显。

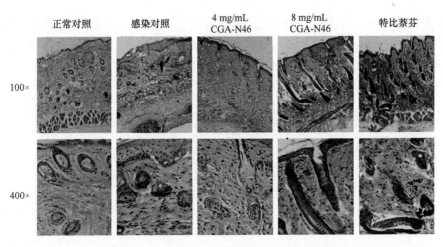

图 1-20　CGA-N46 治疗 14 d 克柔念珠菌浅表皮肤感染小鼠皮肤损伤区病理变化

HE 染色；400×，100×

（二）CGA-N12 对热带念珠菌深部感染小鼠模型的治疗作用

1. 热带念珠菌深部感染小鼠模型的建立

将浓度为 $1×10^6$ CFU/mL、$1×10^7$ CFU/mL、$1×10^8$ CFU/mL、$1×10^9$ CFU/mL 和 $1×10^{10}$ CFU/mL 的热带念珠菌菌悬液 200 μL 腹腔注射免疫缺陷小鼠，对各组小鼠存活率进行统计。感染 10 d 后，各组小鼠存活率见表 1-19。

表 1-19　不同剂量热带念珠菌感染小鼠存活率

热带念珠菌剂量/CFU	试验小鼠/只	存活小鼠/只	存活率/%
$2×10^5$	10	10	100
$2×10^6$	10	9	90
$2×10^7$	10	7	70
$2×10^8$	10	5	50
$2×10^9$	10	2	20

由表 1-19 可知，腹腔注射热带念珠菌剂量超过 $2×10^5$ CFU，小鼠开始死亡；$2×10^8$ CFU 为半数致死剂量（LD_{50}）。因此，$2×10^8$ CFU 热带念珠菌为建立深部感染小鼠模型的最适感染剂量。

观察小鼠形态可以明显看到，感染小鼠皮毛不整、无光泽，蜷缩驼背，活动和进食量减少，精神不振，体重下降。解剖感染小鼠均可见热带念珠菌系统性感染症状，肝有明显病变。肾研磨匀浆后，涂布 SDA 培养基，平板上长出肉眼可见的热带念珠菌菌落，证明热带念珠菌深部感染小鼠模型建立成功（图 1-21）。

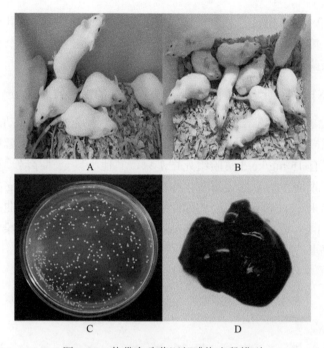

图 1-21　热带念珠菌深部感染小鼠模型
A. 正常小鼠；B. 热带念珠菌深部感染小鼠；C. 热带念珠菌深部感染小鼠肾匀浆涂布长出的菌落；
D. 热带念珠菌深部感染小鼠肝病变

2. CGA-N12 治疗热带念珠菌深部感染小鼠模型肾载菌量

系统性真菌感染小鼠中，肾是真菌感染的主要靶器官。将抗热带念珠菌深部感染小鼠随机分为 4 组，每组 20 只，第 I、II 组为治疗组，分别腹腔注射 15 mg/(kg·d)（血药浓度为 100 μg/mL）和 30 mg/(kg·d)（血药浓度为 200 μg/mL）的 CGA-N12；第 III 组为伊曲康唑治疗组，腹腔注射 15 mg/(kg·d)；第 IV 组为感染对照组，腹腔注射生理盐水 200 μL/d，连续治疗 2 周。取感染后 1 d、治疗第 7 d 和治疗第 14 d 的小鼠肾，匀浆涂板，肾载菌量结果见表 1-20。

表 1-20　CGA-N12 治疗热带念珠菌深部感染小鼠肾载菌量（$n=3$）（单位：个/mg）

组别	治疗剂量	感染 1 d	治疗 7 d	治疗 14 d
I 组	15 mg/(kg·d) CGA-N12	33.4±2.1	6.9±0.8	0.8±0.2
II 组	30 mg/(kg·d) CGA-N12	32.7±2.4	7.5±0.6	0.3±0.0
III 组	15mg/(kg·d) 伊曲康唑	31.9±1.9	3.9±0.6	0.1±0.0
IV 组	PBS	32.9±2.3	38.7±3.5	42.9±3.4

从表 1-20 可以看出，感染 1 d 后，各实验组肾载菌量一致，证明建模成功。

治疗 7 d 后，第 I、II、III 组小鼠肾载菌量减少，感染对照组（第 IV 组）载菌量增加。治疗 14 d 后，第 I、II、III 组小鼠肾载菌量进一步减少，证明在小鼠体内 CGA-N12 具有较强的杀菌活性。

3. CGA-N12 对热带念珠菌深部感染小鼠模型的治疗效果

CGA-N12 治疗期间，对照组小鼠精神萎靡，毛发无光泽，行动蹒跚，食欲降低，平均体重减少 3.3 g，存活率 40%；CGA-N12 治疗组在实验后期小鼠活跃，死亡较少，只有 15 mg/kg/d 实验组死亡 1 只，其他小鼠全部存活，小鼠存活率见图 1-22。治疗期间各组小鼠体重变化如图 1-23 所示。其中，15 mg/(kg·d) 实验组平均体重增加 1.3 g，30 mg/(kg·d) 实验组平均体重增加 4.9 g，伊曲康唑治疗组平均体重增加 5.1 g。研究结果表明，CGA-N12 使热带念珠菌深部感染小鼠体重正常增长，并提高其存活率，且对增重和存活率的影响呈浓度依赖性，30 mg/(kg·d) CGA-N12 的治疗效果与伊曲康唑相当。

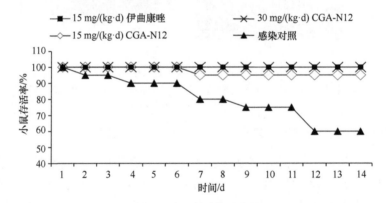

图 1-22　CGA-N12 治疗热带念珠菌深部感染小鼠存活率变化

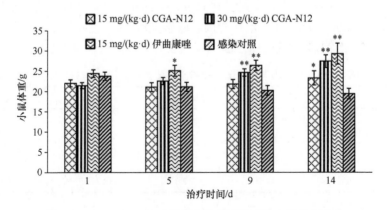

图 1-23　CGA-N12 治疗热带念珠菌深部感染小鼠体重变化

4. CGA-N12 对热带念珠菌深部感染小鼠模型免疫器官指数的影响

在药理学实验中，药物对免疫器官质量的影响是衡量实验动物免疫功能强弱的一项指标。通过测定各组小鼠胸腺和脾的指数变化，可以揭示 CGA-N12 对热带念珠菌深部感染小鼠免疫器官的影响，研究结果见图 1-24 和图 1-25。从图 1-24 和图 1-25 可以看出，与感染对照组相比，从治疗第 9 d 开始，15 mg/(kg·d) CGA-N12 治疗组胸腺指数增加显著（$P < 0.05$），30 mg/(kg·d) CGA-N12 治疗组和伊曲康唑治疗组胸腺指数增加极显著（$P < 0.01$）。15 mg/(kg·d) CGA-N12 治疗组、30 mg/(kg·d) CGA-N12 治疗组和伊曲康唑治疗组差异不显著（$P < 0.1$）。研究结果表明，CGA-N12 对小鼠具有免疫调节的作用。

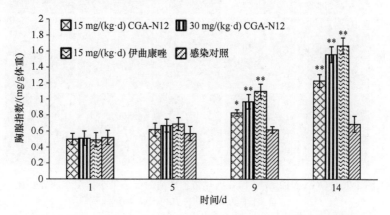

图 1-24　CGA-N12 治疗热带念珠菌深部感染小鼠胸腺指数变化

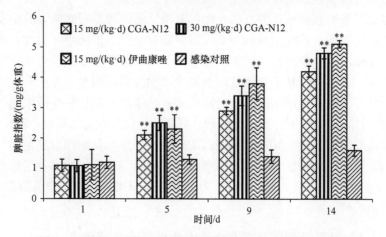

图 1-25　CGA-N12 治疗热带念珠菌深部感染小鼠脾指数变化

5. CGA-N12 对热带念珠菌深部感染小鼠模型组织器官病理变化的影响

经 CGA-N12 治疗 14 d 后，对各组存活小鼠的组织器官进行病理切片观察。

各实验组小鼠肝、脾、肺和肾的病理变化见图 1-26。

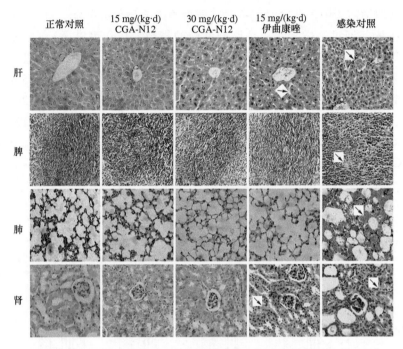

图 1-26　CGA-N12 治疗 14 d 后热带念珠菌深部感染小鼠组织病理变化

箭头指向为炎性细胞；HE 染色，400×

　　正常对照组小鼠肝小叶结构完整清晰，中央静脉处于肝小叶中央，肝细胞围绕中央静脉呈放射状排列；脾红髓、白髓界限清晰，可以看出明显的生发中心；肾小球结构完整均一；肺泡结构完整。但感染对照组小鼠肝小叶紊乱，肝细胞水肿，核聚缩或消失；脾红髓、白髓界限不清，有出血现象；大量肾小管中明显有蛋白渗出液，肾小球形状不规则，局部炎性细胞浸润，病变较为严重；肺间质出血严重，并有大量炎性细胞浸润。对照组随着感染时间延长病变越来越严重。经 CGA-N12 治疗后，肝、脾、肺、肾病理症状缓解，且呈浓度依赖性。治疗第 14 d，组织器官均有明显改善，30 mg/(kg·d) CGA-N12 治疗组与阳性对照伊曲康唑治疗效果相当，且 CGA-N12 治疗组没有伊曲康唑的肾毒性。伊曲康唑治疗组有肾出血现象。由实验结果可知，CGA-N12 对热带念珠菌深部感染小鼠具有治疗作用，且呈浓度依赖性。

（三）CGA-N9 对热带念珠菌深部感染小鼠模型的治疗作用

1. CGA-N9 治疗热带念珠菌深部感染小鼠模型肾载菌量

　　将热带念珠菌深部感染小鼠随机分为 5 组，每组 20 只。CGA-N9 治疗组分别腹腔注射 1.25 mg/(kg·d)（血药浓度为 15.6 µg/mL）、2.5 mg/(kg·d)（血药浓度为 31.2 µg/mL）和 5 mg/(kg·d)（血药浓度为 62.4 µg/mL）的 CGA-N9；氟康唑治疗组腹腔注射 3.2 mg/(kg·d)（血药浓度为 40 µg/mL），感染对照组腹腔注射等体积生理盐水。连续治疗 2 周。取感染后 1 d，治疗第 7 d 和治疗第 14 d 的小鼠肾，匀浆涂板，肾载菌量结果见表 1-21。

表 1-21　CGA-N9 治疗热带念珠菌深部感染小鼠肾载菌量（*n*=3）（单位：个/mg）

组别	感染 1 d	治疗 7 d	治疗 14 d
感染对照组	32.41±1.71	42.27±1.76	39.55±2.44
1.25 mg/(kg·d) 组	32.51±2.32	14.20±0.92[*]	1.21±0.10[*]
2.5 mg/(kg·d) 组	33.12±2.52	9.15±0.61[**]	1.01±0.05[*]
5 mg/(kg·d) 组	31.40±1.76	9.63±0.79[**]	0.79±0.02[*]
氟康唑治疗组	33.29±2.08	8.53±0.63[**]	0.78±0.01[*]

注：与感染对照相比，*表示有差异（$P<0.05$），**表示差异显著（$P<0.01$）。

从表 1-21 可以看出，感染 1 d 后，各实验组肾载菌量一致，证明建模成功。通过测定肾载菌量，与感染组相比，治疗 7 d 和治疗 14 d 时，CGA-N9 治疗组和氟康唑治疗组肾载菌量明显下降，证明 CGA-N9 在小鼠体内具有较强的杀菌活性，且随着治疗时间的延长，载菌量持续降低；CGA-N9 的治疗效果呈剂量依赖性和时间依赖性。

2. CGA-N9 对热带念珠菌深部感染小鼠模型的治疗效果

CGA-N9 治疗期间，对照组小鼠主要表现为毛发无光泽，蜷缩驼背，行动蹒跚，精神倦怠，食欲下降，平均体重下降 1.73 g。治疗组小鼠精神状态与外观形态，随着治疗时间的增加有明显改善，且 CGA-N9 与氟康唑治疗组均未出现小鼠死亡现象。各组小鼠存活率变化见图 1-27，各组小鼠体重变化见图 1-28。其中，

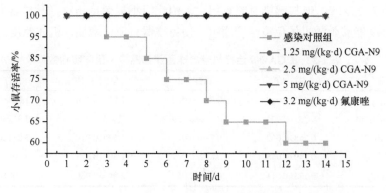

图 1-27　CGA-N9 治疗热带念珠菌深部感染小鼠存活率变化

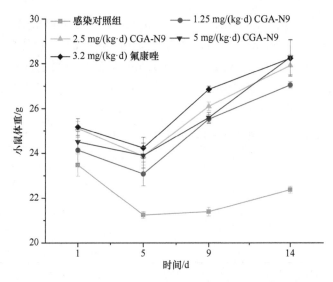

图 1-28　CGA-N9 治疗热带念珠菌深部感染小鼠体重变化

1.25 mg/(kg·d) 实验组平均体重增加 2.28 g；2.5 mg/(kg·d) 实验组平均体重增加 3.28 g；5 mg/(kg·d) 实验组平均体重增加 4.96 g，氟康唑实验组平均体重增加 4.0 g。研究结果表明，CGA-N9 对热带念珠菌深部感染小鼠存活率和体重的影响呈浓度依赖性，5 mg/(kg·d) CGA-N9 的治疗效果可与氟康唑媲美。

3. CGA-N9 对热带念珠菌深部感染小鼠模型免疫器官指数的影响

各治疗组小鼠免疫器官指数变化情况见表 1-22、表 1-23、图 1-29、图 1-30。从表中数据可以看出，治疗 5 d 后，各治疗组胸腺指数与脾指数变化均呈上升趋势。在治疗第 9 d 和第 14 d，与感染组相比，CGA-N9 高、中、低剂量治疗组的胸腺指数与脾指数都显著增加。5 mg/(kg·d) CGA-N9 治疗组与氟康唑治疗组效果相当。在感染初期，各组小鼠的免疫能力均有所增强，说明小鼠感染热带念珠菌，机体本身产生一定的免疫反应。但与感染对照组相比，治疗组小鼠免疫器官指数显著增加，说明 CGA-N9 能够刺激机体免疫细胞增殖，使免疫器官质量增加、机体免疫力增强。

表 1-22　CGA-N9 治疗热带念珠菌深部感染小鼠胸腺指数

组别	治疗 1 d	治疗 5 d	治疗 9 d	治疗 14 d
感染对照组	0.782±0.037	0.714±0.022	1.139±0.050	1.304±0.076
1.25 mg/(kg·d) 组	0.753±0.021	0.519±0.039*	1.668±0.041*	3.312±0.045*
2.5 mg/(kg·d) 组	0.758±0.062	0.736±0.070	1.696±0.016*	3.251±0.042*
5 mg/(kg·d) 组	0.749±0.048	0.812±0.077	1.507±0.027*	3.40±0.162*
氟康唑治疗组	0.773±0.011	0.734±0.059	2.840±0.066*	3.307±0.079*

*表示实验组与感染对照组相比，小鼠胸腺指数变化有差异（$P<0.05$）。

表 1-23 CGA-N9 治疗热带念珠菌深部感染小鼠模型脾指数

	治疗 1 d	治疗 5 d	治疗 9 d	治疗 14 d
感染对照组	1.428±0.206	1.442±0.182	2.52±0.3129	2.121±0.024
1.25 mg/(kg·d) 组	1.567±0.142	1.317±0.032*	3.998±0.198*	4.783±0.107*
2.5 mg/(kg·d) 组	1.317±0.097	1.493±0.168	5.726±0.37*	4.862±0.557*
5 mg/(kg·d) 组	1.524±0.101	1.225±0.046*	6.259±0.451*	7.673±0.658*
氟康唑治疗组	1.463±0.123	1.579±0.179	6.476±0.224*	7.869±0.429*

*表示实验组与感染对照组相比，小鼠脾指数变化有差异（$P<0.05$）。

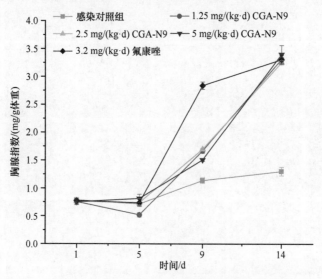

图 1-29 CGA-N9 治疗热带念珠菌深部感染小鼠胸腺指数变化

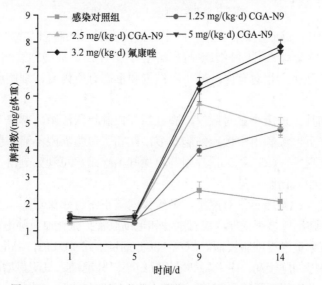

图 1-30 CGA-N9 治疗热带念珠菌深部感染小鼠脾指数变化

4. CGA-N9 对热带念珠菌深部感染小鼠模型组织器官病理变化的影响

经 CGA-N9 治疗 14 d 后，采用光学显微镜对各组存活小鼠的组织器官进行病理切片观察，各实验组小鼠肝、脾、肺和肾的病理变化见图 1-31。

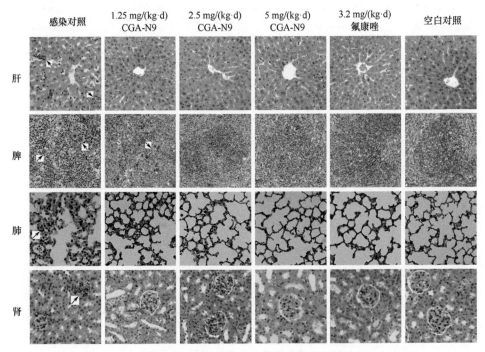

图 1-31 CGA-N9 治疗 14d 热带念珠菌深部感染小鼠组织器官病理变化
箭头指向为炎性细胞；HE 染色，400×

肝组织切片：健康小鼠对照组，肝小叶结构清晰，肝细胞以中央静脉为中轴呈放射状排列。感染对照组，肝细胞排列紊乱，有肿胀及炎症细胞浸润。经 CGA-N9 治疗后，肝细胞排列相对有序，肝小叶结构和形态有所恢复，细胞肿胀与炎症细胞浸润减少。

脾组织切片：健康小鼠对照组，脾红髓、白髓界限清晰。感染对照组，脾组织切片病变严重，红髓内中性粒细胞增多，红髓、白髓界限不清，脾小结内出现淋巴细胞坏死现象。CGA-N9 治疗组与氟康唑治疗组，可观察到淋巴细胞变性明显减轻，生发中心清晰可见。

肺组织切片：健康小鼠对照组，肺组织间隔正常。感染对照组肺组织切片病变十分明显，肺泡壁显著变厚，伴有水肿和毛细血管扩张充血，肺泡腔变狭窄，管腔和黏膜上有大量淋巴细胞浸润。CGA-N9 低剂量治疗 14 d 后，肺泡壁略有增厚，管腔中少量淋巴细胞浸润；中、高剂量治疗组小鼠肺泡壁未见明显增厚，与健康小鼠对照组接近，组织间隔较为正常，管腔内未发现明显渗出物或炎症细胞浸润。

肾组织切片：健康小鼠对照组，可观察到清晰的肾小球与肾小管。感染对照组则出现肾小管肿胀及部分坏死现象。经过 CGA-N9 治疗，肾组织病变明显改善，细胞肿胀及坏死现象减少。

组织病理切片观察结果表明，CGA-N9 对热带念珠菌深部感染小鼠脏器具有明显的保护作用，能显著改善肝、脾、肺、肾等主要器官的病变情况。

5. CGA-N9 对热带念珠菌深部感染小鼠模型 AST 和 ALT 含量的影响

谷丙转移酶（alanine aminotransferase，ALT）和谷草转氨酶（aspartate aminotransferase，AST）存在于肝细胞的细胞核及线粒体中，病理情况下肝细胞受损，其内部的 ALT 和 AST 释放入血，故血清中的 ALT 和 AST 活性升高是肝功能受损的特异性指标。CGA-N9 治疗 14 d，测各组小鼠血清中的 ALT 和 AST 含量。与感染对照组相比，CGA-N9 治疗组的 ALT 和 AST 含量显著降低，且 5 mg/(kg·d) 剂量效果最好，结果见表 1-24 和图 1-32。实验结果表明，热带念珠菌侵染使小鼠

表 1-24　CGA-N9 对热带念珠菌深部感染小鼠 ALT 和 AST 含量的影响

组别	ALT/（U/L）	AST/（U/L）
空白对照组	9.296±0.090	17.900±0.470
感染对照组	56.803±1.717***	61.261±7.348*
1.25 mg/(kg·d) 组	12.142±0.086**	25.393±1.345
2.5 mg/(kg·d) 组	15.582±1.482*	25.747±2.624
5 mg/(kg·d) 组	10.755±0.932	19.762±1.563
氟康唑治疗组	10.938±0.603	21.349±1.189

注：与空白对照相比，*表示有差异（$P<0.05$），**表示差异显著（$P<0.01$），***表示差异极显著（$P<0.001$）。

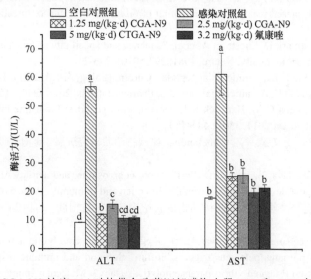

图 1-32　CGA-N9 治疗 14d 对热带念珠菌深部感染小鼠 ALT 和 AST 含量的影响

肝功能受到损伤，ALT、AST 在血清中的含量显著上升。CGA-N9 治疗后，能有效降低 ALT、AST 在血清中的含量，证明 CGA-N9 可以减少肝损伤，保护肝功能。

结　　论

我们通过研究，获得了 3 条具有较高抗念珠菌活性的嗜铬粒蛋白 A 衍生肽 CGA-N46、CGA-N12 和 CGA-N9。CGA-N46、CGA-N12 和 CGA-N9 均对念珠菌有很高的抗菌活性，尤其是 CGA-N12 和 CGA-N9 能够杀死念珠菌。CGA-N46 敏感菌为克柔念珠菌，最小抑菌浓度为 1872 μg/mL，最小溶血浓度为 3744.4 μg/mL，治疗指数为 4.3；CGA-N12 表现为杀菌作用，敏感菌为热带念珠菌，最小抑菌浓度为 99 μg/mL，最小杀菌浓度为 396 μg/mL，最小溶血浓度为 514.8 μg/mL，治疗指数为 5.2；CGA-N9 表现为杀菌作用，敏感菌为热带念珠菌和新型隐球菌，最小抑菌浓度和最小杀菌浓度均为 3.9 μg/mL，最小溶血浓度为 105.64 μg/mL，治疗指数为 27.1。CGA-N46、CGA-N12 和 CGA-N9 对念珠菌深部感染小鼠模型均具有治疗作用，可以显著减少体内载菌量，提高感染小鼠的胸腺指数和脾指数，对热带念珠菌深部感染引起的组织病变有很好的治疗效果。与 CGA-N46 相比，CGA-N12 和 CGA-N9 具有更高的细胞选择性和生物安全性，更适合开发成新型抗念珠菌药物。

参 考 文 献

[1] Boman H G, Nilsson-Faye I, Paul K, et al. Insect immunity. I. Characteristics of an inducible cell-free antibacterial reaction in hemolymph of *Samia cynthia* pupae. Infection and Immunity, 1974, 10(1): 136-145.

[2] Steiner H, Hultmark D, Engström A, et al. Sequence and specificity of two antibacterial proteins involved in insect immunity. Nature, 1981, 292(5820): 246-248.

[3] Zhang L J, Gallo R L. Antimicrobial peptides. Current Biology, 2016, 26(1): 14-19.

[4] Bahar A A, Ren D C. Antimicrobial peptides. Pharmaceuticals, 2013, 6(12): 1543-1575.

[5] Mansour S C, Pena O M, Hancock R E. Host defense peptides: Front-line immunomodulators. Trends Immunology, 2014, 35(9): 443-450.

[6] 广慧娟, 厉政, 王义鹏, 等. Cathelicidins 家族抗菌肽研究进展. 动物学研究, 2012, 33(5): 523-526.

[7] Gennaro R, Skerlavaj B, Romeo D. Purification, composition, and activity of two Bactenecins, antibacterial peptides of bovine neutrophils. Infection and Immunity, 1989, 57(103): 142-146.

[8] 刘炯宇, 江建平, 谢锋, 等. 两栖动物皮肤结构及皮肤抗菌肽. 动物学杂志, 2004, 39(1): 112-116.

[9] Rekha R, Vaseeharan B, Ishwaryaa R, et al. Searching for crab-borne antimicrobial peptides: Crustin from portunus pelagicus triggers biofilm inhibition and immune responses of artemia salina against GFP tagged vibrio parahaemolyticus Dahv2. Molecular Immunology, 2018, 101:

396-408.

[10] Michailidis G, Avdi M. Transcriptional profiling of gallinacins antimicrobial peptides in the chicken reproductive tract and embryos. Journal of Biological Research-Thessaloniki, 2010, 14: 211-218.

[11] 王龙, 冯群, 高嘉敏, 等. 昆虫抗菌肽分类及在医学中应用. 环境昆虫学报, 2017, 39(6): 1387-1396.

[12] Samakovlis C, Kylsten P, Kimbrell D A, et al. The andropin gene and its product, a male-specific antibacterial peptide in *Drosophila melanogaster*. The EMBO Journal, 1991, 10(1): 163-169.

[13] Danihlík J, Aronstein K, Petřivalský M. Antimicrobial peptides: a key component of honey bee innate immunity. Journal of Apicultural Research, 2015, 54(2): 123-136.

[14] Rinehart J P, Diakoff S J, Denlinger D L. Sarcotoxin II from the flesh fly *Sarcophaga crassipalpis* (Diptera): A comparison of transcript expression in diapausing and nondiapausing pupae. European Journal of Entomology, 2003, 100: 251-254.

[15] Chen J, Guan S M, Sun W, et al. Melittin, the major pain-producing substance of bee venom. Neuroscience Bulletin, 2016, 32(3): 265-272.

[16] Lyu C, Fang F F, Li B. Anti-tumor effects of melittin and its potential applications in clinic. Current Protein & Peptide Science, 2019, 20(3): 240-250.

[17] 郑文雄, 陈燕清, 肖凯帆, 等. 细菌素抑菌作用及其应用的研究进展. 中国食品添加剂, 2021, (1): 119-125.

[18] Phadke S M, Lazarevic V, Bahr C C, et al. Lentivirus lytic peptide 1 perturbs both outer and inner membranes of *Serratia marcescens*. Antimicrobial Agents and Chemotherapy, 2002, 46(6): 2041-2045.

[19] Li F, Brimble M A. Using chemical synthesis to optimise antimicrobial peptides in the fight against antimicrobial resistance. Pure and Applied Chemistry, 2019, 91(2): 181-198.

[20] Yin L M, Edwards M A, Li J, et al. Roles of hydrophobicity and charge distribution of cationic antimicrobial peptides in peptide-membrane interactions. Journal of Biological Chemistry, 2012, 287(10): 7738-7745.

[21] 张宇, 姜宁, 张爱忠, 等. 抗菌肽的生物学特征与作用机制间的相关性. 中国生物制品学杂志, 2019, 32(7): 819-822.

[22] Bowie J H, Separovic F, Tyler M J. Host-defense peptides of Australian anurans. Part 2. Structure, activity, mechanism of action, and evolutionary significance. Peptides, 2012, 37(1): 174-188.

[23] Mahlapuu M, Håkansson J, Ringstad L, et al. Antimicrobial peptides: an emerging category of therapeutic agents. Frontiers in Cellular and Infection Microbiology, 2016, 6. doi: 10.3389/fcimb.2016.00194.

[24] 李乃坚, 袁四清, 蒲汉丽, 等. 抗菌肽 B 基因转化烟草及转基因植株抗青枯病的鉴定. 农业生物技术学报, 1998, 6(2): 78-84.

[25] Cheung Q C K, Turner P V, Song C, et al. Enhanced resistance to bacterial infection in Protegrin-1 transgenic mice. Antimicrobial Agents and Chemotherapy, 2008, 52(5): 1812-1819.

[26] Aguilar-Toalá J E, Hernández-Mendoza A, González-Córdova A F, et al. Potential role of natural bioactive peptides for development of cosmeceutical skin products. Peptides, 2019, 122: 170-182.

[27] 王阿荣, 张兴夫, 敖长金, 等. 日粮中添加天蚕素抗菌肽对断奶仔猪生产性能和血液生化指标的影响. 饲料工业, 2011, 32(10): 21-24 .

[28] 张丽娟, 吴唯维, 李素一, 等. 新型欧洲鳗鲡抗菌肽 elecilin 在毕赤酵母中的表达. 福建畜牧兽医, 2021, 43(2): 19-21.

[29] Divyashree M, Mani M K, Reddy D, et al. Clinical applications of antimicrobial peptides (AMPs): Where do we stand now?. Protein Peptide Letters, 2020, 27: 120-134.

[30] Wu Y, Wang L, Zhou M, et al. Phylloseptin-PBa1, -PBa2, -PBa3: three novel antimicrobial peptides from the skin secretion of Burmeister's leaf frog (*Phyllomedusa burmeisteri*). Biochemical and Biophysical Research Communications, 2019, 509(3): 664-673.

[31] Kang K M, Park J H, Kim S H, et al. Potential role of host defense antimicrobial peptide resistance in increased virulence of health care-associated MRSA strains of sequence type (ST) 5 versus livestock-associated and community-associated MRSA strains of ST72. Comparative Immunology, Microbiology and Infectious Disease, 2019, 62: 13-18.

[32] Forde E, Devocelle M. Pro-moieties of antimicrobial peptide prodrugs. Molecules, 2015, 20(1): 1210-1227.

[33] Gao Y D, Fang H T, Fang L, et al. The modification and design of antimicrobial peptide. Current Pharmaceutical Design, 2018, 24(8): 904-910.

[34] Dong N, Wang Z H, Chou S L, et al. Antibacterial activities and molecular mechanism of amino-terminal fragments from pig nematode antimicrobial peptide CP-1. Chemical Biology & Drug Design, 2018, 91(5): 1017-1029.

[35] Ling L L, Schneider T, Peoples A J, et al. A new antibiotic kills pathogens without detectable resistance. Nature, 2015, 517(7535): 455-459.

[36] Sun Y, Shang D J. Inhibitory effects of antimicrobial peptides on lipopolysaccharide-induced inflammation. Mediators of Inflammation, 2015, 2015: 167572.

[37] Lee J H, Seo M, Lee H J, et al. Anti-inflammatory activity of antimicrobial peptide allomyrinasin derived from the dynastid beetle, *Allomyrina dichotoma*. Journal of Microbiology and Biotechnology, 2019, 29(5): 687-695.

[38] Pfalzgraff A, Brandenburg K, Weindl G. Antimicrobial peptides and their therapeutic potential for bacterial skin infections and wounds. Frontiers in Pharmacology, 2018, 9. doi: 10.3389/fphar.2018.00281.

[39] Fosgerau K, Hoffmann T. Peptide therapeutics: current status and future directions. Drug Discovery Today, 2015, 20(1): 122-128.

[40] Vaara M. New approaches in peptide antibiotics. Current Opinion in Pharmacology, 2009, 9(5): 571-576.

[41] Lee T H, Hall K N, Aguilar M I. Antimicrobial peptide structure and mechanism of action: a focus on the role of membrane structure. Current Topics in Medicinal Chemistry, 2016, 16(1): 25-39.

[42] Gentilucci L, Marco R D, Cerisoli L. Chemical modifications designed to improve peptide stability: incorporation of non-natural amino acids, pseudo-peptide bonds, and cyclization. Current Pharmaceutical Design, 2010, 16(28): 3185-3203.

[43] Kumar P, Kizhakkedathu J N, Straus S K. Antimicrobial peptides: diversity, mechanism of action and strategies to improve the activity and biocompatibility in vivo. Biomolecules, 2018, 8(1). doi: 10.3390/biom8010004.

[44] Zhao Y Y, Zhang M, Qiu S, et al. Antimicrobial activity and stability of the D-amino acid substituted derivatives of antimicrobial peptide polybia-MPI. AMB Express, 2016, 6(1). doi: 10.1186/s13568-016-0295-8.

[45] Eckert R. Road to clinical efficacy: Challenges and novel strategies for antimicrobial peptide

development. Future Microbiology, 2011, 6(6): 635-651.

[46] Nordström R, Malmsten M. Delivery systems for antimicrobial peptides. Advances in Colloid and Interface Science, 2017, 242: 17-34.

[47] Xie Z W, Aphale N V, Kadapure T D, et al. Design of antimicrobial peptides conjugated biodegradable citric acid derived hydrogels for wound healing. Journal of Biomedical Materials Research Part A, 2015, 103(12): 3907-3918.

[48] Sahariah P, Sørensen K K, Hjálmarsdóttir M Á, et al. Antimicrobial peptide shows enhanced activity and reduced toxicity upon grafting to chitosan polymers. Chemical Communications, 2015, 51(58): 11611-11614.

[49] Lequeux I, Ducasse E, Jouenne T, et al. Addition of antimicrobial properties to hyaluronic acid by grafting of antimicrobial peptide. European Polymer Journal, 2014, 51: 182-190.

[50] Meikle T G, Zabara A, Waddington L J, et al. Incorporation of antimicrobial peptides in nanostructured lipid membrane mimetic bilayer cubosomes. Colloids Surfaces B: Biointerfaces, 2017, 152: 143-151.

[51] Dong P, Zhou Y, He W W, et al. A strategy for enhanced antibacterial activity against *Staphylococcus aureus* by the assembly of alamethicin with a thermo-sensitive polymeric carrier. Chemical Communications, 2016, 52(5): 896-899.

[52] Shao C, Zhu Y, Lai Z, et al. Antimicrobial peptides with protease stability: progress and perspective. Future Medical Chemistry, 2019, 11: 2047-2050.

[53] Zhang G, Han B, Lin X, et al. Modification of antimicrobial peptide with low molar mass poly(ethylene glycol). Journal of Biochemistry, 2008, 144: 781-788.

[54] Imura Y, Nishida M, Ogawa Y, et al. Action mechanism of tachyplesin I and effects of PEGylation. BBA-Biomembranes, 2007, 1768(5): 1160-1169.

[55] Taylor T M, Gaysinsky S, Davidson P M, et al. Characterization of antimicrobial-bearing liposomes by ζ-potential, vesicle size, and encapsulation efficiency. Food Biophysics, 2007, 2: 1-9.

[56] Syryamina V N, Samoilova R I, Tsvetkov Y D, et al. Peptides on the surface: spin-label EPR and PELDOR study of adsorption of the antimicrobial peptides Trichogin GA IV and Ampullosporin A on the silica nanoparticles. Applied Magnetic Resonance, 2016, 47: 309-320.

[57] Galdiero E, Siciliano A, Maselli V, et al. An integrated study on antimicrobial activity and ecotoxicity of quantum dots and quantum dots coated with the antimicrobial peptide indolicidin. International Journal of Nanomedicine, 2016, 11: 4199-4211.

[58] Chen W Y, Chang H Y, Lu J K, et al. Self-assembly of antimicrobial peptides on gold nanodots: against multidrug-resistant bacteria and wound-healing application. Advance Functional Materials, 2015, 25: 7189-7199.

[59] Chaudhari A A, Ashmore D, Nath S D, et al. A novel covalent approach to bio-conjugate silver coated single walled carbon nanotubes with antimicrobial peptide. Journal of Nanobiotechnology, 2016, 14. doi: 10.1186/s12951-016-0211-z.

[60] Godoy-Gallardo M, Mas-Moruno C, Yu K, et al. Antibacterial properties of hLf1-11 peptide onto titanium surfaces: a comparison study between silanization and surface initiated polymerization. Biomacromolecules, 2015, 16(2): 483-496.

[61] Kanchanapally R, Nellore B P V, Sinha S S, et al. Antimicrobial peptide-conjugated graphene oxide membrane for efficient removal and effective killing of multiple drug resistant bacteria. RSC Advances, 2015, 5(24): 18881-18887.

[62] Dostalova S, Moulick A, Milosavljevic V, et al. Antiviral activity of fullerene C 60 nanocrystals modified with derivatives of anionic antimicrobial peptide maximin H5.

Monatshefte fur Chemie, 2016, (147): 905-918.

[63] Vivero-Escoto J L, Slowing I I, Trewyn B G, et al. Mesoporous silica nanoparticles for intracellular controlled drug delivery. Small, 2010, 6(18): 1952-1967.

[64] Kazemzadeh-Narbat M, Kindrachuk J, Duan K, et al. Antimicrobial peptides on calcium phosphate-coated titanium for the prevention of implant-associated infections. Biomaterials, 2010, 31(36): 9519-9526.

[65] Yazici H, O'Neill M B, Kacar T, et al. Engineered chimeric peptides as antimicrobial surface coating agents toward infection-free implants. ACS Applied Materials Interfaces, 2016, 8(8): 5070-5081.

[66] Chen X, Hirt H, Li Y, et al. Antimicrobial GL13K peptide coatings killed and ruptured the wall of *Streptococcus gordonii* and prevented formation and growth of biofilms. PLoS One, 2014, 9(11): e111579.

[67] Gawande P V, Clinton A P, LoVetri K, et al. Antibiofilm efficacy of DispersinB® Wound Spray used in combination with a silver wound dressing. Microbiology Insights, 2014, 7: 9-13.

[68] Marr A K, Gooderham W J, Hancock R E. Antibacterial peptides for therapeutic use: obstacles and realistic outlook. Current Opinion in Pharmacology, 2006, 6(5): 468-472.

[69] Laslop A, Doblinger A, Weiss U. Proteolytic processing of chromogranins. Advances in Experimental Medicine and Biology, 2000, 482: 155-166.

[70] Metz-Boutigue M H, Gracia-Sablone P, Hogue-Angeletti R, et al. Intracellular and extracellular processing of chromogranin A determination of cleavage sites. European Journal of Biochemistry, 1993, 217: 247-257.

[71] Simon J P, Aunis D. Biochemistry of the chromogranin A protein family. Biochemical Journal, 1989, 262(1): 1-13.

[72] Tatemoto K, Efendi&Cacute S, Mutt V, et al. Pancreastatin, a novel pancreatic peptide that inhibits insulin secretion. Nature, 1986, 324(6096): 476-478.

[73] Iacangelo A, Affolter H U, Eiden L E, et al. Bovine chromogranin A sequence and distribution of its messenger RNA in endocrine tissues. Nature, 1986, 323(6083): 82-86.

[74] Lee E E. Is chromogranin a prohormone? Nature, 1987, 325(22): 301.

[75] Helman L J, Ahn T G, Levine M A, et al. Molecular cloning and primary structure of human chromogranin A (secretory protein I) cDNA. The Journal of Biological Chemistry, 1988, 263(23): 11559-11563.

[76] Fasciotto B H, Trauss C A, Greeley G H, et al. Parastatin (porcine chromogranin A 347-419), a novel chromogranin A-derived peptide, inhibits parathyroid cell secretion. Endocriology, 1993, 133(2): 461-466.

[77] Lugardon K, Raffner R, Goumon Y, et al. Antibacterial and antifungal activities of vasostatin-1, the N-terminal fragment of chromogranin A. The Journal of Biological Chemistry, 2000, 275(15): 10745-10753.

[78] Corti A, Sanchez P, Gasparri A, et al. Production and structure characterization of recombinant chromogranin A N-terminal fragment (vasostatins) evidence of dimmer-monomer equilibria. European Journal of Biochemistry, 1997, 248(3): 692-699.

[79] Lacangelo A, Okayama H, Eiden L E. Primary structure of rat chromogranin A and distribution of its mRNA. FEBS Letters, 1988, 227(2): 115-121.

[80] Corti A, Ferrari R, Ceconi C. Chromogranin A and tumor necrosis factor-α (TNF) in chronic heart failure. Advances in Experimental Medicine and Biology, 2000, 482: 351-359.

[81] Ceconi C, Ferrari R, Bachetti T, et al. Chromogranin A in heart failure; a novel neurohumoral factor and a predictor for mortality. European Heart Journal, 2002, 23(12): 967-974.

[82] Lugardon K, Chasserot-Golaz S, Kieffer A E, et al. Structural and biological characterization of chromofungin, the antifungal chromogranin A-(47-66)-derived peptide. Annals of the New York Academy of Sciences, 2002, 971(1): 359-361.

[83] Helle K B, Corti A, Metz-Boutigue M H, et al. The endocrine role for chromogranin A: a prohormone for peptides with regulatory properties. Cellular and Molecular Life Sciences, 2007, 64(22): 2863-2886.

[84] Radek K A, Lopez-Garcia B, Hupe M, et al. The neuroendocrine peptide catestatin is a cutaneous antimicrobial and induced in the skin after injury. Journal of Investigative Dermatology, 2008, 128(6): 1525-1534.

[85] Mahata S K, Mahata M, Fung M M, et al. Catestatin: A multifunctional peptide from chromogranin A. Regulatory Peptides, 2010, 162(1-3): 33-43.

[86] Akaddar A, Doderer-Lang C, Marzahn M R, et al. Catestatin, an endogenous chromogranin A-derived peptide, inhibits in vitro growth of *Plasmodium falciparum*. Cellular and Molecular Life Sciences, 2010, 67(6): 1005-1015.

[87] Shooshtarizadeh P, Zhang D, Chich J F, et al. The antimicrobial peptides derived from chromogranin/secretogranin family, new actors of innate immunity. Regulatory Peptides, 2010, 165(1): 102-110.

[88] Aslam R, Atindehou M, Lavaux T, et al. Chromogranin A-derived peptides are involved in innate immunity. Current Medicinal Chemistry, 19(24): 4115-4123.

[89] Krivova Y S, Barabanov V M, Proshchina A E, et al. Distribution of chromogranin A in human fetal pancreas. Bulletin of Experimental Biology and Medicine, 2014, 156: 865-868.

[90] Estensen M E, Hognestad A, Syversen U, et al. Prognostic value of plasma chromogranin A levels in patients with complicated myocardial infarction. American Heart Journal, 2006, 152(5): 927.e1-927.e6.

[91] Massironi S, Fraquelli M, Paggi S, et al. Chromogranin A levels in chronic liver disease and hepatocellular carcinoma. Digestive & Liver Disease, 2009, 41(1): 31-35.

[92] Blois A, Srebro B, Maurizio Mandalà, et al. The chromogranin A peptide vasostatin-I inhibits gap formation and signal transduction mediated by inflammatory agents in cultured bovine pulmonary and coronary arterial endothelial cells. Regulatory Peptides, 2006, 135(1-2): 78-84.

[93] Gallo M P, Levi R, Ramella R, et al. Endothelium-derived nitric oxide mediates the antiadrenergic effect of human vasostatin-1 in rat ventricular myocardium. American Journal of Physiology-Heart and Circulatory Physiology, 2007, 292(6): 2906-2912.

[94] Pauline D, Claire E, Abdurraouf Z, et al. D-Cateslytin: a new antifungal agent for the treatment of oral *Candida albicans* associated infections. Scientific Reports, 2018, 8(1): 9235.

[95] Strub J M, Goumon Y, Lugardon K, et al. Antibacterial activity of glycosylated and phosphorylated chromogranin A-derived peptide 173-194 from bovine adrenal medullary chromaffin granules. Journal of Biological Chemistry, 1996, 271(45): 28533-28540.

[96] Strub J M, Garcia-Sablone P, Lonning K, et al. Processing of chromogranin B in bovine adrenal medulla. Identification of secretolytin, the endogenous C-terminal fragment of residues 614-626 with antibacterial activity. European Journal of Biochemistry, 1995, 229(2): 356-368.

[97] Díaz-Troya S, Najib S, Sánchez-Margalet V. eNOS, nNOS, cGMP and protein kinase G mediate the inhibitory effect of pancreastatin, a chromogranin A-derived peptide, on growth and proliferation of hepatoma cells. Regulatory Peptides, 2005, 125(1-3): 41-46.

[98] Gaede A H, Lung M S Y, Pilowsky P M. Catestatin attenuates the effects of intrathecal nicotine and isoproterenol. Brain Research, 2009, 1305: 86-95.

[99] Andreu D, Ubach J, Boman A, et al. Shortened cecropin A-melittin hybrids. Significant size

reduction retains potent antibiotic activity. FEBS Letters, 1992, 296(2): 190-194.

[100] Park C B, Kim M S, Kim S C. A novel antimicrobial peptide from Bufo bufo gargarizans. Biochemical & Biophysical Research Communications, 1996, 218(1): 408-413.

[101] Lv Y, Wang J, Gao H, et al. Antimicrobial properties and membrane-active mechanism of a potential α-helical antimicrobial derived from cathelicidin PMAP-36. PLoS One, 2014, 9(1): e86364.

[102] 李瑞芳. 嗜铬粒蛋白 N 端抗真菌片段基因在枯草杆菌中的表达及活性研究. 广州: 中山大学博士学位论文, 2004.

[103] 李瑞芳, 张添元, 罗进贤, 等. 嗜铬粒蛋白 N 区抗真菌活性片段研究. 中山大学学报(自然科学版), 2006, 45(2): 64-67.

[104] 薛雯雯. CGA-N46 基因在枯草杆菌中的多顺反子表达及表达条件优化. 郑州: 河南工业大学硕士学位论文, 2010.

[105] 王彬. 多肽CGA-N46基因工程表达条件优化和纯化. 郑州: 河南工业大学硕士学位论文, 2012.

[106] Merrifield R B, Vizioli L D, Boman H G. Synthesis of the antibacterial peptide cecropin A (1-33). Biochemistry, 1982, 21(20): 5020-5031.

[107] Cudic M, Bulet P, Hoffmann R, et al. Chemical synthesis, antibacterial activity and conformation of diptericin, an 82-mer peptide originally isolated from insects. European Journal of Biochemistry, 1999, 266(2): 549-558.

[108] Zare-Zardini H, Ebrahimi L, Ejtehadi M M, et al. Purification and characterization of one novel cationic antimicrobial peptide from skin secretion of Bufo kavirensis, Turkish Journal of Biochemistry, 2013, 38(4): 416-424.

[109] Zhong C, Zhu N Y, Zhu Y W, et al. Antimicrobial peptides conjugated with fatty acids on the side chain of D-amino acid promises antimicrobial potency against multidrug-resistant bacteria. European Journal of Pharmaceutical Sciences, 2020, 141: 105123.

[110] Nguyen L T, Haney E F, Vogel H J. The expanding scope of antimicrobial peptide structures and their modes of action. Trends in Biotechnology, 2011, 29(9): 464-472.

[111] Oren Z, Shai Y. Cyclization of a cytolytic amphipathic alpha-helical peptide and its disaster-eomer: Effect on structure, interaction with model membranes, and biological function. Biochemistry, 2000, 39(20): 6103-6114.

[112] Li R, Lu Z, Sun Y, et al. Molecular design, structural analysis and antifungal activity of derivatives of peptide CGA-N46. Interdisciplinary Sciences-computational Life Sciences, 2016, 8: 319-326.

[113] Li R, Chen C, Zhu S, et al. CGA-N9, an antimicrobial peptide derived from chromogranin A: direct cell penetration of and endocytosis by *Candida tropicalis*. Biochemical Journal, 2019, 476: 483-497.

[114] Carretero M, Escámez, M J, Marta G, et al. In vitro and in vivo wound healing-promoting activities of human cathelicidin LL-37. The Journal of Investigative Dermatology, 2008, 128(1): 223-236.

[115] Otte J M, Zdebik A E, Brand S, et al. Effects of the cathelicidin LL-37 on intestinal epithelial barrier integrity. Regulatory Peptides, 2009, 156(1-3): 104-117.

[116] Chang J, He X, Hu J, et al. Bv8-like toxin from the frog venom of *Amolops jingdongensis* promotes wound healing via the Interleukin-1 signaling pathway. Toxins, 2020, 12: 15.

第二章　念　珠　菌

念珠菌对抗生素的耐药性问题，是困扰国际医药学界的一大难题，严重危害人类健康。在感染类疾病中，侵染性真菌病发病率不断升高，耐药性病原真菌不断增多。在侵染性念珠菌感染中，耐药性念珠菌感染发病率呈上升趋势。但是，抗真菌药物品种少，先导化合物少，药物研发进展缓慢，可选范围窄。因此，将CGA-N12 和 CGA-N9 开发成药物，对念珠菌感染的临床治疗具有重要意义。为便于阐明 CGA-N12 和 CGA-N9 对念珠菌的作用特异性、生物安全性及其作用机制，现对念珠菌相关知识进行介绍。

第一节　念珠菌概述

一、生物学特征

念珠菌（Candida），又称假丝酵母菌，属于类酵母型真菌，是单细胞真菌，形态呈圆形或椭圆形。由于其在生长过程中，与其子代细胞连在一起成为链状，故称为假丝酵母（pseudo-yeast）。同其他酵母菌一样，念珠菌具有以下 5 个特性：①个体一般以单细胞状态存在；②多数念珠菌繁殖方式是出芽繁殖；③能发酵糖类产能；④细胞壁常含有甘露聚糖；⑤常生活在含糖量较高、酸度较大的水生环境中[1]。

与原核生物细胞相比，念珠菌体积大、结构复杂，细胞壁组分主要是葡聚糖、甘露聚糖、几丁质等，细胞膜含有甾醇，有功能专一的细胞器，如线粒体、液泡、高尔基体等，细胞核有核膜，细胞核内有组蛋白，DNA 含量低，染色体数比原核细胞多，有丝分裂，氧化磷酸化在线粒体上进行，繁殖方式为芽殖。与动物细胞相比，念珠菌的不同之处在于：念珠菌有细胞壁，细胞膜甾醇是麦角甾醇和酵母甾醇，细胞内无溶酶体、有液泡，有膜边体，繁殖方式为无性芽殖。

念珠菌细胞与动物细胞、原核生物细胞相比，在结构上有显著区别，具体内容见表 2-1[1,2]。

念珠菌种类很多，但对人具有致病性的仅有 10 种。致病性念珠菌是一类深部感染真菌，为条件性致病菌，主要包括白念珠菌（C. albicans）、热带念珠菌（C. tropicalis）、光滑念珠菌（C. glabrata）、近平滑念珠菌（C. parapsilosis）、克柔念珠菌（C. krusei）、都柏林念珠菌（C. dubliniensis）、葡萄牙念珠菌（C. lusitaniae）、

表 2-1　念珠菌细胞与动物细胞、原核生物细胞的结构比较

比较项目		念珠菌细胞	动物细胞	原核生物细胞
细胞长度		3～6 μm	>2 μm	<2 μm
细胞壁主要成分		微纤维、葡聚糖、甘露聚糖、几丁质等	无细胞壁	多为肽聚糖
细胞膜甾醇		有，麦角甾醇、酵母甾醇	有，胆固醇	无（支原体例外）
细胞膜呼吸或光合组分		无	无	有
细胞器		有	有	无
细胞质	线粒体	有	有	无
	溶酶体	无	有	无
	液泡	有溶酶体功能,含有糖原、脂肪、多磷酸盐等储藏物	无	无
	高尔基体	有	有	无
	膜次生结构	膜边体	无	部分有间体
	储藏物	淀粉、糖原等	淀粉、糖原等	部分有
细胞核	核膜	有	有	无
	DNA 含量	低	低	高（约10%）
	组蛋白	有	有	无
	染色体个数	8～16	均大于 1	一般为 1
	有丝分裂	有	有	无
生理特性	氧化磷酸化部位	线粒体	线粒体	细胞膜
	光合作用部位	无	无	细胞膜
	生物固氮能力	无	无	有些有
	专性厌氧生活	无	无	常见
	化能合成作用	无	无	有些有
繁殖方式		无性，芽殖	有性，减数分裂	一般为无性，二等分裂

乳酒念珠菌（*C. kefyr*）、季也蒙念珠菌（*C. guilliermondii*）和伪热带念珠菌（*C. pseudotropicalis*）。在这些致病性念珠菌中，以白念珠菌最常见，致病力也最强；其次为热带念珠菌；再次为克柔念珠菌、近平滑念珠菌等。

二、繁殖与培养

念珠菌的繁殖方式为芽殖，是一种无性繁殖方式。念珠菌从母细胞的细胞壁发芽，同时母细胞进行核分裂，一部分染色体进入子细胞，在母细胞和子细胞之间产生横隔，成熟后从母体脱离。出芽产生的芽生孢子也可持续延长，但不断裂，不与母细胞脱离，相互连接成藕节状的、较长的细胞链，伸入培养基内，称为假菌丝（pseudohypha）。

同其他酵母菌一样，念珠菌对营养要求不高。常用培养基有沙氏葡萄糖琼脂（Sabouraud dextrose agar，SDA）培养基、马铃薯葡萄糖琼脂培养基（potato dextrose agar，PDA）、察氏培养基（Czapek-Dox agar，CDA）、脑心浸膏琼脂培养基（brain-heart infusion agar，BHI）等。念珠菌的菌落及菌体形态在不同培养基中差别很大，为了统一标准，鉴定时以 SDA 培养基上生长的形态为准，培养温度为37℃，最适酸碱度为 pH 4.0～6.0。

在固体培养基上，念珠菌菌落为单菌落，隆起，圆形，边缘整齐，湿润呈蜡状，柔软致密，表面光滑，类似原核细菌菌落，但比细菌菌落大、厚，不透明，乳白色或红色，与酵母菌菌落形态相似，故称为类酵母型菌落。在显微镜下，可见藕节状细胞链的假菌丝，由菌落向下生长，深入培养基中。白念珠菌在 SDA 培养平板上的菌落形态和大肠杆菌在 LB 培养平板上的菌落形态见图 2-1。与细菌菌落形态相比，念珠菌菌落形态大而突起，湿度比细菌小，菌落颜色一般呈乳脂色，少数红色或黑色，菌落边缘可见假菌丝状细胞，生长速度没有细菌快，臭味比细菌小。念珠菌与细菌在固体培养平板上的菌落特征比较见表 2-2[1]。

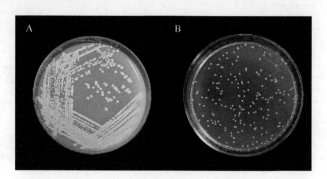

图 2-1　白念珠菌 SDA 平板培养单菌落和大肠杆菌 LB 平板培养单菌落
A. 白念珠菌菌落；B. 大肠杆菌菌落

表 2-2　念珠菌与细菌的菌落特征及其细胞形态比较

	特征		念珠菌	细菌
主要特征	菌落	含水状态	较湿	很湿或较湿
		外观形态	大而突起	小而突起或大而平坦
	细胞	相互关系	单个分散或假丝状	单个分散或有一定排列方式
		形态特征[a]	大而分化	小而均匀，个别有芽孢
参考特征	菌落透明度		稍透明	透明或稍透明
	菌落与培养基结合程度		不结合	不结合
	菌落颜色		单调，一般呈乳脂色或矿烛色，少数红色或黑色	多样
	菌落正反面颜色的差别		相同	相同

续表

特征	念珠菌	细菌
菌落边缘[b]	可见球形、卵圆形或假丝状细胞	一般看不到细胞
细胞生长速度	较快	一般很快
气味	臭味比细菌小	一般有臭味

[a] 形态特征中,"均匀"指在高倍镜下看到的细胞只是均匀一团;"分化"指看到细胞内部的一些模糊结构。
[b] 用低倍镜观察。

三、细胞结构特征

念珠菌细胞直径约为细菌的 10 倍,是典型的单细胞真核微生物。念珠菌的常见细胞形态有球形、卵圆形、椭圆形、柱状及香肠状等。念珠菌细胞形态的结构模式图、扫描电镜图和透射电镜图见图 2-2。

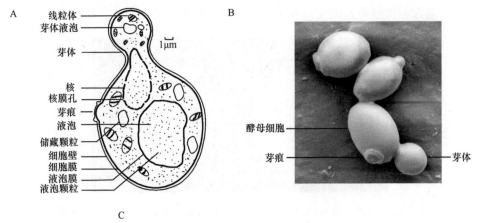

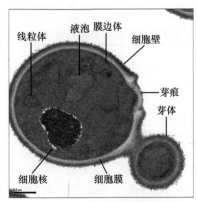

图 2-2　念珠菌细胞形态结构

A. 结构模式图;B. 扫描电镜图;C. 透射电镜图

（一）细胞壁

细胞壁（cell wall）是位于细胞膜外的一层厚而坚韧并略具弹性的结构[3]。念珠菌细胞壁具有固定细胞外形和保护细胞免受外界不良因子损伤等功能。同其他真菌细胞壁一样，念珠菌细胞壁的主要成分是多糖，另有少量的蛋白质和脂类。多糖是构成细胞壁中有形微纤维和无定形基质的成分。有形微纤维主要是指由 β-(1,4)-葡聚糖组成的几丁质，无定形基质主要包括甘露聚糖、葡聚糖和少量蛋白质等。念珠菌以葡聚糖为主，在其不同生长阶段，细胞壁的成分有明显不同。

细胞壁厚约 25 nm，重量约为细胞干重的 25%。细胞壁的主要成分为"酵母纤维素"，细胞壁呈三明治状（图 2-3），即外层为磷酸甘露聚糖和甘露聚糖等，中间层含有丰富的蛋白质（包括葡聚糖酶、甘露聚糖酶、甘露聚糖蛋白等），内层为葡聚糖[2]。葡聚糖的存在，使念珠菌细胞壁比细菌细胞壁更加坚硬。细胞壁中的 β-葡聚糖有两种，分别是 β-(1,6)-葡聚糖和 β-(1,3)-葡聚糖。β-(1,3)-葡聚糖分子由多个葡萄糖残基（≥60）通过 β-(1,3)-糖苷键连接起来，呈扭曲的长链状，在细胞壁中含量较高，约占细胞壁总干重的 85%。β-(1,6)-葡聚糖含量低，具有高度的分支结构，将 β-(1,3)-葡聚糖连接起来，在细胞壁中形成网状结构。几丁质（甲壳质）位于细胞壁的最内层且含量较少，是细胞壁的一个重要组分。它是由 N-乙酰葡萄糖胺分子以 β-(1,4)-葡萄糖苷键连接而成的多聚糖。在芽痕周围含有少量的几丁质成分。念珠菌细胞壁可用由玛瑙螺胃液制成的蜗牛消化酶水解，形成原生质体。

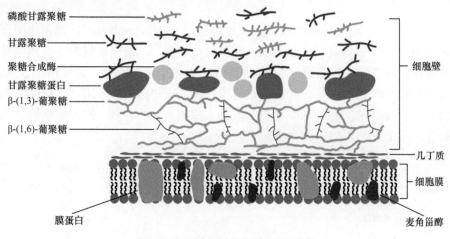

图 2-3 念珠菌细胞壁结构模式图

念珠菌细胞壁与革兰氏阳性菌、革兰氏阴性菌细胞壁的区别见图 2-4。

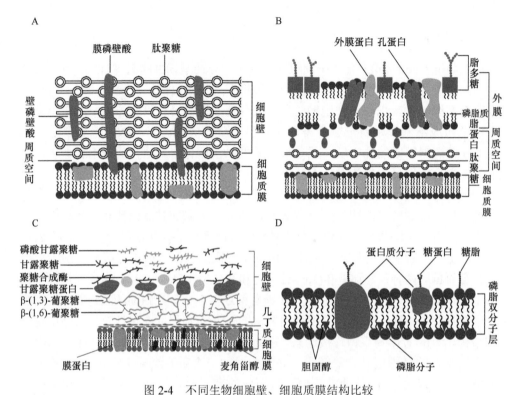

图 2-4　不同生物细胞壁、细胞质膜结构比较

A. 革兰氏阳性菌细胞壁、细胞质膜结构；B. 革兰氏阴性菌细胞壁、细胞质膜结构；C. 念珠菌细胞壁、细胞质膜结构；D. 动物细胞质膜结构

（二）细胞质膜

细胞质膜（plasma membrane），又称细胞膜（cell membrane），是指包围在细胞表面的一层极薄的膜，主要由膜脂和膜蛋白组成[3]。细胞质膜的基本作用是维护细胞内微环境的相对稳定，并参与同外界环境进行物质交换、能量和信息传递。细胞质膜还在细胞的生存、生长、分裂和分化过程中起重要作用。念珠菌细胞质膜由 3 层结构组成，见图 2-5。细胞质膜的主要成分是蛋白质（约占干重的 50%）、类脂（约占干重的 40%）和少量糖类。

图 2-5　念珠菌细胞质膜结构模式图

念珠菌细胞质膜中的蛋白质主要是一些酶类。类脂由甘油、甘油磷脂和甾醇

组成，其中甘油有单酯、双酯和三酯等 3 种形式；甘油磷脂主要有磷脂酰胆碱（phosphatidyl choline，PC；又称卵磷脂，lecithin）和磷脂酰乙醇胺（phosphatidyl ethanolamine，PE；又称脑磷脂，cephain）；甾醇由麦角甾醇和酵母甾醇组成。糖类主要是甘露聚糖等[1]。

念珠菌与动物细胞、细菌细胞的细胞质膜结构不同（图 2-4）[1,3]，组成和功能也不同（表 2-3）。

表 2-3　念珠菌细胞、动物细胞、细菌细胞的细胞质膜组成与功能

	念珠菌细胞	动物细胞	细菌细胞
甾醇	有（麦角甾醇、酵母甾醇）	有（胆甾醇）	无
磷脂	磷脂酰胆碱、磷脂酰乙醇胺	磷脂酰胆碱、磷脂酰乙醇胺、磷脂酰丝氨酸和磷脂酰肌醇	磷脂酰甘油、磷脂酰乙醇胺等
糖脂	糖脂	糖脂	无
电子传递链	无	无	有
基团转移运输	无	无	有
胞吞作用	有	有	无

由图 2-4 可以看出，外膜是革兰氏阴性菌的特有成分，位于细胞壁肽聚糖层外侧，包括脂多糖（lipopolysaccharide，LPS）、磷脂质和脂蛋白三部分；磷壁酸（teichoic-acid）是革兰氏阳性菌细胞壁的特有成分；肽聚糖是革兰氏阳性菌和革兰氏阴性菌细胞壁上共有的成分，是一种杂多糖衍生物，支撑着细菌细胞壁维持细胞形状。真菌细胞壁的主要成分是碳水化合物，其约占细胞壁干重的 80%。真菌细胞壁在电镜下呈"三明治"结构，即外层为甘露聚糖，中间层含有丰富的蛋白质，内层为葡聚糖。葡聚糖的存在使真菌细胞壁比细菌细胞壁更加坚硬。细胞壁中 β-葡聚糖有两种，分别是 β-1,6-葡聚糖和 β-1,3-葡聚糖，因其具有高度的分支结构而在细胞壁中形成网状结构。此外，位于细胞壁最内层且含量较少的几丁质（甲壳质）是真菌细胞壁中的一个重要组分。哺乳动物细胞没有细胞壁。

由表 2-3 可知，念珠菌细胞膜甾醇为麦角甾醇和酵母甾醇，动物细胞膜甾醇为胆甾醇，而细菌细胞膜不含甾醇。甾醇对细胞膜磷脂分子流动性的调节作用随温度的不同而改变，在相变温度以上，使磷脂的脂肪酸链的运动性减弱，从而降低细胞膜磷脂分子的流动性；而在相变温度以下时，可通过阻止磷脂脂肪酸链的相互作用，缓解低温所引起的细胞膜磷脂分子流动性剧烈下降。因此，念珠菌细胞膜流动性比细菌细胞膜低。念珠菌细胞膜磷脂主要由磷脂酰胆碱（PC）和磷脂酰乙醇胺（PE）组成；动物细胞膜磷脂主成分除 PC、PE 外，还有磷脂酰丝氨酸（phosphatidyl serine，PS）和磷脂酰肌醇（phosphatidyl inositol，PI）；细菌细胞膜主要由磷脂酰甘油（phosphatidyl glycerol，PG）和 PE 组成。念珠菌和动物细胞膜上均有糖脂，而细菌细胞膜不含有糖脂。细菌没有线粒体，其氧化磷酸化功能

由细胞膜完成，因此，电子传递链存在于细菌细胞膜上。同时，细菌细胞膜还有基团转移运输功能。胞吞作用仅发生在真核细胞，念珠菌和动物细胞膜有胞吞作用，细菌细胞膜没有胞吞作用。

（三）细胞核

细胞核（nucleus）是真核细胞内最大、最重要的细胞器，是细胞遗传与代谢的调控中心，是真核细胞区别于原核细胞的最显著标志之一。除哺乳动物成熟的红细胞、高等植物韧皮部成熟的筛管细胞等极少数真核细胞无细胞核外，其他所有真核细胞都有细胞核[3]。念珠菌具有由多孔核膜包裹起来的定形细胞核，用相差显微镜可见到活细胞的细胞核；用碱性品红或姬姆萨染色法对固定后的酵母菌细胞染色，可以观察到核内的染色体。细胞核是酵母菌遗传信息的主要储存库。

（四）细胞质

细胞质（cytoplasm）是细胞质膜包围的、除核区外的一切半透明、胶状、颗粒状物质的总称，是生命活动的主要场所。细胞质由细胞质基质（cytoplasmic matrix）、内膜系统（endomembrane system）和由膜所包被的细胞器（organelle）组成。在真核细胞的细胞质中，除去可分辨的细胞器以外的胶状物质，占据着细胞膜内、细胞核外的细胞内空间，称为细胞质基质。细胞器一般认为是散布在细胞基质内的、具有一定形态和功能的微结构或微器官，如核糖体、线粒体、叶绿体、过氧化物酶体和细胞核。细胞内膜系统是指在结构、功能乃至发生上相互关联、由单层膜包被的细胞器或细胞结构，主要包括内质网、高尔基体、溶酶体、分泌泡、胞内体、液泡等[3]。念珠菌属于低等真核细胞，细胞质中不含叶绿体。

（五）线粒体

线粒体（mitochondria）是细胞内进行氧化磷酸化反应的重要细胞器。线粒体的功能是把蕴藏在有机物中的化学潜能转化为生命活动所需的能量（ATP），故线粒体是一切真核细胞的动力车间。在光学显微镜下，典型的线粒体外形像一个杆菌，其直径一般为 $0.5\sim1.0~\mu m$，长度为 $1.5\sim3.0~\mu m$。线粒体的构造较为复杂，外形囊状，由内、外两层膜包裹，囊内充满液态基质（matrix）。外膜平整，内膜则向内伸展，从而形成大量由双层内膜构成的嵴（cristae），呈板状（图 2-6）。嵴的存在，极大地扩展了在内膜上进行生物化学反应的面积。在有氧条件下，念珠菌细胞内会形成许多杆状或球形线粒体；但在缺氧条件下，则只能形成有外膜而无内膜和嵴、没有氧化磷酸化功能的线粒体。

A

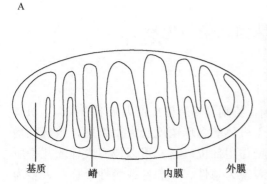

B

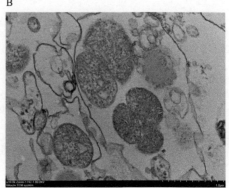

基质　　　嵴　　　内膜　　　外膜

图 2-6　线粒体结构模式图和透射电镜图[4]

A. 线粒体结构模式图；B. 热带念珠菌线粒体透射电镜图

（六）液泡

液泡（vacuole）是存在于真菌、藻类和其他植物细胞中的一种由单位膜分隔的细胞器，其形态、大小因细胞年龄和生理状态不同而有变化。液泡由单层膜与其内部的细胞液组成，主要存在于植物细胞中。在成熟的念珠菌细胞中，有一个大型液泡，主要含有：糖原、脂肪、多磷酸盐等储藏物质，精氨酸、鸟氨酸和谷氨酰胺等碱性氨基酸，蛋白酶、酸性和碱性磷酸酶、纤维素酶及核酸酶等各种酶类[1,2]。液泡不仅有维持细胞渗透压、储存营养物质等功能，而且还有溶酶体的功能。液泡可以把蛋白酶等水解酶与细胞质隔离，防止细胞损伤。

（七）膜边体

膜边体（lomasome）又称边缘体、须边体或质膜外泡，为许多真菌细胞所特有，是一种位于菌丝细胞四周的质膜和细胞壁间由单层膜包裹的细胞器。其形态呈管状、囊状、球状、卵圆状或多层折叠膜状，内含有泡状物或颗粒状物。膜边体可由高尔基体或内质网的特定部位形成。各个膜边体能互相结合，也可以与别的细胞器或膜相结合。其功能不甚清楚，可能与分泌水解酶或合成细胞壁有关[1,2]。

（八）几丁质酶体

几丁质酶体（chitosome）又称壳体，是一种活跃于各种真菌菌丝顶端细胞中的微小泡囊，直径 40～70 nm，内含几丁质合成酶。在离体条件下，几丁质酶体可把 UDP-N-乙酰葡萄糖胺合成几丁质微纤维。在细胞内，几丁质酶体通过不断向菌丝尖端移动，把其中的几丁质合成酶源源不断地运送到细胞壁表面，催化合成几丁质微纤维，使菌丝尖端不断向前延伸[1,2]。

第二节 念珠菌感染与免疫

一、念珠菌的致病性

一般认为，念珠菌是条件性致病菌，特别容易感染免疫力低下的人。当机体抵抗力下降、免疫功能失调时，存在于机体的念珠菌就会大量繁殖，致病性增强，引起黏膜感染。致病性念珠菌感染作用部位广泛，可以侵犯人体的几乎所有组织器官，累及多个系统或脏器，表现为急性、亚急性或慢性炎症，大多为继发性感染。

二、念珠菌感染现状

近年来，随着免疫抑制剂在临床上的广泛应用，真菌感染的发病率明显提高，特别是侵袭性真菌感染的发病率逐年增加，致死率高，给患者的生命安全带来极大威胁，其中念珠菌感染引起医药学界的重点关注。

念珠菌感染是由念珠菌属引起的一类真菌性感染疾病，在高死亡率的侵袭性真菌感染中最为常见[4]。念珠菌作为医院内血液感染的四大病原体之一，是导致高发病率和高死亡率的重要因素，特别是医院重症加强护理病房（intensive care unit，ICU）中的导管相关性血液感染尤甚[5,6]。念珠菌引起的尿路感染（urinary tract infection，UTI），在 ICU 的患者中发病率极高[7]。念珠菌不仅可以引起多种临床感染，更容易感染患有癌症、中性粒细胞缺乏、血液恶性肿瘤和骨髓移植的患者，引起念珠菌血症。有研究报道，ICU 患者中的肿瘤患者一旦感染念珠菌，会有很高的致死率。热带念珠菌感染引起的致死率不仅高于其他非白念珠菌感染，还高于白念珠菌感染。

20 世纪 70 年代以来，引起人类真菌感染的主要是白念珠菌，占念珠菌感染的 75%左右。但近年来，非白念珠菌的分离率正在逐渐升高，临床上重要的致病性非白念珠菌中，热带念珠菌和光滑念珠菌检出率最高[8,9]。热带念珠菌也是引起ICU 患者尿路感染的最常见菌种之一[10,11]。热带念珠菌引起的尿路感染可发展成严重的念珠菌血症，危及重病患者的生命[12]。

对流行病学数据进行分析，发现死亡率最高的念珠菌病是由热带念珠菌引起的血液感染。有研究显示，热带念珠菌血液感染的病死率为 61%，明显高于其他念珠菌的病死率（44.8%）。这是由于热带念珠菌能生长出假菌丝或菌丝，对宿主细胞的侵袭力更强大，可形成丝状形态明显的成熟生物膜结构，与孢子相比不易被吞噬，同时具有更高的氟康唑抗性和多种毒力因子。因此，热带念珠菌感染及其致炎机理引起人们的关注[13]。由热带念珠菌感染引起的生物膜比例高于其他念珠菌，生物膜生成概率达 80%左右。生物膜的形成，增加了热带念珠菌对抗真菌药物的耐药性[14]。因此，研究开发新型抗热带念珠菌药物至关重要。

三、念珠菌的免疫性

在真菌感染，特别是深部真菌感染过程中，人体固有免疫会在抗感染中起到一定的作用。同时，机体也会产生特异性细胞免疫和体液免疫。但一般来讲，免疫力不强[15]。

（一）固有免疫

1. 皮肤黏膜屏障作用和正常菌群的拮抗作用

健康的皮肤黏膜对病原菌具有一定的屏障作用。皮脂腺分泌的不饱和脂肪酸有杀菌作用。白念珠菌是机体正常菌群，存在于口腔、肠道、阴道等部位，存在部位的生态环境对白念珠菌的增殖起拮抗作用。但是，如果长期服用广谱抗生素，导致菌群失调，会引起继发性白念珠菌感染。

2. 吞噬作用

念珠菌进入机体后，容易被单核巨噬细胞及中性粒细胞吞噬。但是，吞噬的真菌孢子并不能被完全杀灭，可在细胞内增殖，刺激组织增生，引起细胞浸润，形成肉芽肿；也可被吞噬细胞带到深部组织器官中增殖，进而引起病变。

3. 其他

正常体液中的抗菌物质，如干扰素（interferon，IFN）-γ、肿瘤坏死因子（tumor necrosis factor，TFN）等细胞因子及抗菌肽，在抗真菌感染方面也具有一定功能。

（二）适应性免疫

念珠菌进入机体，可刺激机体免疫系统，产生适应性免疫应答，其中以细胞免疫为主，同时可诱发迟发性超敏反应。

1. 细胞免疫

呼吸爆发作用又称氧爆发，是吞噬细胞的氧依赖性杀菌途径之一。吞噬细胞吞噬微生物后，激活巨噬细胞膜表面的还原型辅酶 I 和还原型辅酶 II，催化氧分子为超氧阴离子（O_2^-）、羟自由基（OH^-）、过氧化氢（H_2O_2）和单态氧（$^1O_2$）等一系列反应性氧中间物（reactive oxygen intermediate，ROI），通过氧化作用和细胞毒作用杀灭病原微生物。

研究表明，由 Th1 辅助细胞参与的细胞免疫应答，在抗深部真菌（如白念珠菌、新型隐球菌）感染中起重要作用。Th1 细胞产生 IFN-γ、白细胞介素（interleukin，IL）-2 等免疫因子激活巨噬细胞，上调呼吸爆发作用，增强其对真菌的杀伤力。CD4$^+$ Th1 还可诱发迟发型超敏反应，控制真菌感染的扩散。艾滋病患者、恶性肿瘤患者或应用免疫抑制剂者，机体 T 细胞功能受抑制，易并发散播性真菌感染。念珠菌感染一般不能形成稳固的病后免疫。

2. 体液免疫

念珠菌是完全抗原。念珠菌感染后，可刺激机体产生相应抗体。抗体可通过调理作用，即阻止念珠菌转为菌丝相，以提高吞噬细胞的吞噬率，抑制念珠菌黏附宿主细胞，进而起到抗真菌免疫作用。例如，抗白念珠菌黏附素抗体，能够阻止白念珠菌黏附于宿主细胞；抗新型隐球菌荚膜特异性 IgG 抗体，有调理吞噬作用。体液免疫产生的抗体可用于真菌感染的血清学诊断。

四、代表性念珠菌

（一）白念珠菌

白念珠菌属于假丝酵母菌属，又称白假丝酵母菌、白色念珠菌。白念珠菌是念珠菌属最常见的致病菌，可引起皮肤、口腔、黏膜及内脏的急、慢性感染。白念珠菌为单细胞真菌，菌体呈圆形或卵圆形，直径 3～6 μm，革兰氏染色阳性，着色不均。在组织内，白念珠菌易形成芽生孢子和假菌丝。芽生孢子多集中在假菌丝的连接部位，假菌丝中间或顶端常有较大、壁薄的圆形或梨形厚垣孢子（图 2-7）。

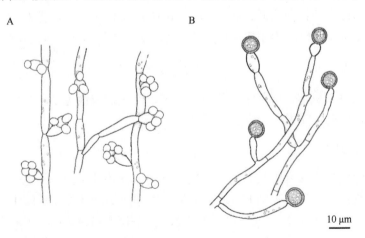

图 2-7　白念珠菌结构模式图

A. 假菌丝连接部位存在芽生孢子；B. 假菌丝顶端出现厚垣孢子

这是该菌特征之一。白念珠菌以出芽繁殖为主，需氧，在普通琼脂、血琼脂及 SDA 培养基上均生长良好。37℃培养 2～3d 后，出现乳白色、表面光滑的类酵母型菌落。培养稍久者菌落增大，颜色变深，质地变硬。在含 1%吐温-80 的玉米粉琼脂培养基上，可形成丰富的假菌丝和厚垣孢子。假菌丝和厚垣孢子是鉴定白念珠菌的主要依据。

白念珠菌是条件性致病菌，通常存在于人的口腔、上呼吸道、肠道、阴道等黏膜部位。当机体出现菌群失调，特别是免疫力下降时，可引起白念珠菌病。近年来，由于激素、免疫抑制剂应用的增加，白念珠菌感染有增多的趋势。黏膜感染症状主要有鹅口疮、口角糜烂、外阴或阴道炎等。其中以儿童鹅口疮最为多见，累及舌、唇、牙龈等，多发生于体质弱的新生儿。鹅口疮也是艾滋病患者最常见的继发感染病。皮肤感染，容易发生于皮肤潮湿、皱褶部位，如腹股沟、腋下、肛周、会阴部、指（趾）间等，引起湿疹样皮肤白念珠菌病或指间糜烂症。内脏感染包括支气管炎、肺炎、肠炎、膀胱炎及肾盂肾炎等，也可引起败血症。白念珠菌还可引起中枢神经系统感染，主要有脑膜炎、脑膜脑炎及脑脓肿等。中枢神经系统感染多由原发病灶转移而来。人体对白念珠菌的免疫，主要依靠固有免疫。机体感染白念珠菌后，可产生适应性免疫。

（二）热带念珠菌

热带念珠菌，又称热带假丝酵母，是常见的非白念珠菌。热带念珠菌在普通培养基上即可生长繁殖，为椭圆形芽生细胞，可依靠生化实验鉴别。热带念珠菌假性菌丝体丰富，由长的、分枝不良的假菌丝组成，通常不育顶点变窄；分生孢子在每个细胞成分的中间呈小群排列（图 2-8）。

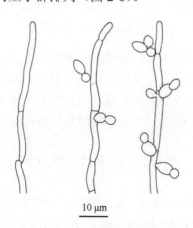

10 μm

图 2-8 热带念珠菌结构模式图

热带念珠菌是一种腐物寄生菌，广泛存在于自然界，可从水果、蔬菜、乳制品和土壤中分离出来，在健康人体的皮肤、阴道、口腔和消化道等部位也有存在。约 10% 的健康妇女和 30% 的孕妇阴道内有热带念珠菌，但无任何临床症状。热带念珠菌生长最适宜的 pH 为 5.5。阴道的正常 pH 为 3.7～4.5。阴道的弱酸性环境能保持阴道的自洁。当阴道 pH≥5.5 时，热带念珠菌会大量繁殖，并转变为菌丝相，引发阴道炎。当机体抵抗力下降或阴道局部环境发生改变时，热带念珠菌大量繁殖，产生病变。所以，热带念珠菌是一种条件性致病菌。

（三）光滑念珠菌

光滑念珠菌是念珠菌的一种，无假性菌丝。有些菌株可以形成一些卵形细胞的支链，单极出芽，细胞呈规则的椭圆形，约 3.4 μm×2.0 μm，通常密集排列，厚垣孢子缺失（图 2-9）。

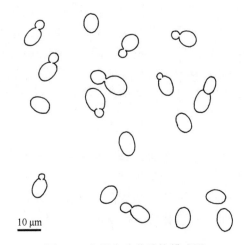

10 μm

图 2-9　光滑念珠菌结构模式图

光滑念珠菌广泛存在于人体口腔黏膜、皮肤及阴道等处，一般情况下不会致病。但是，在免疫力低下时可以致病，引起阴道炎、膀胱炎、肾盂肾炎等。光滑念珠菌引起阴道炎时，会改变阴道酸碱环境，不利于精子成活，进而导致不孕。另外，光滑念珠菌也有可能通过胎膜感染胎儿，引起胎儿畸形等。

第三节　抗念珠菌药物及念珠菌耐药性

抗真菌药物（antifungal agent）是指能够抑制或杀死病原真菌的药物，用于治疗病原真菌感染性疾病。白念珠菌通常引起深部感染，侵犯内脏器官或深部组织，发病率低，但病死率高，病死率可高达 50%。近年来，伴随着癌症患者放化疗的增加、器官和骨髓移植的推广、抗生素和免疫抑制剂的广泛使用、艾滋病的传播和免疫功能低下患者的不断增多等，深部真菌感染的发生率急剧升高。了解抗念珠菌药物的作用机制和耐药机理，对抗真菌药物的开发、先导化合物的结构优化等具有重要意义。因此，有必要对抗念珠菌药物进行详细分类介绍。根据药物作用机制和结构类型，可将抗念珠菌药物分为：影响念珠菌细胞壁合成的药物，影响念珠菌细胞膜结构的药物，影响念珠菌蛋白质合成的药物，抑制念珠菌核酸合成的药物。

一、影响念珠菌细胞壁合成的药物

真菌细胞壁的主要成分为 β-葡聚糖、几丁质和甘露聚糖蛋白，这为寻找特异性抗真菌药物提供了靶标。通过抑制或干扰上述成分的合成便能有效抑制或杀灭真菌。由于动物细胞没有细胞壁，使这类药物可以选择性地作用于真菌，从理论上讲对人体几乎没有毒性。

（一）影响真菌细胞壁中 β-葡聚糖合成的药物

β-(1,3)-葡聚糖合成酶催化转运尿苷二磷酸葡聚糖（UDP-glucose），生成β-(1,3)-葡聚糖。通过抑制 β-(1,3)-葡聚糖合成酶活性，影响细胞壁合成，使真菌细胞壁结构受损，造成细胞膜破裂，真菌因内容物渗漏而死亡。但在很长一段时间内，仅发现棘白菌素类（echinocandin）和阜孢杀菌素类（papulacandin）两类不同结构的脂肽类化合物，具有抑制 β-(1,3)-葡聚糖合成酶的活性。近年来，从微生物发酵代谢产物中，陆续发现了多种不同结构的化合物，具有抑制 β-(1,3)-葡聚糖合成酶活性，如 pneumocandin 类、牟伦多菌素类（mulundocandin）和萜类化合物等。下面以棘白菌素类药物为代表，介绍影响真菌细胞壁中 β-葡聚糖合成的抗真菌药物。

棘白菌素是 20 世纪 70 年代发现的一类天然产物，是从子囊菌纲丝状真菌发酵产物中获得的一类有亲脂性侧链的环状非核糖体六肽的统称[16]。棘白菌素通过非竞争性地抑制 β-(1,3)-葡聚糖合成酶的活性，阻止真菌细胞壁的合成。

1. 作用机制

棘白菌素类药物的主要作用机制是能够非竞争性抑制真菌细胞壁中 β-(1,3)-葡聚糖合成酶的活性，干扰真菌细胞壁 β-(1,3)-葡萄糖的合成，导致真菌细胞壁渗透性改变，细胞溶解死亡（图 2-10）[17]。棘白菌素类药物能够快速、不可逆地抑制真菌细胞壁中葡聚糖的合成，这与传统抗真菌药物的作用机制不同。因此，这类药物可以杀死对唑类和两性霉素 B 产生抗性的真菌。没有溶血毒性及较少的药物相互作用，使得这类药物比传统抗真菌药物具有更大优势，是迄今为止安全性最高的一类抗真菌药物。目前，这类药物的主要缺点是：由于分子质量太大，不能口服，只能通过静脉注射使用；其抗菌谱尚未得到深入研究，在临床实践中，这类药物的首要作用菌为念珠菌和曲霉菌，但是，从其作用机制来看，棘白菌素类药物应该具有更广泛的抗菌谱。

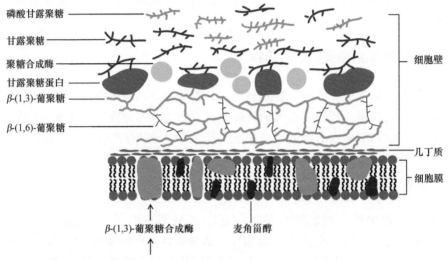

图 2-10　棘白菌素类药物抗念珠菌作用机制

2. 代表性药物

棘白菌素类代表性药物有卡泊芬净、米卡芬净和阿尼芬净[18,19]。

1）卡泊芬净（caspofungin）

　　该药是由 *Glarea lozoyensis* 的发酵产物合成得到的环脂肽。

　　卡泊芬净对念珠菌属真菌和曲霉菌属真菌均表现出较强的抗菌活性。但是，目前的药物敏感性研究结果与临床疗效没有相关性。卡泊芬净适用于治疗念珠菌菌血症和其他念珠菌感染，如腹内脓肿、腹膜炎、胸膜腔感染、食管念珠菌病、口咽念珠菌病等。

　　卡泊芬净的临床不良反应依次为：畏寒、发热、静脉炎、腹泻、恶心、呕吐、头痛。该药还可能出现组胺反应，如出疹、面部水肿、潮红、支气管收缩、气喘。卡泊芬净与环孢素（cyclosporine；又称环孢素 A，CsA）同时使用时，药-时曲线下面积（area under curve，AUC）即血药浓度曲线对时间轴所包围的面积会增加，丙氨酸转氨酶和天冬氨酸转氨酶水平升高。因此，不建议将其与环孢素合用。

　　2）米卡芬净（micafungin）

　　米卡芬净是一种半合成脂肽类物质，由真菌 *Coleophoma empetri* 的发酵产物半合成而得。

　　米卡芬净为广谱抗真菌药物，对各种临床常见的念珠菌和曲霉菌有抗菌活性。米卡芬净对耐唑类白念珠菌、非白念珠菌（如近平滑念珠菌、光滑念珠菌、热带念珠菌、克柔念珠菌）、卡氏肺孢子虫均有较强的杀菌活性；对曲霉菌属具有抑菌活性，通过抑制孢子发芽和导致菌丝顶端破裂抑制菌丝生长。目前尚未观察到两性霉素 B 或唑类抗真菌药与米卡芬净之间存在交叉耐药性，也不清楚真菌是否会对米卡芬净产生耐药性。米卡芬净适用于治疗由念珠菌和曲霉菌引起的感染，如真菌血症、呼吸道真菌病、胃肠道真菌病。

　　米卡芬净的常见不良反应有高胆红素血症、恶心、腹泻、白细胞减少和嗜酸性粒细胞增多等；静脉给药易引起注射部位局部静脉炎和血栓性静脉炎。

3）阿尼芬净（anidulafungin）

阿尼芬净是棘白菌素 B 的半合成衍生物，棘白菌素 B 通过构巢曲霉（*Aspergillus nidulans*）发酵获得。

阿尼芬净适用于治疗念珠菌血症及其他类型的念珠菌感染，如腹内脓肿、腹膜炎、食管念珠菌病等。

阿尼芬净的不良反应主要为血液和淋巴系统损害，如恶心呕吐、发热、肝功能受损、头痛、皮疹和静脉炎等。

（二）影响真菌细胞壁中几丁质合成的药物

影响真菌细胞壁中几丁质合成的代表性抗真菌药物有多抗霉素（polyoxin）及其结构类似物日光霉素（nikkomycin，又称尼克霉素）。

1. 作用机制

多抗霉素及其结构类似物日光霉素是真菌细胞壁几丁质合成酶最有效的抑制剂[20]。其化学结构与合成几丁质的二磷酸尿嘧啶核苷-*N*-乙酰葡萄糖胺（UDP-NAG）类似，通过竞争性地抑制几丁质合成酶，阻止几丁质的合成，从而抑制菌丝生长、孢子萌发，阻止细胞壁合成。

2. 代表性药物

多抗霉素由金色链霉菌（*Streptomyces aureus*）产生。多抗霉素是一类结构很相似的多组分抗生素，含有 A～N 14 种同系物的混合物，为肽嘧啶核苷类抗生素，主要在农业上使用。多抗霉素是一种高效、低毒、无环境污染的安全农药，被广泛应用于粮食作物、特种作物、水果和蔬菜病害的防治[18]。

日光霉素是由唐德链霉菌（*Streptomyces tendae*）产生的，结构类似于多抗霉素的核苷类抗生素，根据结构不同可分为日光霉素 X 和日光霉素 Z。日光霉素通过二肽渗透酶进入靶细胞，抑制真菌几丁质的合成，是一类杀虫杀菌农用抗生素。近期研究表明，日光霉素有可能作为抗真菌药用于临床[21]。

　　Nikkomycin Z（SP 920704）系基因工程菌 *S. tendae* TU901 发酵代谢所得的10 个产物之一。日光霉素 Z 单独使用抗菌谱较窄。现已发现，日光霉素 Z 与唑类药物（如氟康唑、伊曲康唑）联用，则对多种真菌有活性。

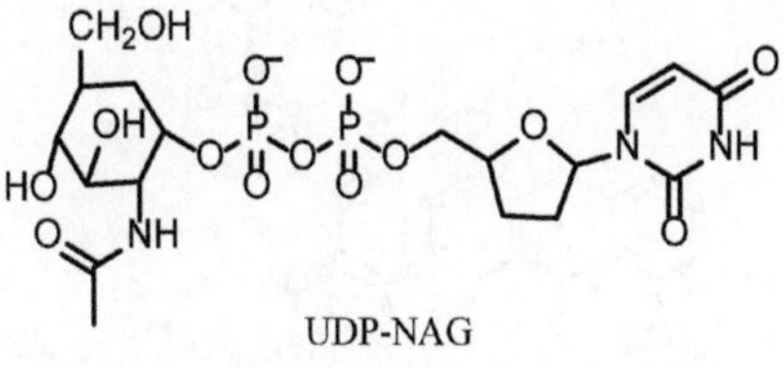

UDP-NAG

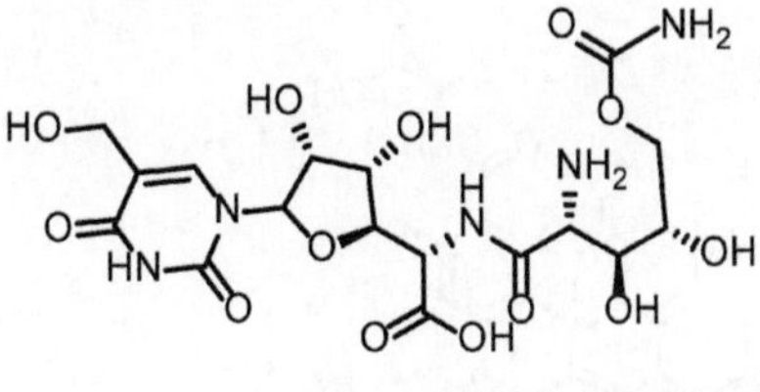

Polyoxin B

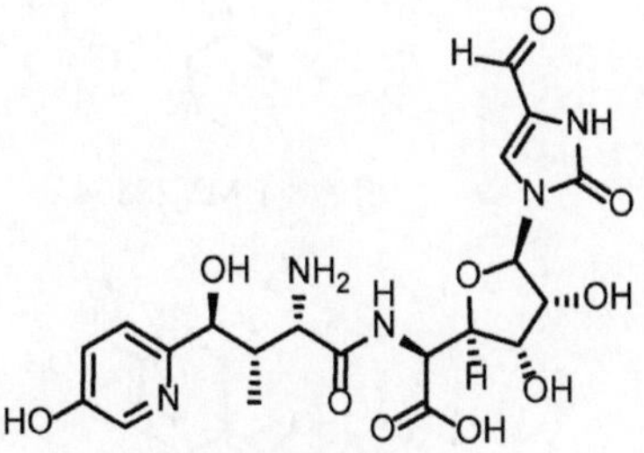

I（日光霉素X）

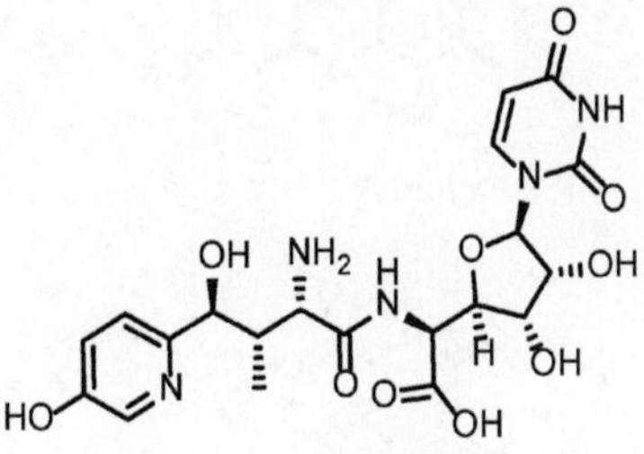

II（日光霉素Z）

（三）以细胞壁中甘露聚糖为作用靶点的药物

　　甘露聚糖是真菌细胞壁中含量最多的一类多糖，通过 *N*-乙酰葡糖胺残基上的 β-(1,4)二糖共价连接在蛋白质上形成甘露聚糖蛋白复合物。在真菌细胞壁的外周，甘露聚糖蛋白的含量最高，构成细胞的主要抗原，是抗真菌药物的作用靶点。贝拉米星（benanomycin）和普拉米星（pradimicin）被认为是作用于甘露聚糖蛋白的抗真菌抗生素。

1. 作用机制

　　当钙离子存在时，贝拉米星和普拉米星的游离羧基与细胞壁的 D-甘露糖苷特异性结合，形成 D-甘露糖苷、贝拉米星/普拉米星和钙三元配合物。在细胞壁内形成的三元复合物内化，导致真菌细胞膜完整性破坏，引起胞内钾离子流失，最终使真菌细胞溶解[22]。但至今尚未发现单一甘露聚糖蛋白的缺失会导致细胞死亡，提示以此作为抗真菌药物的筛选靶点值得进一步研究。

2. 代表性药物

　　普拉米星是从本槿马杜拉放线菌中分离出的一组抗真菌抗生素。BMY28864

和 BMS181184 是普拉米星 A 型抗生素的水溶性衍生物，具有低毒、高效、广谱抗真菌特点，对白念珠菌、新型隐球菌和烟曲霉均有较强的抑制作用（MIC 为 17.1～18.4 mg/L）[23]。虽然该类药物的活性只有两性霉素 B 的 1/50～1/40，但其毒性仅为两性霉素 B 的 0.8%。目前，普拉米星已用于艾滋病患者机会性真菌感染的预防和治疗。

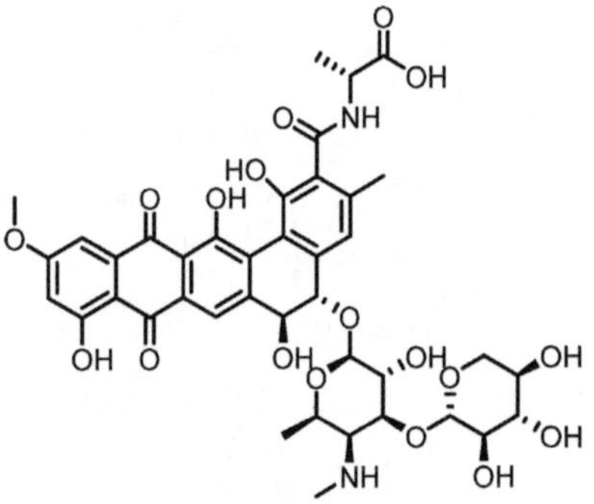

Pradimicin A

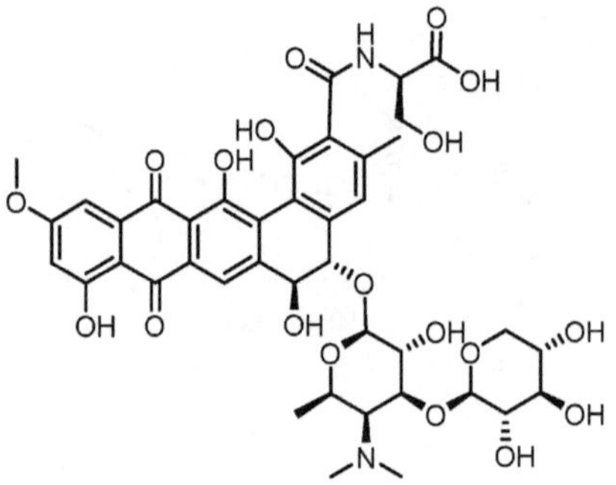

BMY28864

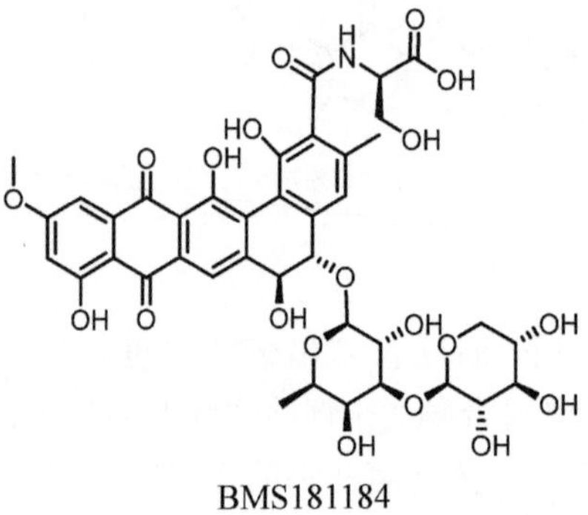

BMS181184

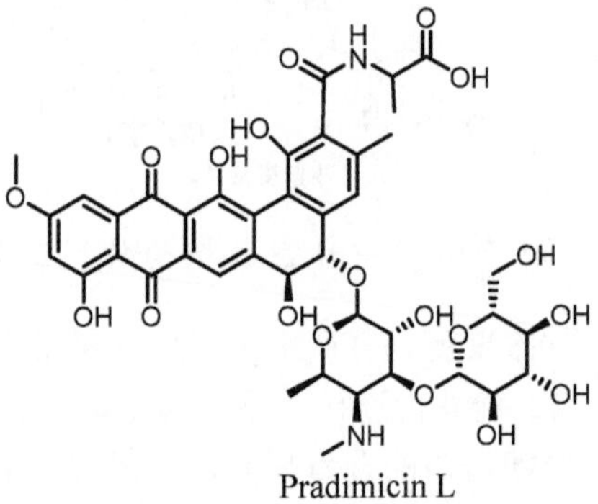

Pradimicin L

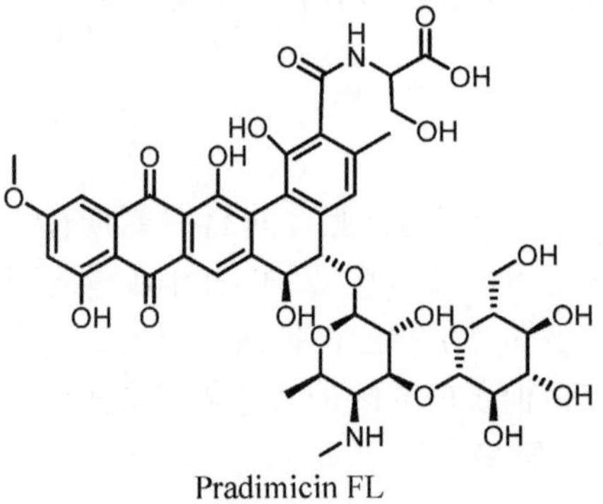

Pradimicin FL

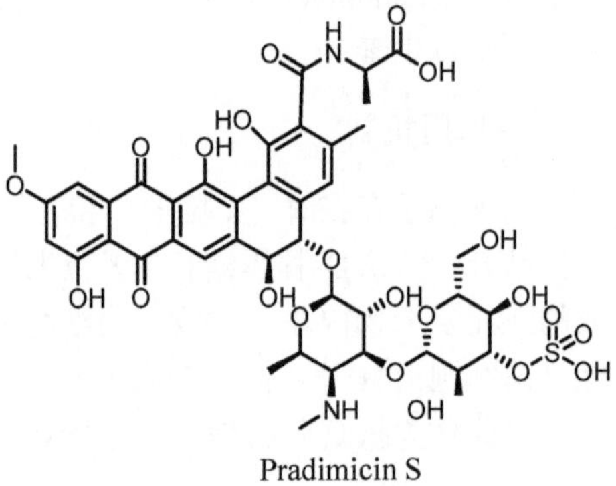

Pradimicin S

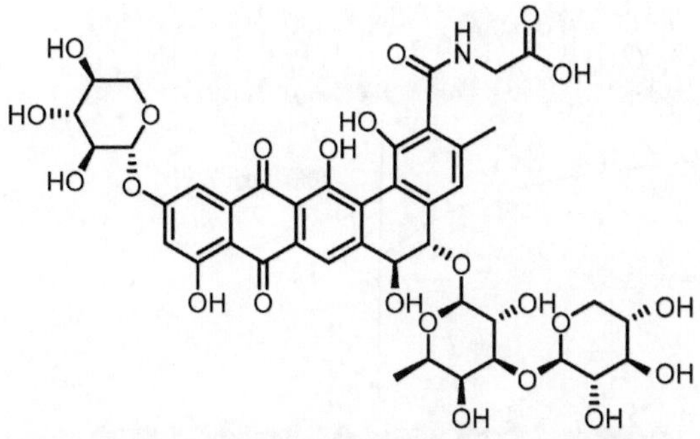

Pradimicin T1 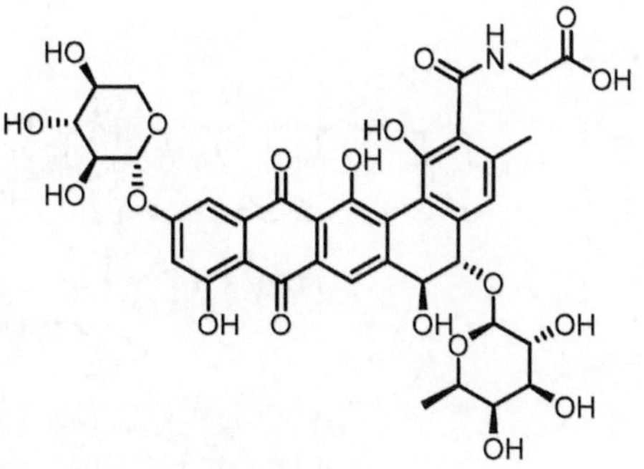   Pradimicin T2

二、影响念珠菌细胞膜结构的药物

念珠菌细胞膜中的甾醇，由麦角甾醇和酵母甾醇组成。以念珠菌细胞膜中的甾醇为作用靶点的药物，对念珠菌有特异性。多烯类药物两性霉素 B 和制霉菌素，主要通过破坏细胞膜中麦角甾醇的结构发挥抗真菌作用。唑类药物中的克霉唑、氟康唑、酮康唑、伊曲康唑、咪康唑、伏立康唑等，丙烯胺类药物中的特比萘芬及吗啉类药物中的阿莫罗芬，通过在不同环节抑制麦角甾醇的生物合成发挥抗真菌作用。

（一）多烯类

多烯类抗真菌药物是一类从不同链霉菌代谢产物中分离获得的抗真菌抗生素，结构类似，作用机制相同。代表性药物有两性霉素 B、制霉菌素。其中，两性霉素 B 的毒性虽然很大，但在其上市长达 30 多年的时间里，对于受死亡威胁的深部真菌感染患者，它却是唯一的选择；制霉菌素因毒性太大，仅用于局部真菌感染治疗。在此仅以两性霉素 B 为代表进行介绍。

1. 作用机制

两性霉素 B 含有一条多烯疏水侧链和一条多羟基的亲水侧链。其多烯侧链能和真菌细胞膜上的主要结构组分麦角甾醇相互作用，形成甾醇-多烯复合物。在细胞膜上形成许多亲水性微孔，使细胞膜通透性增加，细胞内小分子物质和电解质外漏，造成真菌细胞死亡（图 2-11）[24-27]。而细菌的细胞膜不含甾醇，故对细菌无效。

2. 代表性药物

两性霉素 B（amphotericin B）是结节链霉菌产生的七烯类抗真菌抗生素，无臭无味，有引湿性，在日光下容易被破坏失效。

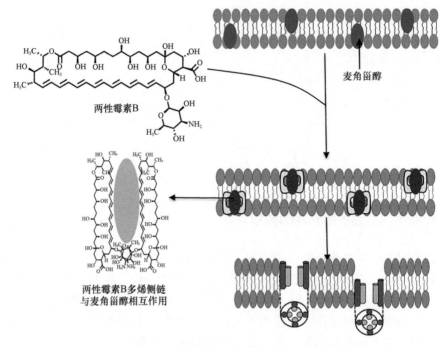

图 2-11　两性霉素 B 抗念珠菌作用机制

　　两性霉素 B 是广谱抗真菌药物，对多种深部真菌（如念珠菌属、新型隐球菌属、粗球孢子菌、荚膜组织胞浆菌、皮炎芽生菌、申克孢子丝菌、曲霉菌、毛霉菌）感染具有良好的抗菌作用，高浓度时有杀菌作用。首选用于治疗由上述真菌引起的内脏或全身感染，如真菌性肺炎、脑膜炎、心内膜炎及尿路感染等，静脉给药。口服给药仅用于胃肠道真菌感染。也可局部外用，治疗眼科、皮肤科或妇科的真菌性感染。

　　两性霉素 B 静脉滴注不良反应较多，主要为发热、寒战，有时出现呼吸困难、血压下降。长时间用药，约 80% 以上患者可出现不同程度的肾功能损害，如蛋白尿、管型尿、血尿、血尿素氮或肌酐值升高等。此外，还常见贫血、头痛、恶心、呕吐、全身不适、体重下降，注射给药出现局部静脉炎等。偶见血小板减少或轻度白细胞减少。使用时，应注意心电图、肝肾功能及血象变化。

为减轻两性霉素 B 的毒副作用，已研制出两性霉素 B 脂质体用于临床，有两性霉素 B 脂质体、两性霉素 B 复合脂质体[28]。由于脂质体制剂多分布于肝、脾、肺，减少了药物在肾的分布，可减轻其肾毒性。

（二）唑类

唑类抗真菌药物是一类化学合成的小分子化合物，根据其五元母环上的氮原子数目，分为咪唑类和三唑类。咪唑类药物有联苯苄唑、克霉唑、咪康唑、酮康唑；三唑类药物有氟康唑、伊曲康唑、伏立康唑等。

1. 作用机制

唑类药物的作用机制是抑制真菌 CYP51 酶，阻止细胞中羊毛甾醇 14α-去甲基化反应。羊毛甾醇 14α-去甲基酶 CYP51 是细胞色素 P450 超家族（cytochrome P450 protein，CYP）中的一员，能够脱去羊毛甾醇 C-14α 位甲基，生成 14α-去甲基羊毛甾醇。该步骤是麦角甾醇生物合成途径中的一个中间步骤。氮唑环中的氮原子上，孤对电子与血红蛋白中的 P450 血红素辅基 Fe 形成配位键结合，使血红蛋白失去了与氧原子结合的机会，阻断了底物羟基化反应，导致真菌细胞内的羊毛甾醇或其他 14α-甲基化的甾醇大量蓄积，麦角甾醇缺乏，膜通透性和膜上的许多酶活性改变，从而抑制了真菌的生长（图 2-12）[29]。人体内存在 P450 酶系，该类药物可以与人体内其他 P450 酶系的血红蛋白辅基 Fe 配位结合。这是该类化合物普遍存在一定肝肾毒性的重要原因。

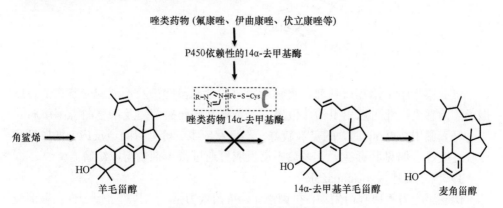

图 2-12 唑类抗念珠菌作用机制

2. 代表性药物

1）氟康唑（fluconazole）

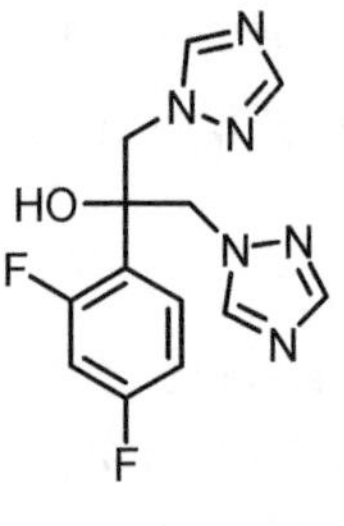

氟康唑是目前临床上应用最广的广谱抗真菌药物。氟康唑用于治疗食管、口腔、阴道的念珠菌感染，可作为治疗真菌（隐球菌、粗球孢子菌和念珠菌等）脑膜炎的首选药物。氟康唑对荚膜组织胞浆菌病、皮炎芽生菌病、申克孢子丝菌病和癣菌病也有效，但疗效低于伊曲康唑。氟康唑对曲霉菌病和毛霉菌病无效。

在三唑类药物中，氟康唑的不良反应最少，耐受性较好；可见恶心、呕吐等轻度消化系统反应，少数患者出现头痛、腹泻和皮疹，偶见表皮脱落性皮损、脱发和肝炎。

2）伊曲康唑（itraconazole）

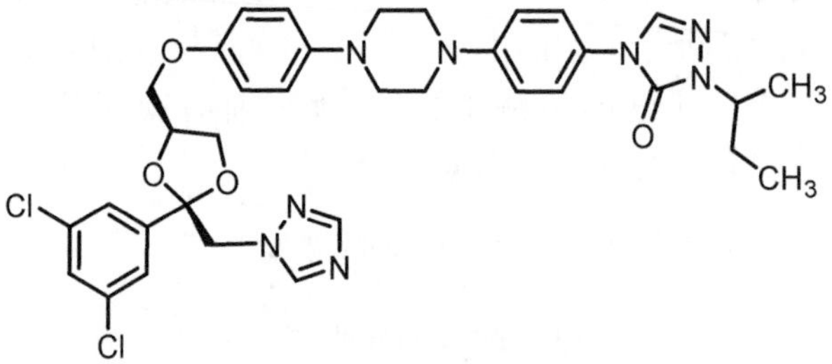

伊曲康唑用于治疗口咽部、食管或阴道的念珠菌感染及不能耐受碘类的皮肤孢子丝菌感染；还可以用于治疗甲癣、灰黄霉素耐药癣菌病及杂色曲霉菌癣病。

每天服用200 mg时，耐受性较好，不良反应少。可见胃肠道反应、低血钾和皮肤过敏等，偶见肝毒性。大多数不良反应可通过减少剂量得以缓解。

3）伏立康唑（voriconazole）

伏立康唑为氟康唑衍生物，抗菌谱广，抗菌效力强，尤其对于侵袭性曲霉菌浸润感染疗效好。临床用于侵袭性曲霉菌病、放线菌属及镰刀菌属感染的治疗。伏立康唑耐受性好，不良反应较独特，最常见的是可逆性视觉干扰（光幻觉），表现为间歇性色弱、视觉阻断、出现光点及波形、恐光症等。其他唑类未见这方面的报道。

（三）丙烯胺类和苄胺类

丙烯胺类的特比萘芬、萘替芬或布替萘芬，均为角鲨烯环氧化酶抑制剂。

1. 作用机制

麦角甾醇是真菌细胞膜结构的重要组成成分。麦角甾醇合成不足，使真菌生长受到抑制。丙烯胺类和苄胺类抗真菌药物的作用机制如图 2-13 所示。丙烯胺类抗生素在较低浓度即能抑制真菌角鲨烯环氧化酶活性，导致真菌内麦角甾醇合成不足及角鲨烯积聚。角鲨烯对真菌细胞有直接的毒性作用，可致真菌快速死亡。上述药物的这种双重作用，引起真菌细胞膜破裂，表现出强大的杀真菌活性。

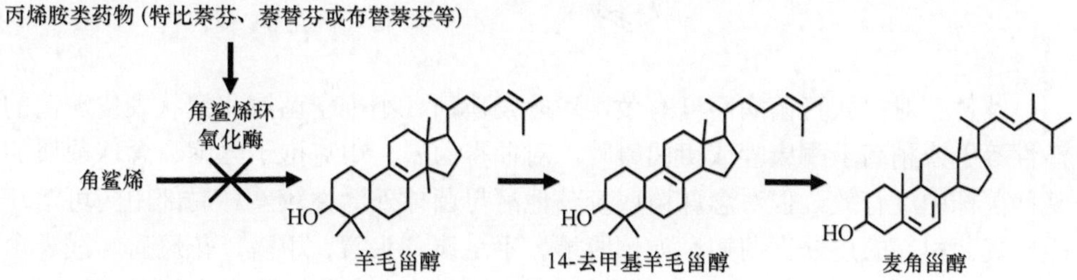

图 2-13 丙烯胺类抗念珠菌作用机制

2. 代表性药物

1）特比萘芬（terbinafine）

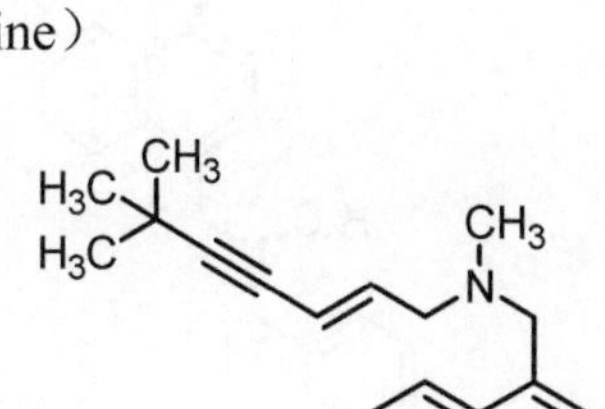

特比萘芬有广谱抗真菌作用，尤其对皮肤癣菌（红色毛发癣菌、须癣毛癣菌等）有较强的杀菌或抑菌作用，对丝状体、暗色孢科真菌、酵母菌、曲霉菌、皮

炎芽生菌、荚膜组织胞浆菌等有杀菌作用，对申克孢子丝菌、白念珠菌、近平滑念珠菌和卵圆糠秕孢子菌等也有较强的抑菌作用。其适用于浅表真菌引起的皮肤、指甲感染，如毛癣菌、犬小孢子菌、絮状表皮癣菌等引起的体癣、股癣、足癣、甲癣以及皮肤白念珠菌感染。特比萘芬具有亲脂性和亲角质性，因此皮肤、毛发和甲板中的浓度较高，停药后，在皮肤角质层中能保持有效抑菌浓度 1 个月，在甲板中保持有效浓度 2～3 个月。该药对皮癣菌、曲霉菌的活性比萘替芬、酮康唑、伊曲康唑、克霉唑、益康唑、灰黄霉素和两性霉素强。

特比萘芬不良反应少且轻微，主要为消化道反应，偶见暂时性肝损伤或皮肤过敏反应。

2）萘替芬（natifine）

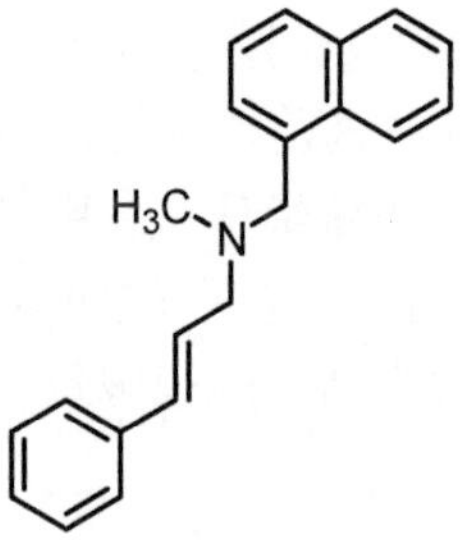

萘替芬对皮肤真菌病高度有效，对须发癣菌、小孢子菌属和絮状表皮癣菌的活性等于或稍高于酮康唑或伊曲康唑，对曲霉菌属、申克孢子丝菌、念珠菌属的某些菌株中度有效，但对念珠菌属及其他酵母菌体外活性较差。局部用药可治疗敏感真菌引起的皮肤真菌病，如体股癣、手足癣、头癣、甲癣、花斑癣、浅表念珠菌病及皮肤皱褶部的褶烂性真菌病。不良反应罕见，少数患者有局部刺激，如红斑、烧灼、干燥、瘙痒等，个别患者可发生接触性皮炎，无全身不良反应。

3）布替萘芬（butenafine）

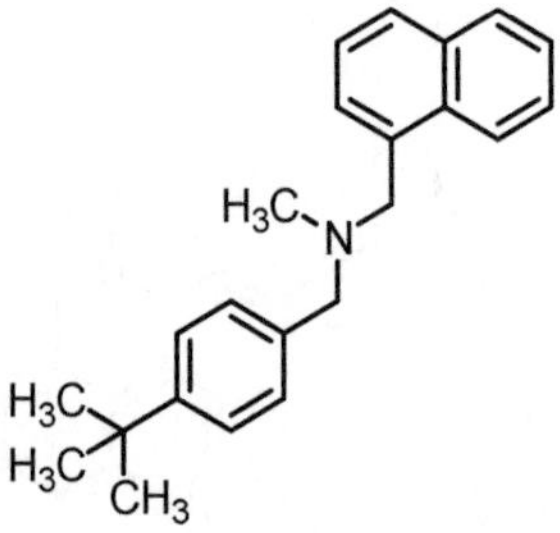

布替萘芬是在特比萘芬结构的基础上，通过结构修饰获得的新型苄胺类广谱抗真菌药，对皮肤真菌、曲霉菌的抗菌活性较克霉唑强，对念珠菌的抗菌力较克

霉唑、联苯苄唑弱。对足癣、股癣、体癣均有效。

布替萘芬仅供外用，不能口服。用手涂抹该药于患处后，须将手洗净，避免该药接触眼、鼻、口和其他黏膜。治疗过程中，即使症状已经缓解，也应按照医生的要求坚持用药到疗程结束。少数患者有接触性皮炎、红斑、刺激、干燥、瘙痒、烧灼感及症状加重等不良反应。

（四）吗啉类

吗啉类抗真菌药物品种较少，其代表性药物是阿莫罗芬。

1. 作用机制

在固醇生物合成途径中，阿莫罗芬通过选择性抑制甾醇 Δ14 位还原酶和 Δ8→Δ7 位异构酶，阻断由 14α-去甲基羊毛甾醇合成麦角甾醇的反应过程，造成麦角甾醇合成减少，角鲨烯、麦角甾二烯醇等蓄积，引起膜甾醇含量降低，进而使细胞膜通透性发生改变，细胞膜结构和功能受损；同时，还会造成几丁质沉积，抑制真菌生长[30,31]。

2. 代表性药物

阿莫罗芬（amorolfine）是广谱抗真菌药物，对白念珠菌及其他念珠菌、红毛癣菌、指（趾）间毛癣菌、须发毛癣菌、表皮毛癣菌、小孢子菌、帚霉菌、链格孢霉菌、分枝孢子菌具有较强作用，对曲霉菌、镰孢菌、毛霉菌作用较弱。全身给药无活性，限局部应用治疗甲癣和真菌性皮肤感染。

阿莫罗芬的不良反应发生率约为 1%，主要表现为局部轻微的烧灼感。

（五）抗真菌肽

很多细菌和真菌能够产生具有抗真菌活性的抗真菌肽。抗真菌肽的主要作用机制是干扰真菌细胞的表面结构。研究发现，在哺乳动物细胞和昆虫细胞中存在一些被称为抗菌肽的物质，具有很强的抗细菌、抗真菌活性。这些物质是机体固有免疫的重要组成成分。抗真菌肽对真菌的作用机制复杂，作用靶点多样。例如，Bacillomycin F、Bacillomycin L 和 Iturin A 等的作用机制是影响细胞膜表面张力，形成膜表面小孔，从而导致胞内钾离子和其他有用离子泄漏。Syringomycin E（SE）、

Syringostantin A（SA）和 Syringotoxin B（SB）等的作用机制是增加钾、氢和钙等离子跨膜流出，使植物或酵母菌质膜去极化。SE 形成电位敏感的离子通道，改变蛋白质磷酸化和 H^+-ATP 酶活性。Syringomycins 在酵母细胞的结合位点为麦角甾醇。

　　根据抗真菌肽的来源不同，可将其分为微生物源抗真菌肽、哺乳动物源抗真菌肽、昆虫源抗真菌肽及少量其他来源的抗真菌肽。表 2-4～表 2-6 分别列举了部分微生物源抗真菌肽、哺乳动物源抗真菌肽和昆虫源抗真菌肽。由表 2-4～表 2-6 可知，微生物源抗真菌肽主要来源于芽孢杆菌属、拟青霉属、链霉菌属，抗菌活性高，敏感菌主要是念珠菌属；哺乳动物源抗真菌肽主要来源于粒细胞，敏感菌有念珠菌和丝状真菌，但活性不如微生物源抗真菌肽；昆虫源抗真菌肽来源广、敏感真菌多样。

表 2-4　微生物源抗真菌肽

抗菌肽名称	来源	敏感真菌	体外 MIC/（μg/mL）
1901-II	P. lilacinus	C. tropocalis	12.5
1907-VIII	P. lilacinus	C. tropocalis	50.0
A12-C	B. licheniformis	M. canis	不详
Aureobasidin A	A. pullulans	C. neoformans	0.63
Bacillomycin F	B. subtilis	Aspergillus niger	40.0
Cepacidine A$_1$	B. cepacia	A. niger	0.098
Cepacidine A$_2$	B. cepacia	A. niger	0.096
Echinocandin B	A. nidulans	C. albicans	0.625
Fungicin M-4	B. licheniformis	Mucor sp.	8.0
Iturin A	B. subtilis	S. cerevisae	22.0
Leucinostatin A	P. lilacinum	C. neoformans	0.5
Leucinostatin H	P. marquandii	C. albicans	10.0
Leucinostatin K	P. marquandii	C. albicans	25.0
Nikkomycin X	S. tendae	C. immitis	0.125
Nikkomycin Z	S. tendae	C. immitis	0.77
Polyoxin D	S. cacaoi	C. immitis	0.125
Pseudomycin A	P. syringae	C. neoformans	1.56
Trichopolyn A	T. polysporum	C. neoformans	0.78
Trichopolyn B	T. polysporum	C. neoformans	0.78
WF11899 A	C. empetri	C. albicans	0.16
WF11900 B	C. empetri	C. albicans	0.008（IC$_{50}$）
WF11901 C	C. empetri	C. albicans	0.008（IC$_{50}$）

表 2-5　哺乳动物源抗真菌肽

抗菌肽名称	来源	敏感真菌	体外 MIC/（μg/mL）
NP-1	鼠粒细胞	*C. neoformans*	3.75～15.0
NP-2	鼠粒细胞	*A. fumigatus*	25.0
NP-3A	鼠粒细胞	*A. fumigatus*	100.0
NP-3B	鼠粒细胞	*A. fumigatus*	100.0
NP-4	鼠粒细胞	*A. fumigatus*	100.0
NP-5	鼠粒细胞	*A. fumigatus*	单独使用，无活性
HNP-1	人中性细胞	*C. ablicans*	50.0
HNP-2	人中性细胞	*C. ablicans*	50.0
HNP-3	人中性细胞	*C. neoformans*	50.0（LD$_{50}$）
Lactoferricin-B	人、牛	*C. ablicans*	0.8
Protegrins 1 to 3	人、猪	*C. ablicans*	3.0～60.0
Tracheal antimicrobial peptide	人、牛	*C. ablicans*	6.0～12.0
Tritrptcin	人、猪	*A. flavus*	250.0

表 2-6　昆虫源抗真菌肽

抗菌肽名称	来源	敏感真菌	体外 MIC/（μg/mL）
Antifungal peptide	*S. peregrina*	*C. albicans*	25.0
Cecropins A	*H. cecropia*	*F. oxysporum*	12.5
Cecropins B	*H. cecropia*	*A. fumigatus*	9.5
Dermaseptins b	*P. sauvagii*	*C. neoformans*	60.0
Dermaseptins s	*P. sauvagii*	*C. neoformans*	5.0
Drosomycin	*D. melanogaster*	*F. oxysporum*	5.9～12.3
Magainin 2	*X. laevis*	*C. albicans*	80.0
Thanatin	*P. maculiventris*	*A. fumigatus*	24～48

三、影响念珠菌蛋白质合成的药物

在蛋白质合成过程中，真菌和哺乳动物细胞需要两种延伸因子，即延伸因子1（EF-1）和延伸因子 2（EF-2），参与多肽链的延伸。但是，真菌还需要一种在哺乳动物细胞中不存在的延伸因子 3（EF-3），参与多肽链的延伸。现已发现，EF-3 广泛存在于真菌细胞中，是一种分子质量为 120～125 kDa 的蛋白质。目前尚无 EF-3 抑制剂用于抗真菌的研究报道。但研究证明，由于哺乳动物细胞中含有的 EF-2 与真菌细胞中的 EF-2 在粪壳菌素结合位点的糖基化修饰位点不同，使粪壳菌素及其衍生物对真菌具有选择性。因此，目前 EF-2 仍是抗真菌药物的作用靶点。

通过影响念珠菌蛋白质合成抗真菌的药物有粪壳菌素、GR135402、BE31405、

Cispentacin 及其衍生物。

（一）粪壳菌素

粪壳菌素（sordarin）作为抗真菌抗生素，于 1971 年从 *Sordaria araneosa* 的代谢产物中分离获得。20 多年后，从 *Graphium putredinis* 的代谢产物和 *Penicillium minioluteum* 的代谢产物中，分别分离获得结构类似物 GR135402 和 BE31405 后，其作用机制才得以揭示。

1. 作用机制

粪壳菌素、GR135402 和 BE31405 等与延伸因子 2（EF-2）结合，通过稳定 eEF-2/核糖体复合体，阻止蛋白质合成。尽管 eEF-2 在真核生物中高度保守，但粪壳菌素及其衍生物与真菌 eEF-2 的一个非常特定区域相互作用，这是真菌物种所特有的，特别是念珠菌[32,33]。因此，粪壳菌素、GR135402 和 BE31405 的抗真菌作用具有选择性。

2. 代表性药物

1）粪壳菌素

| 粪壳菌素 | GM222712 | GM237354 |

粪壳菌素是由粪克菌产生的抗真菌抗生素，GM222712 和 GM237354 是其衍生物。粪壳菌素及其衍生物对多种念珠菌、卡氏肺孢子虫和丝状真菌有活性，对哺乳动物细胞无毒性[32]。Chakraborty 等在粪壳菌素的 61 位 C 上连接一个 2-氨基吡咯基，扩大了其抗菌谱[34]。

2）GR135402

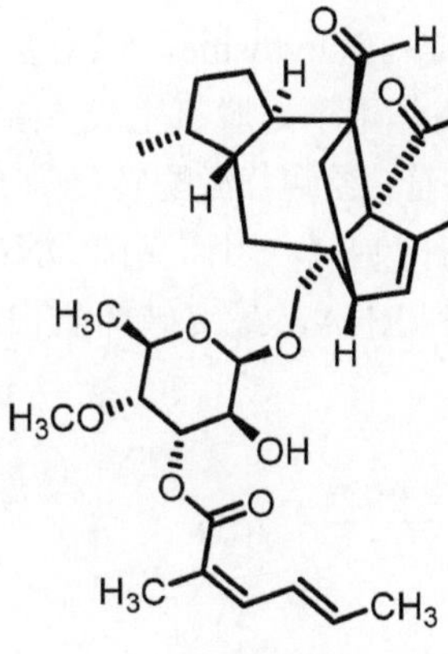

GR135402

GR135402 从 *Graphi putredinis* F13302 菌株发酵液中分离获得，抑制白念珠菌的蛋白质合成，但不能作用于兔网织红细胞[35]。因此，GR135402 具有抗真菌活性，但不抑制哺乳动物细胞生长。

（二）Cispentacin

1. 作用机制

Cispentacin 及其衍生物来源于蜡状芽孢杆菌（*Bacillus cereus*）的代谢产物，通过双重作用模式发挥抗菌作用，即干扰氨基酸的转运和氨基酸的代谢调节。Cispentacin 及其类似物还是异亮氨酸-tRNA 合成酶的低亲和抑制剂，干扰蛋白质合成[36]。

2. 代表性药物

Cispentacin 来源于蜡状芽孢杆菌（*Bacillus cereus*）的代谢产物，通过主动转运在真菌细胞内迅速积累，对多种病原真菌感染有效[37]。

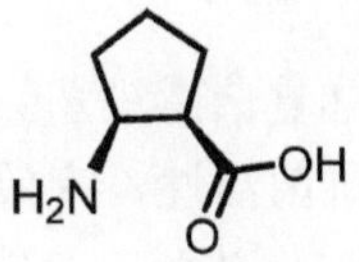

Cispentacin

四、影响念珠菌核酸合成的药物

抑制核酸合成的抗真菌药物，主要是氟胞嘧啶（flucytosine）。

1. 作用机制

氟胞嘧啶，又称 5-氟胞嘧啶（flucytosine，5-FC）。5-FC 在渗透酶的帮助下进入真菌细胞内，在胞嘧啶脱氨酶作用下，脱氨生成 5-氟尿嘧啶（5-FU）；在胸苷磷酸化酶作用下，产生胸腺脱氧核苷；经胸苷激酶转化为 5-氟脱氧尿苷酸（5-FUMP）。5-FUMP 作为一种胸苷酸合成酶抑制剂，阻碍真菌 DNA 合成（图 2-14）。5-FUMP 进一步被磷酸化后，还能掺入到 RNA，最终破坏蛋白质的合成[38]。

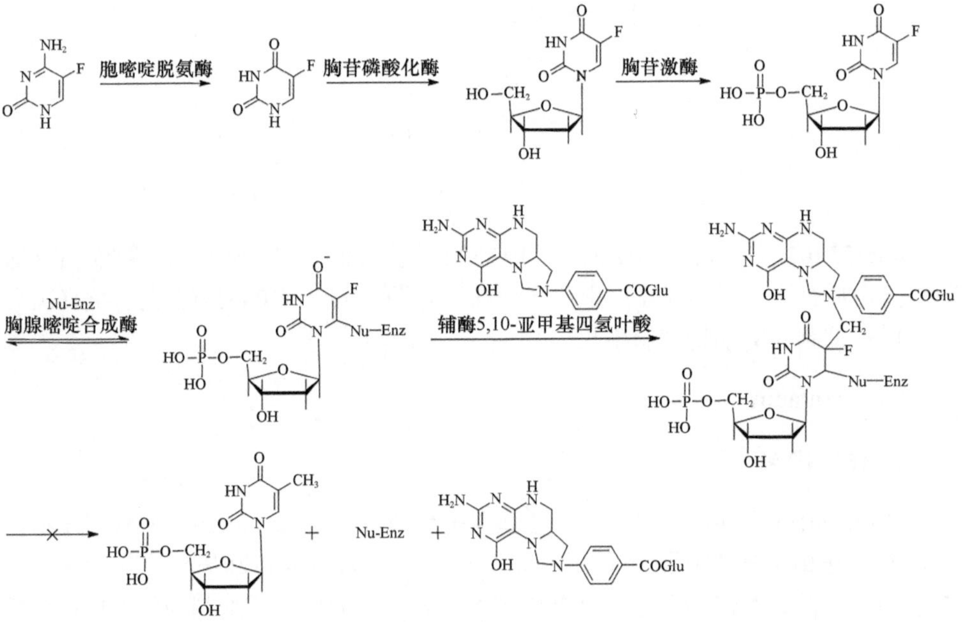

图 2-14　氟胞嘧啶抗念珠菌作用机制

由于哺乳动物细胞内缺乏胞嘧啶脱氨酶，不能将 5-氟胞嘧啶转化成 5-氟尿嘧啶，因此 5-氟胞嘧啶对真菌有选择性作用。5-FU 的抗真菌作用机制涉及干扰嘧啶的代谢、RNA 和 DNA 合成以及蛋白质的合成等。

2. 代表性药物

氟胞嘧啶是人工合成的抗深部真菌感染药。氟胞嘧啶抗菌谱窄，主要对新型隐球菌、念珠菌、着色真菌具有抗菌活性，疗效不如两性霉素 B。氟胞嘧啶主要与两性霉素 B 联合用药，用于治疗隐球菌、念珠菌引起的脑膜炎，还可用于念珠菌引起的泌尿道感染。单独用药易产生耐药性。

氟胞嘧啶不良反应有骨髓抑制、白细胞和血小板减少；还有皮疹、恶心、呕吐、腹泻及严重的小肠结肠炎等。约 5% 的患者肝功能异常，但停药后即可恢复。

$$\text{(结构图)}$$

五、念珠菌耐药性

临床上，主要使用唑类、多烯类、棘白菌素及氟胞嘧啶等药物治疗念珠菌感染，也可对免疫低下患者进行预防性治疗。但是，上述药物除了有副作用外，病原菌还易对其产生耐药性。统计资料显示，在艾滋病患者口咽感染的念珠菌中，耐药菌株超过 33%，对氟康唑的最小抑菌浓度（minimum inhibitory concentration，MIC）>12.5 μg/mL（敏感菌株 MIC 值一般<4 μg/mL）。病原菌株的耐药性可以遗传给子代，也可以通过变异产生新的耐药菌株。下面以念珠菌为例，简要介绍病原真菌对唑类、多烯类、棘白菌素类和氟胞嘧啶等抗真菌药物的耐药机制。

（一）念珠菌对唑类药物的耐药机制

念珠菌对唑类药物的耐药机制，主要包括麦角甾醇生物合成通路中的基因变异、药物外排基因的表达增强及生物被膜的形成等三个方面[38,39]。

1. 麦角甾醇生物合成通路中的基因变异

ERG11（CYP51）编码的羊毛甾醇 14α-去甲基化酶是念珠菌细胞膜麦角固醇合成途径中的关键酶，属于细胞色素 P450 氧化酶超家族蛋白成员，催化底物羊毛甾醇 14α-甲基，经两步单加氧生成 14α-羟甲基；随后，进一步单加氧成 14α-醛基、14α-羧基；14α-羧基脱羧形成 Δ14,15 双键衍生物，对维持细胞膜的正常结构和功能具有重要意义。ERG11 基因位点突变导致编码的氨基酸替换，使 14α-去甲基化酶活性或空间结构改变，从而影响唑类抗真菌药物与靶酶结合，降低两者的亲和力，药物不能发挥阻断作用而导致菌株耐药[38]。念珠菌 ERG11 基因过度表达，造成唑类抗真菌药物的靶酶（14α-去甲基化酶）生成增加，使细胞内药物不能完全抑制靶酶活性，从而导致唑类抗真菌药物对麦角甾醇合成的抑制效果降低，进而引起耐药。

2. 药物外排泵编码基因表达增强

念珠菌细胞膜上的药物外排泵蛋白过度表达，使药物外排能力增强，导致药物在念珠菌细胞内聚集减少，造成念珠菌对唑类药物的耐药性。耐多药蛋白（multidrug resistance protein，MDRP）是真菌中一类镶嵌在细胞膜上的、有药物外排功能的膜蛋白。药物、高温、激素、过度氧化等环境都可以诱导 MDRP 的表达。

念珠菌中与耐药有关的 MDRP 主要有两大类：ABC 转运蛋白超家族（ATP binding cassette transporter，ABCT）和易化扩散载体超家族。两者过度表达均会引起菌株的药物外排能力增强，从而减少细胞内的药物浓度，导致药物作用减弱。在念珠菌属 ABCT 中，与药物外排有关的是 CDR（*Candida* drug resistance）基因，目前比较明确的是 CDR1 和 CDR2。在 MSF 中，与药物外排有关的是 MDR1 基因。这些药物外排相关基因表达上调，均可引起念珠菌对唑类药物耐药[38,39]。

3. 生物被膜的形成

生物被膜（biofilm）是指微生物分泌在细胞外的多糖蛋白质复合物。在念珠菌中，生物被膜指细胞外基质包裹下的孢子、菌丝体及多糖蛋白形成的复合物。研究发现，各种细菌和真菌可以在体内植入的人工器官或导管等惰性材料或生物表面形成生物膜，膜内的念珠菌对药物敏感性差。生物膜耐药机制可能与下列因素有关：①由于营养获得限制，生物膜内的菌体生长缓慢，代谢水平降低；②生物膜中的多糖基质具有屏障作用，阻止药物渗入；③生物膜特异耐多药蛋白 CDR1、CDR2 和 MDR1 等的 mRNA 表达上调，减少药物在胞内的积累[38]。

（二）念珠菌对多烯类药物的耐药机制

念珠菌对多烯类抗真菌药物的耐药机制，主要是念珠菌细胞膜麦角甾醇含量的减少或生物被膜的产生。影响麦角甾醇合成的基因有 ERG2（编码 $\Delta 8 \rightarrow \Delta 7$ 异构酶）、ERG3、ERG5（编码 C22 去饱和酶）和 ERG6（编码 C24-甲基转移酶）等。这些基因的突变、表达下降、缺失，均会引起念珠菌对多烯类抗真菌药物产生耐药[38-40]。

（三）念珠菌对棘白菌素类药物的耐药机制

棘白菌素通过抑制由 Fks1 基因编码的 β-(1,3)-葡聚糖合成酶，使真菌细胞壁渗透性增强，从而导致细胞溶解死亡。研究发现，念珠菌对棘白菌素的耐药性，主要与 Fks1 基因的两个热点区域 HS1 和 HS2 发生点突变有关。念珠菌 Fks1 基因发生点突变，可提高细胞对棘白菌素的耐受性（比敏感株高 10 倍以上）[38,39]。它的耐药机制已经在白念珠菌和非白念珠菌（光滑念珠菌、克柔念珠菌、热带念珠菌和都柏林念珠菌）中被证实。

（四）念珠菌对氟胞嘧啶的耐药机制

氟胞嘧啶是核苷类似物，可以抑制核酸的合成。进入细胞后，氟胞嘧啶需要通过 FUR1 蛋白激活后，才能展现出抑制细胞生长的作用。在念珠菌中，FUR1 突变会导致细胞对氟胞嘧啶产生耐药现象[39]。

　　病原真菌的耐药机制是复杂的，除上述四类耐药机制外，还有很多变异可以导致病原真菌耐药或治疗无效。因此，我们既需要深入研究病原真菌的耐药机制，也需要不断开发新型抗真菌药物治疗感染。同时，我们还要坚持科学合理用药，尽量减少或控制耐药菌株的产生。

参 考 文 献

[1] 周德庆. 微生物学教程. 第 2 版. 北京: 高等教育出版社, 2002: 7-52.

[2] 沈萍, 陈向东. 微生物学. 第 8 版. 北京: 高等教育出版社, 2016: 34, 35, 38-45, 48-51, 63-74.

[3] 翟中和, 王喜忠, 丁明孝. 细胞生物学. 第 4 版. 北京: 高等教育出版社, 2011: 14, 15, 19-23, 63, 64.

[4] Aldardeer N F, Albar H, Al-Attas M, et al. Antifungal resistance in patients with Candidaemia: a retrospective cohort study. BMC Infectious Diseases, 2020, 20(1): 1-7.

[5] Lamoth F, Lockhart S R, Berkow E L, et al. Changes in the epidemiological landscape of invasive candidiasis. Journal of Antimicrobial Chemotherapy, 2018, 73(1): 4-13.

[6] Madney Y, Shalaby L, Elanany M, et al. Clinical features and outcome of hepatosplenic fungal infections in children with haematological malignancies. Mycoses, 2020, 63(1): 30-37.

[7] Vidigal P G, Santos S A, Maria A F, et al. Candiduria by *Candida tropicalis* evolves to fatal candidemia. Medical Case Studies, 2011, 2(1): 12-14.

[8] Miceli M H, Díaz J A, Lee S A. Emerging opportunistic yeast infections. Lancet Infect Dis, 2011, 11: 142-151.

[9] Canela H M S, Cardoso B, Vitali L H, et al. Prevalence, virulence factors and antifungal susceptibility of *Candida* spp. isolated from bloodstream infections in a tertiary care hospital in Brazil. Mycoses, 2018, 61(1): 11-21.

[10] Mishra M, Agrawal S, Raut S, et al. Profile of yeasts isolated from urinary tracts of catheterized patients. Journal of Clinical & Diagnostic Research, 2014, 8(2): 44-46.

[11] Falahati M, Farahyar S, Akhlaghi L, et al. Characterization and identification of candiduria due to *Candida* species in diabetic patients. Current Medical Mycology, 2016, 2(3): 10-14.

[12] Bonato F G C, Bonato D V, Ayer I M, et al. Murine model for the evaluation of candiduria caused by *Candida tropicalis* from biofilm. Microbial Pathogenesis, 2018. doi: 10.1016/j.micpath.2018.02.036.

[13] Duan Z, Chen Q, Zeng R, et al. *Candida tropicalis* induces pro-inflammatory cytokine production, NF-kappa B and MAPKs pathways regulation, and dectin-1 activation. Canadian Journal of Microbiology, 2018, 64(12): 937-944.

[14] Negri M, Silva S, Henriques M, et al. *Candida tropicalis* biofilms: artificial urine, urinary catheters and flow model. Medical Mycology, 2011, 49(7): 739-747.

[15] 李凡, 徐志凯. 医学微生物学. 第 8 版. 北京: 人民卫生出版社, 2013: 9-21, 327-332, 339-340.

[16] Hüttel W. Echinocandins: Structural diversity, biosynthesis, and development of antimycotics. Applied Microbiology and Biotechnology, 2020: 1-12.

[17] Loh B S, Ang W H. "Illuminating" Echinocandins' mechanism of action. ACS Central Science, 2020, 6(10): 1651-1653.

[18] Bormann A M, Morrison V A. Review of the pharmacology and clinical studies of micafungin. Drug Design, Development and Therapy, 2009, 3: 295-302.

[19] Sucher A J, Chahine E B, Balcer H E. Echinocandins: the newest class of antifungals. The Annals of Pharmacotherapy, 2009, 43(10): 1647-1657.

[20] Ohta N, Kakiki K, Misato T. Studies on the mode of action of polyoxin D. Agricultural and Biological Chemistry, 1970, 34(8): 1224-1234.

[21] Poester V R, Lívia Silveira Munhoz, Larwood D, et al. Potential use of Nikkomycin Z as an anti-*Sporothrix* spp. drug. Medical Mycology, 2020. doi: 10.1093/mmy/myaa054.

[22] Nakagawa Y, Takashi D, Takegoshi K, et al. Molecular basis of mannose recognition by Pradimicins and their application to microbial cell surface imaging. Cell Chemical Biology, 2019, (26): 950-959.

[23] Castillo-Acosta V M, Ruiz-Pérez L M, Etxebarri J, et al. Carbohydrate-binding non-peptidic Pradimicins for the treatment of acute sleeping sickness in murine models. PLoS Pathogens, 2016, 12(9): e1005851.

[24] Delhom R, Nelson A, Laux V, et al. The antifungal mechanism of Amphotericin B elucidated in ergosterol and cholesterol-containing membranes using neutron reflectometry. Nanomaterials, 2020, 10: 2439.

[25] Carolus H, Pierson S, Lagrou K, et al. Amphotericin B and other polyenes–discovery, clinical use, mode of action and drug resistance. Journal of Fungi, 2020, 6(4): 321.

[26] Baginski M, Czub J. Amphotericin B and its new derivatives-mode of action. Current Drug Metabolism, 2009, 10: 459-469.

[27] Bolard J, Legrand P, Heitz F, et al. One-sided action of Amphotericin B on cholesterol-containing membranes is determined by its self-association in the medium. Biochemistry, 1991, 30: 5707-5715.

[28] Takazono T, Tashiro M, Ota Y, et al. Factor analysis of acute kidney injury in patients administered liposomal amphotericin B in a real-world clinical setting in Japan. Scientific Reports, 2020, 10: 15033.

[29] 杨宝峰. 药理学. 第 8 版. 北京: 人民卫生出版社, 2013: 414-417.

[30] Chandra S, Sancheti K, Podder I, et al. A randomized, double-blind study of Amorolfine 5% nail lacquer with oral Fluconazole compared with oral Fluconazole alone in the treatment of fingernail onychomycosis. Indian Journal of Dermatology, 2019, 64(4): 253-260.

[31] Tabara K, Szewczyk A E, Bienias W, et al. Amorolfine vs. ciclopirox-lacquers for the treatment of onychomycosis. Postepy Dermatologii I Alergologii, 2015, 32(1): 40-45.

[32] Mazu T K, Bricker B A, Flores-Rozas H, et al. The mechanistic targets of antifungal agents: an overview. Mini Reviews in Medicinal Chemistry, 2016, 16(7): 555-578.

[33] Liang H. Sordarin, an antifungal agent with a unique mode of action. Beilstein Journal of Organic Chemistry, 2008, 4(31). doi: 10.3762/bjoc.4.31.

[34] Chakraborty B, Vinodray Sejpal N, Payghan P V, et al. Structure-based designing of sordarin derivative as potential fungicide with pan-fungal activity. 2016, 66: 133-142.

[35] Kinsman O S, Chalk P A, Jackson H C, et al. Isolation and characterisation of an antifungal antibiotic (GR135402) with protein synthesis Inhibition. The Journal of Antibiotics, 1998, 51(1): 41-49.

[36] Forro E, Fülöp F. Cispentacin-enzymatic highlights of its 25-year history. Mini-Reviews in Organic Chemistry, 2016, 13(3): 219-226.

[37] Konosu T, Oida S. Synthesis of racemic and optically active Cispentacin (FR109615) using intramolecular nitrone-olefin cycloaddition. Chemical and Pharmaceutical Bulletin, 1993, 41(6): 1012-1018.

[38] 王彬, 魏曼, 方华, 等. 念珠菌耐药机制研究新进展. 中国病原生物学杂志, 2014, (5): 473-477.

[39] 乔建军, 刘伟, 李若瑜. 白念珠菌耐药的分子机制研究进展. 微生物学通报, 2007, 34(02): 393-396.

[40] 郏健. 耳念珠菌耐药机制研究进展. 菌物学报, 2020, 39(11): 2120-2130.

第三章 抗真菌肽作用机制之一：对细胞壁的作用

第一节 抗菌肽对细胞壁作用机制研究现状

细胞壁作为一种独特的微生物结构，在维持细胞形态、正常代谢和渗透压调节等方面发挥着重要作用。抗菌肽到达细胞膜或细胞内，需要通过细胞壁屏障，且不可避免地与细胞壁成分发生相互作用。细菌细胞壁的主要成分是肽聚糖；真菌细胞壁的主要成分是 β-葡聚糖、几丁质和甘露聚糖蛋白等；哺乳动物细胞没有细胞壁。因此，以真菌细胞壁多糖及其合成途径为靶点的抗菌肽，从理论上讲，对人几乎没有毒性。一些抗菌肽在生物进化过程中，以念珠菌细胞壁成分为目标，通过抑制细胞壁组分的合成或与细胞壁组分直接作用，破坏细胞壁结构，导致细胞壁屏障作用减弱或丧失。

本章我们介绍抗菌肽对念珠菌细胞壁成分甘露聚糖蛋白、葡聚糖及几丁质合成的影响，并重点阐释 CGA-N12 对念珠菌细胞壁合成的影响。

一、影响真菌细胞壁甘露聚糖蛋白合成

细胞壁上的甘露聚糖蛋白是区分真菌细胞和哺乳动物细胞的第一个非膜靶点。甘露聚糖蛋白是真菌细胞壁上的重要成分甘露聚糖与蛋白质结合形成的复合物，通常有三种结构：线性 O-连接的甘露聚糖蛋白、高度分支的 N-连接甘露聚糖蛋白和磷酸甘露聚糖蛋白。甘露聚糖蛋白的这三种结构，都有可能作为抗菌药物的作用靶点。真菌细胞壁中的甘露聚糖蛋白包含不同的蛋白质，有结构蛋白[1]、细胞黏附蛋白（絮状蛋白和凝集素）[2]、参与细胞壁合成和重塑的酶（水解酶和转糖苷酶）[3]。由于这些蛋白质与人类细胞膜蛋白不同，因此成为药物和抗菌肽的潜在作用靶点。

van der Weerden 等[4]观察到，棉花枯萎病菌菌丝经蛋白酶 K 处理后，NaD1 失去了对该菌菌丝生长的抑制作用，证明细胞壁糖蛋白是 NaD1 的初始作用靶点，NaD1 诱导的膜渗漏是细胞壁依赖性的。Lin 等[5]发现，抗菌肽 P-113Tri 通过与白念珠菌细胞壁中 N-连接的甘露聚糖和磷酸甘露聚糖结合，发挥抗真菌作用。抗菌肽 LL-37 主要作用于念珠菌细胞壁的甘露聚糖层，抑制念珠菌细胞的黏附和聚集，从而降低真菌感染的概率[6,7]。

二、影响真菌细胞壁 β-葡聚糖合成

在念珠菌细胞壁中，β-(1,3)-葡聚糖在念珠菌细胞壁中含量较高，约占细胞壁总干重的 85%。β-(1,6)-葡聚糖具有高度的分支结构，将 β-(1,3)-葡聚糖连接起来，在细胞壁中形成网状结构，对维持细胞壁结构具有重要作用。β-(1,6)-葡聚糖为酵母和类酵母菌细胞壁所特有，在丝状真菌细胞壁中不存在。β-(1,6)-葡聚糖的合成需要由 β-(1,6)-葡聚糖合成酶催化合成。因此，靶向 β-(1,6)-葡聚糖或 β-(1,6)-葡聚糖合成酶的物质对念珠菌具有特异性。KRE9 基因编码的分泌蛋白 KRE9 是一种具有 β-(1,6)-葡聚糖酶活性的蛋白质。我们研究发现，抗菌肽 CGA-N12 能够抑制 KRE9 的 β-(1,6)-葡聚糖合成酶的聚合活性。该发现阐明了 CGA-N12 特异性抗念珠菌的作用机理[8]。

β-(1,3)-葡聚糖是棘白菌素类环脂肽的一个独特靶点[9]。棘白菌素衍生物被认为是以抑制 β-(1,3)-葡聚糖合成酶为靶点的一类抗真菌药物[9,10]。棘白菌素类药物的抗真菌活性源于其能够抑制真菌细胞壁中 β-(1,3)-葡聚糖的合成。尽管棘白菌素类环脂肽以细胞壁组分的合成酶为靶点，但细胞膜在其作用模式中仍发挥着重要作用，即细胞膜将脂肽固定在膜中靠近靶酶复合物的位置。棘白菌素类环脂肽在真菌合成 β-(1,3)-葡聚糖时充当 β-(1,3)-葡聚糖合酶的非竞争性抑制剂。这些环肽对细胞壁中不含 β-(1,3)葡聚糖的真菌（如镰刀菌属、丝孢菌属、孢子虫属和隐球菌属）及合子菌没有活性[10]。

三、影响真菌细胞壁几丁质合成

几丁质是真菌细胞壁的重要组成成分。几丁质是 β-(1,4)-N-乙酰葡糖胺的聚合物，固定在葡聚糖网络中[3,11]，其功能和结构类似于细菌的肽聚糖。尽管它不是细胞壁的主要成分，但它在隔膜的形成和细胞出芽过程中起重要作用[12]。几丁质的合成需要多种酶的参与，其中几丁质合成酶是生物合成几丁质的关键酶。几丁质的去定域化和无序化不仅会导致真菌细胞形态缺陷，还会导致膜完整性丧失。因此，几丁质本身及其生物合成，成为目前抗菌药物研究的主要靶点[13]。

有一种经典的抗菌肽类几丁质合成酶抑制剂——兔防御素 NP-1，与真菌几丁质呈凝集素样结合作用[14]。许多植物源抗真菌肽具有与几丁质高度结合活性和凝集素样活性，例如，来自毛竹的 Pp-AMP1 和 Pp-AMP2[15]、来自郁金香的 Tu-AMP1 和 Tu-AMP2[16]等。Paege 等[17]研究发现，由 51 个氨基酸组成的两亲性抗菌肽 AFP 能够抑制几丁质的合成，引起真菌质膜发生透化，从而抑制真菌生长与繁殖。研究表明，AFP 可能通过以下三种方式发挥作用：①阻止几丁质与质膜融合；②干

扰几丁质合成酶在质膜中的适当嵌入；③干扰几丁质合成酶的酶活性。

综上所述，尽管抗菌肽与真菌细胞壁之间的相互作用较为复杂，但是可以确定的是，真菌细胞壁的各个组分及其结构，对于抗菌肽识别并对真菌细胞产生抑制作用，具有非常重要的意义。一些抗真菌肽在胞壁上的作用靶点如图 3-1 所示。

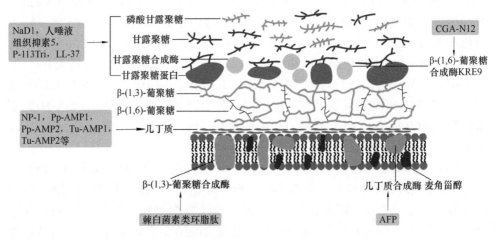

图 3-1　抗菌肽对真菌细胞壁的作用靶点示意图

第二节　CGA-N12 对念珠菌细胞壁合成的影响

KRE9 是酵母、念珠菌特有的 *KRE9* 基因编码的一个分子质量为 35 kDa 的 *O*-糖基化蛋白。KRE9 是一种分泌蛋白，表达后分泌于细胞壁表面。如果 KRE9 过表达，则可以在培养基中检测到该蛋白质。Brown 等[18]在研究酿酒酵母细胞壁组分时发现，KRE9 参与细胞壁 β-(1,6)-葡聚糖的合成，促进细胞骨架的形成，KRE9 合成受阻会影响酿酒酵母生长。随着热带念珠菌致病性的提高，为了治疗念珠菌引起的疾病，Lussier 等[19]试图将 KRE9 蛋白作为抗白念珠菌药物作用靶点，构建了 *KRE9* 基因缺陷型白念珠菌，证明 *KRE9* 基因为细胞壁 β-(1,6)-葡聚糖合成所必需。

KRE9 不仅在细胞壁合成过程中发挥重要作用，而且还有一些其他作用。He 等[20]报道 KRE9 蛋白是酵母活性至关重要的蛋白质-*O*-甘露糖基转移酶（protein *O*-mannosyltransferase，PMT）的作用位点，KRE9 蛋白的缺失或破坏会导致 PMT 功能受损，影响细胞的正常生长。Pan 等[21]在研究酿酒酵母孢子壁的形成过程中发现，KRE9 蛋白的正确表达，对孢子壁的形成也有至关重要的作用。

鉴于细胞壁对真菌细胞的重要保护作用，我们在研究 CGA-N12 对细胞壁作用时，发现了它的作用靶点 β-(1,6)-葡聚糖合成酶 KRE9。CGA-N12 通过抑制 KRE9 的 β-(1,6)-葡聚糖合成酶活性，破坏热带念珠菌细胞壁的合成[8]。研究 CGA-N12

对念珠菌细胞壁结构的影响，揭示了 CGA-N12 特异抗念珠菌作用原理。下面我们从念珠菌细胞的形态变化、细胞壁结构变化及 CGA-N12 对细胞壁组分合成的影响等方面，阐述 KRE9 靶点的发现过程、CGA-N12 与 KRE9 的相互作用，以阐明 CGA-N12 特异性抗念珠菌作用原理。

一、CGA-N12 破坏热带念珠菌细胞壁结构

（一）扫描电镜观察

取对数期热带念珠菌细胞与浓度为 $1\times\text{MIC}_{100}$ 的 CGA-N12 的 PBS 溶液（20 mmol/L，pH 7.2）在 28℃下温育，每 4 h 收集菌体，直至 12 h 结束。菌体细胞固定于含 2.5%戊二醛的 PBS 溶液（20 mmol/L，pH 7.2）中，处理 2 h。固定后的菌体细胞用 PBS（20 mmol/L，pH 7.2～7.4）洗涤，再用 30%～100%的不同浓度梯度的乙醇水溶液依次洗涤。然后，用含 50%乙醇的叔丁醇及 100%叔丁醇逐渐置换乙醇环境。取微量菌液滴于锡箔纸上，室温风干并冷冻干燥过夜。最后，在离子溅射器中涂覆金颗粒。未经 CGA-N12 处理的正常热带念珠菌细胞作对照。利用扫描电镜（SEM）观察 CGA-N12 处理后念珠菌细胞形态变化。SEM 观察结果见图 3-2。结果发现，经 $1\times\text{MIC}_{100}$ 的 CGA-N12 处理 4 h，热带念珠菌体表面开始出现褶皱；处理 8 h，菌体细胞形状不规则并呈异常凹陷，大部分菌体细胞表面粗糙、凹凸不平，菌体表面皱缩明显，并伴有裂痕；处理 12 h，热带念珠菌细胞壁出现裂纹。电镜观察结果表明，尽管热带念珠菌在抗菌肽 CGA-N12 作用后，细胞壁出现病理变化，但没有出现明显孔洞和破裂。

图 3-2　扫描电镜观察 CGA-N12 处理后热带念珠菌细胞形态变化

（二）透射电镜观察

取对数期热带念珠菌细胞与浓度为 $1\times MIC_{100}$ 的 CGA-N12 的 PBS 溶液（20 mmol/L，pH 7.2）在 28℃下温育，每 4 h 收集菌体，直至 12 h 结束。菌体细胞固定于含 5% 戊二醛的 PBS 溶液（20 mmol/L，pH 7.2）中，4℃过夜。再用 1% 锇酸固定 1.5 h，然后菌体用 30%～90% 不同浓度梯度的丙酮水溶液各洗涤一次，之后在 100% 丙酮中洗涤三次。样品包埋于树脂中，最后制备超薄切片并铀染和铅染。未经 CGA-N12 处理的正常热带念珠菌细胞作对照。透射电镜观察热带念珠菌的超显微结构变化（图 3-3）。结果发现，未经 CGA-N12 处理的热带念珠菌细胞壁厚，细胞壁和细胞膜结构完整；可见到结构完整的线粒体和液泡；细胞质均匀，细胞内可见细胞核，电子密度相对较低。经 $1\times MIC_{100}$ 的 CGA-N12 处理后，热带念珠菌细胞壁变薄，细胞膜出现皱缩；细胞质不均匀，有空泡状物与白斑。随着 CGA-N12 作用时间的延长，情况愈发严重。处理 12 h 后，热带念珠菌胞内电子密度明显增加，线粒体不可见。透射电镜结果表明，CGA-N12 处理后，念珠菌细胞壁变薄，推测是细胞壁组分的合成受损造成。变薄的细胞壁对细胞膜的保护作用减弱，使细胞膜易受外环境影响，膜通透性提高，造成细胞内容物渗漏。

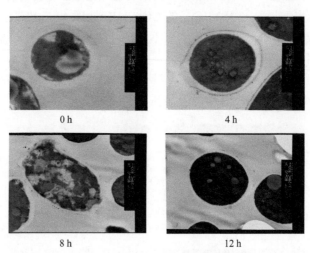

图 3-3　透射电镜观察 CGA-N12 处理后热带念珠菌超显微结构变化

二、CGA-N12 靶蛋白 β-(1,6)-葡聚糖合成酶 KRE9 的发现

由于经 CGA-N12 处理的热带念珠菌细胞壁逐渐变薄，推测可能是组成细胞壁的成分合成受阻，或细胞壁结构受损。为验证 CGA-N12 对细胞壁合成的影响，采用亲和层析技术纯化获得与 CGA-N12 结合的热带念珠菌蛋白质，进行质谱分

析，旨在获得能够与 CGA-N12 结合的葡聚糖合成酶，揭示 CGA-N12 在细胞壁合成中的作用靶点。

利用蛋白质提取试剂盒，从热带念珠菌中提取总蛋白，用 CGA-N12 标记的亲和层析柱分离与 CGA-N12 结合的蛋白质，并用 HPLC-Chip/ESI-QTOF/MS/MS 串联质谱进行分析。保留得分大于 35 分的比对结果，共获得 18 种蛋白质（表 3-1）。综合比较 CGA-N12 结合蛋白质的 MS/MS 得分，发现热带念珠菌 MYA-3404 的假设蛋白 CTRG_00156、白色菌落蛋白 WHS11、PHO 系统负调控因子、H/ACA 核糖核蛋白复合物亚单位 3、β-(1,6)-葡聚糖合成酶 KRE9 和假定蛋白 CTRG_04815 等得分高，序列覆盖百分比高。比较 CGA-N12 结合蛋白的功能和作用，发现 β-(1,6)-葡聚糖合成酶 KRE9 最有意义。

表 3-1 CGA-N12 结合蛋白质谱分析结果

蛋白编号	NCBI 基因登记号	质谱分析得分	序列覆盖百分比/%	平均分子质量	蛋白名称 （英文名称） [蛋白来源]
1	gi|255720881	167.59	8	126 304	假定蛋白 CTRG_00156 （hypothetical protein CTRG_00156） [*Candida tropicalis* MYA-3404]
2	gi|255724848	89.32	30	6 987	白色菌落蛋白 WHS11 （white colony protein WHS11） [*Candida tropicalis* MYA-3404]
3	gi|255726030	83.74	1	116 803	假定蛋白 CTRG_02238 （hypothetical protein CTRG_02238） [*Candida tropicalis* MYA-3404]
4	gi|255730963	78.47	5	37 398	PHO 系统负调节因子 （negative regulator of the PHO system） [*Candida tropicalis* MYA-3404]
5	gi|255732611	70.06	3	33 941	二氢合酶 （diphthine synthase） [*Candida tropicalis* MYA-3404]
6	gi|240131530	70.06	3	33 915	二氢合酶 （diphthine synthase） [*Candida tropicalis* MYA-3404]
7	gi|48425212	67.93	4	31 318	硒代甲硫氨酸标记热带念珠菌 2 型多功能酶 2-烯醇基辅酶 A 水合酶 2 结构域 C 链晶体结构 （chain C crystal structure analysis of the selenomethionine labelled 2-enoyl-Coa hydratase 2 domain of *Candida tropicalis* multifunctional enzyme Type 2） [*Candida tropicalis* MYA-3404]
8	gi|48425211	67.93	4	31 318	硒代甲硫氨酸标记热带念珠菌 2 型多功能酶 2-烯醇基辅酶 A 水合酶 2 结构域 B 链晶体结构 （chain B crystal structure analysis of the selenomethionine labelled 2-enoyl-Coa hydratase 2 domain of *Candida tropicalis* multifunctional enzyme type 2） [*Candida tropicalis* MYA-3404]

续表

蛋白编号	NCBI 基因登记号	质谱分析得分	序列覆盖百分比/%	平均分子质量	蛋白名称 (英文名称) [蛋白来源]
9	gi|48425213	67.93	4	31 318	硒代甲硫氨酸标记热带念珠菌 2 型多功能酶 2-烯醇基辅酶 A 水合酶 2 结构域 D 链晶体结构分析 (chain D crystal structure analysis of the selenomethionine labelled 2-enoyl-Coa hydratase 2 domain of *Candida tropicalis* multifunctional enzyme type 2) [*Candida tropicalis* MYA-3404]
10	gi|1702998	57.44	2	57 914	RecName: Full=蛋白磷酸酶 PP2A 调节亚单位 B; AltName: Full=细胞分裂控制蛋白 55; AltName: Full=PR55 (RecName: Full=Protein phosphatase PP2A regulatory subunit B; AltName: Full=Cell division control protein 55; AltName: Full=PR55) [*Candida tropicalis* MYA-3404]
11	gi|895780	57.44	2	57 914	蛋白磷酸酶 2A 的 B 亚单位 (B subunit of protein phosphatase 2A) [*Candida tropicalis* MYA-3404]
12	gi|240134275	56.77	17	6 882	H/ACA 核糖核蛋白复合物亚基 3 (H/ACA ribonucleoprotein complex subunit 3) [*Candida tropicalis* MYA-3404]
13	gi|240136204	52.56	3	58 304	T-复合蛋白 1 亚单位 δ (T-complex protein 1 subunit delta) [*Candida tropicalis* MYA-3404]
14	gi|240133954	50.62	5	29 378	细胞壁合成蛋白 KRE9 (cell wall synthesis protein KRE9) [*Candida tropicalis* MYA-3404]
15	gi|255729544	49.1	2	119 314	染色质重塑复合物 ATP 酶链 ISW1 (chromatin remodelling complex ATPase chain ISW1) [*Candida tropicalis* MYA-3404]
16	gi|255730541	46.61	4	44 480	假定蛋白 CTRG_04493 hypothetical protein CTRG_04493 [*Candida tropicalis* MYA-3404]
17	gi|240132474	42.28	9	14 904	假定蛋白 CTRG_04815 hypothetical protein CTRG_04815 [*Candida tropicalis* MYA-3404]
18	gi|240134245	37.09	1	156 649	假定蛋白 CTRG_02618 hypothetical protein CTRG_02618 [*Candida tropicalis* MYA-3404]

因此，本研究以 KRE9 作为研究对象，研究 CGA-N12 对热带念珠菌细胞壁合成的影响。

KRE9 在念珠菌染色体上是一个完整的阅读框。在 NCBI 数据库中查找热带念珠菌 *KRE*9 基因序列为：

ATGAGATTCTTTAATATTGTCTATTTTTCCATCCTTTCAACTTTACTTAGT
AAGGTTAGTGCTGATGTTGATATTACTTCACCATCTCTGGGAGATTCATATTCT

GGTAGTTCCGGTTCTGCGAGTGTTAAAATTGCATGGGATGATTCGGATGATTC
TGATTCTGATAAATCCTTAGACAATGTCAAATCTTATACCATCTTATTATGTAC
TGGACCAGATGAAGATAATAACATTCAATGTTTAGAAACAGCATTGGTTTCA
CTGCAAACTATCGATTCTCATGAAACCACTGTTAAAATCGATAACACCTTAGT
ACCAAATGGTTACTACTACTTCCAAATTTACACAGTCTTCAATTCTGGGGGTG
TCACCATTCACTACTCACCTCGTTTTAAATTAACTGGTATGAGTGGTACCACT
GGTACATTGGATGTCACTGAAACCGGATCTGTTCCAGGATCATATGTTTCAG
GGTTCACTACTGCAACAGTTAATTCTGATAGTTTTACTGTTCCTTACACTTTA
CAAACCGGTAAAACTCGATATGCACCAATGCAAACTCAACCAGGTTCAACT
GTTACTGCCACTACTTGGAGTATGAAATTTCCTACAAGTGCAGTCACATATTA
TAGTACAAAACTTGCATCTCCAATCGTGCAATCAACTATCACTCCAGGTTGG
TCATACACAGCTGAATCAGCCGTCAATTACGCATCTGTTGCACCATATCCAAC
TTACTGGTACGCTGCAAGTGAAAGAGTGAGCAAAGCTACTATTAGTGCTGCT
ACCAAGAGAAGAAGATGGTTAGAT**TAG**

其氨基酸序列为：

MRFFNIVYFSILSTLLSKVSADVDITSPSSGDSYSGSSGSASVKIAWDDSDD
SDSDKSLDNVKSYTILLCTGPDEDNNIQCLETALVSSQTIDSHETTVKIDNTLVP
NGYYYFQIYTVFNSGGVTIHYSPRFKLTGMSGTTGTLDVTETGSVPGSYVSGFT
TATVNSDSFTVPYTLQTGKTRYAPMQTQPGSTVTATTWSMKFPTSAVTYYSTKL
ASPIVQSTITPGWSYTAESAVNYASVAPYPTYWYAASERVSKATISAATKRRRWLD

采用 https://www.swissmodel.expasy.org/网站，预测 KRE9 蛋白的空间结构，见图 3-4。

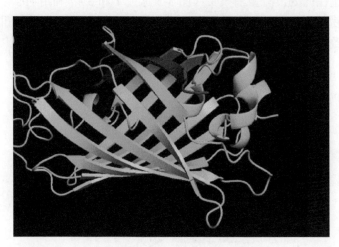

图 3-4　KRE9 蛋白的空间结构模型

采用 http://web.expasy.org/protparam/网站，分析 KRE9 蛋白的理化性质，见表 3-2。由 pI 和 GRAVY 值可知，KRE9 是一个酸性亲水性蛋白质。

表 3-2　KRE9 蛋白的理化性质

名称	相对分子质量	pI	GRAVY
KRE9	29 378.50	4.98	−0.228

三、CGA-N12 抑制 KRE9 β-(1,6)-葡聚糖合成酶活性

为研究 CGA-N12 对 KRE9 功能的影响，利用基因工程技术，表达重组 KRE9（recombinant KRE9，rKRE9），分析 CGA-N12 对 rKRE9 活性的影响，研究 CGA-N12 与 rKRE9 之间的相互作用，揭示 CGA-N12 与 rKRE9 的作用方式、rKRE9 蛋白与 CGA-N12 的分子间距。

（一）重组蛋白 rKRE9 的表达及纯化

将构建好的重组载体 pET28a-*KRE*9 通过感受态细胞转化法转化大肠杆菌 *E. coli* BL21(DE3)，获得基因工程菌 *E. coli* BL21（pET28a-*KRE*9），经 IPTG 诱导后，收集细胞，超声裂解。将细胞裂解上清（细胞质部分）与沉淀（包涵体部分）进行 SDS-PAGE 分析，对比实验组和空白对照组的细胞裂解上清与沉淀 SDS-PAGE 结果。由于 pET28a 上有 6×His 标签序列，故 *KRE*9 基因表达后，表达产物为 KRE9 与 6×His 的融合蛋白，理论分子质量为 35 kDa。SDS-PAGE 分析结果证实，实验组的细胞裂解上清和沉淀在 35 kDa 附近均多出一条蛋白条带（图 3-5 泳道 2 和 4），而空白对照组在此处没有蛋白条带（图 3-5 泳道 1 和 3）。利用 His 标签亲和层析柱对表达产物进行纯化，获得的蛋白条带大小与 *KRE*9 基因表达的重组蛋白分子质量大小一致（图 3-5 泳道 5），说明成功获得 rKRE9 蛋白。

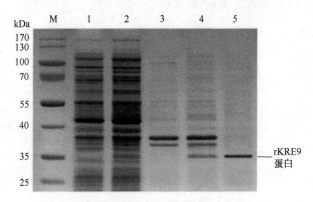

图 3-5　重组蛋白 rKRE9 的 SDS-PAGE 分析

M. 预染蛋白 Marker；1. *E. coli* BL21（pET28a）裂解上清；2. *E. coli* BL21（pET28a-*KRE*9）裂解上清；3. *E. coli* BL21（pET28a）裂解沉淀；4. *E. coli* BL21（pET28a-*KRE*9）裂解沉淀；5. 纯化的重组 rKRE9

（二）Western 印迹杂交分析

　　将纯化得到的重组蛋白 rKRE9，用抗 His-tag 抗体进行 Western 印迹杂交检测分析，发现在 35 kDa 处出现特异性反应条带（图 3-6）。该特异性条带为 His 标记 rKRE9 蛋白。研究结果表明，rKRE9 蛋白表达和纯化成功。

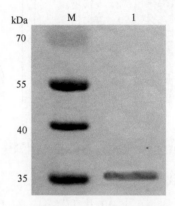

图 3-6　重组蛋白 rKRE9 Western 印迹杂交分析

M. 预染蛋白 Marker；1. rKRE9 融合蛋白

（三）重组蛋白 rKRE9 活性测定

　　采用二硝基水杨酸（dinitrosalicyclic acid，DNS）法，以葡萄糖作为酶促反应底物，用 DNS 作为显色剂，测量 540 nm 波长下 rKRE9 酶促合成 β-葡聚糖后反应产物中剩余葡萄糖的吸光度，检测 rKRE9 存在的实验体系中单糖量变化，确定 rKRE9 蛋白的 β-葡聚糖合成酶活力。

　　3,5-二硝基水杨酸与还原糖（各种单糖和麦芽糖）溶液共热后被还原成棕红色的氨基化合物。在一定范围内，还原糖的量与棕红色的深浅程度呈正比例关系。在 540 nm 波长下测定棕红色物质的吸光度，制定标准曲线，获得线性回归方程为 $y=0.0011x-0.0229$（y 代表吸光度，x 代表葡萄糖浓度）。

　　将 rKRE9 分别与葡萄糖溶液 40℃反应 10 min、20 min、30 min、40 min、50 min、60 min，随后，在相应反应体系中加入 DNS 溶液，沸水浴 10 min，540 nm 处测剩余葡萄糖吸光度，根据葡萄糖标准曲线确定反应产物中剩余葡萄糖量，获得葡萄糖含量随时间变化曲线。以文献报道的方法提取 β-(1,6)-葡聚糖合成酶为阳性对照，PBS（20 mmol/L，pH 7.0）为阴性对照，结合葡萄糖标准曲线，计算溶液中残存葡萄糖浓度，结果如图 3-7 所示。

　　结果表明，rKRE9 具有 β-(1,6)-葡聚糖合成酶活性。通过比活力计算公式，得出 rKRE9 的比活力为 1.5975×10^3 U/mg（U 定义为每分钟消耗 1 μg 葡萄糖所需的酶量为一个酶活力单位），所获得重组蛋白有较高的酶活性。

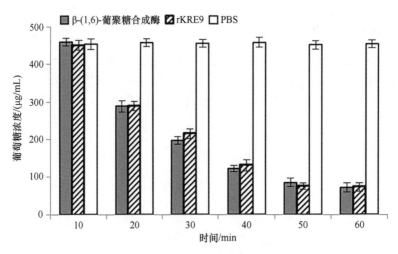

图 3-7　重组蛋白 rKRE9 活性测定

样品的比活力计算公式：

$$X = W/(T \times M) \tag{3-1}$$

式中，X 为样品的比活力，U/mg（定义为单位酶蛋白具有的酶活力单位）；W 为反应消耗的葡萄糖质量，μg；T 为反应时间，min；M 为待测样品质量，mg。

（四）CGA-N12 对 β-(1,6)-葡聚糖合成酶活性的影响

在念珠菌细胞壁中，β-(1,3)-葡聚糖含量最为丰富，几丁质是紧挨细胞膜的一层多糖复合物，β-(1,6)-葡聚糖是连接 β-(1,3)-葡聚糖和几丁质的重要连接头，使 β-(1,3)-葡聚糖形成网状，对维持细胞壁的完整性具有重要作用。KRE9 是念珠菌细胞的 β-(1,6)-葡聚糖合成酶，参与念珠菌细胞壁 β-(1,6)-葡聚糖的合成。通过测定 CGA-N12 作用下，β-(1,6)-葡聚糖合成酶和 rKRE9 酶促合成 β-(1,6)-葡聚糖后溶液中葡萄糖的残留量，判断 CGA-N12 对 β-(1,6)-葡聚糖合成酶和 rKRE9 活性的影响。设 β-(1,3)-葡聚糖合成酶为对照。

制备 β-(1,3)-葡聚糖合成酶溶液（20 μg/mL）、β-(1,6)-葡聚糖合成酶溶液（20 μg/mL）、重组蛋白 rKRE9 溶液（20 μg/mL），分别取 10 mL 加入等体积抗菌肽 CGA-N12（120 μg/mL）。对照组各加 10 mL 蒸馏水。40℃分别孵育 10 min、20 min、30 min、40 min、50 min、60 min，70 min 后，取 1 mL 混合液加 1 mL 葡萄糖溶液（25 mg/mL），40℃反应 60 min。随后，在相应酶促反应体系中加入 1.5 mL DNS 溶液，沸水浴 10 min，冷却后加蒸馏水定容至 25 mL，540 nm 处测吸光度，根据葡萄糖标准曲线确定反应体系中残存葡萄糖的浓度。根据 CGA-N12 作用时间与溶液中残存葡萄糖浓度关系，判断 CGA-N12 对 rKRE9 的 β-(1,6)-葡聚糖合成酶活性的影响，结果见图 3-8。研究结果表明，CGA-N12 对 rKRE9 的 β-(1,6)-葡

聚糖合成酶活性有抑制作用。因此，得出结论，CGA-N12 通过阻止 β-(1,6)-葡聚糖合成，影响细胞壁结构，发挥抗念珠菌作用。

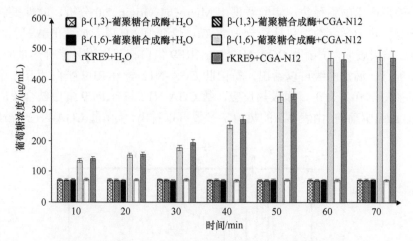

图 3-8　CGA-N12 作用时间与溶液中残存葡萄糖浓度的关系

四、CGA-N12 与 rKRE9 相互作用

rKRE9 是通过亲和层析获得的能够与 CGA-N12 结合的蛋白质。研究两分子之间的作用力、两分子相互作用方式及两分子结构特征，才能阐明 CGA-N12 抑制 rKRE9 活性的机制。我们采用等温滴定量热法（isothermal titration calorimetry，ITC）研究 CGA-N12 与 rKRE9 之间的相互作用；利用荧光共振能量转移（fluorescence resonance energy transfer，FRET）研究两分子间动态相互作用；利用分子对接（molecular docking，MD）研究两分子结构之间的关系。

（一）抗菌肽 CGA-N12 与 rKRE9 蛋白的相互作用力

等温滴定量热法（ITC）是用于量化研究各种生物分子相互作用的一种技术。它可直接测量生物分子结合过程中释放或吸收的热量。该方法可测定结合亲和力、化学计量、溶液中结合反应的熵和焓，无须使用标记。为确定抗菌肽 CGA-N12 与 rKRE9 之间的结合力，将抗菌肽 CGA-N12 滴定 rKRE9 溶液，采用 ITC 法测量两者之间的结合力。

配制 10 mmol/L 磷酸缓冲液（pH 6.0），超声清洗仪中脱气。称取适量 rKRE9 干粉，加入 10 mL 磷酸缓冲液中，使 rKRE9 浓度为 0.05 mmol/L，涡旋振荡 10 min，超声 5 min，使其充分溶解。称取适量 CGA-N12 溶解在 10 mmol/L 磷酸缓冲液中，使浓度为 0.3 mmol/L。在反应池中加入 200 μL rKRE9 溶液，每隔 2 min，滴加 2 μL CGA-N12 溶液到反应池中，25℃恒温反应，注射器的转速为 600 r/min。收集注射器向反应池滴定的每一次结果，以 ITC 仪器测量的数值计算二者的相互作用，最后制作热量变化与时间关系图。滴定后所测得数值是已经减去单独 CGA-N12 滴入缓冲液后产生的稀释热。实验数据用 MicroCal Origin 7.0 分析，软件提供模型可以计算出热力学参数，包括结合常数 Ka、焓变值 ΔH 以及熵变值 ΔS 等。

　　ITC 结果表明，抗菌肽 CGA-N12 与 rKRE9 蛋白相互作用时伴有热量的变化。从图 3-9 ITC 滴定曲线可以看出，抗菌肽 CGA-N12 与 rKRE9 蛋白相互作用时综合热量（$\Delta H > 0$）为正，即吸热反应，故 CGA-N12 与 rKRE9 蛋白结合反应是依赖焓值（ΔH）驱动的。由表 3-3 的热力学参数可以看出，抗菌肽 CGA-N12 与 rKRE9

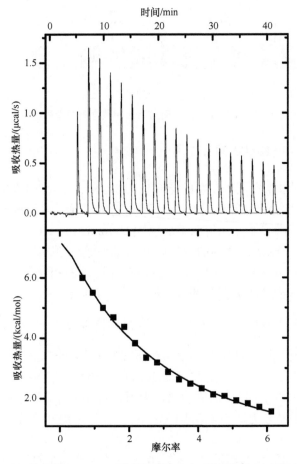

图 3-9　抗菌肽 CGA-N12 等温滴定 rKRE9 吸收热量实时记录图

表 3-3　CGA-N12 与 rKRE9 相互作用的热力学反应参数

	化学计量 N	亲和力 Kd	焓 ΔH/（cal/mol）	熵 ΔS/[cal/（mol·deg）]	结合常数 Ka
rKRE9	0.721±0.762	1.89×10^{3}±401	5.996×10^{4}±6.776×10^{4}	216	1890±401

蛋白的拟合度为 1，是单个位点结合模型；CGA-N12 的结合常数 Ka 值为 1489～2291，CGA-N12 与 rKRE9 有较强的相互作用；ΔH 值范围为–7800～127 720 cal/mol，ΔS 值为 216 cal/（mol·deg）。根据 Ross 等[22]总结的生物大分子与有机小分子作用力性质的热力学规律（$\Delta H>0$ 且 $\Delta S>0$，为疏水作用力；$\Delta H～0$ 且 $\Delta S>0$，为静电作用力；$\Delta H<0$ 且 $\Delta S<0$，为范德华力或氢键作用力）进行判断，两分子之间的作用力主要包括疏水作用力和静电作用力。

（二）CGA-N12 与 rKRE9 相互作用的分子间距离

　　荧光共振能量转移（FRET）是距离很近的两个荧光分子间产生的一种能量转移的物理现象。能量以一种非放射性的、偶极-偶极耦合的方式进行转移[23,24]，表现为供体分子荧光的减弱、受体分子荧光的增强。

　　FRET 被广泛应用于生物大分子构象变化和分子间动态相互作用的研究[25]。该现象的发生需要一些特定的条件[26,27]：①供体与受体的距离在 10 nm 范围内；②供体和受体的发射光谱必须分开；③供体和受体的吸收光谱必须分开；④供体的发射光谱与受体的吸收光谱要充分重叠。根据 FRET 发生条件，我们利用该技术，研究 CGA-N12 与 rKRE9 相互作用时，两分子之间的距离。

　　自 FRET 被提出后，科研工作者又在维多利亚水母体内发现了一种发光蛋白，称其为绿色荧光蛋白（green fluorescent protein，GFP）[28]，而后利用基因工程技术，表达获得了重组 GFP。通过对 GFP 蛋白进行功能分析和结构改造，衍生出了目前最常用的荧光基团对：青色荧光蛋白（cyan flurescent protein，CFP）和黄色荧光蛋白（yellow flurescent protein，YFP）。这对荧光蛋白的发现，为 FRET 技术的广泛应用奠定了基础。由于 FRET 技术具有分辨率高、操作简便、可以在活细胞内进行观察等优点，被应用于活细胞、蛋白质-蛋白质相互作用、分子运动轨迹及荧光探针的研究中。

　　为检测 CGA-N12 与 rKRE9 相互作用时两分子间距离，构建 KRE9 与 CFP 的融合基因 CFP-KRE9、CGA-N12 与 YFP 的融合基因 YFP-N12，使融合蛋白 CFP-KRE9 和 YFP-CGA-N12 分别在大肠杆菌细胞中单独表达和共表达，通过观察大肠杆菌细胞中 CFP 与 YFP 之间能量共振转移，判断 CGA-N12 和 rKRE9 相互作用时两分子之间的距离。

　　大肠杆菌工程菌 E.coli BL21（pETDuet-CFP-KRE9）、E.coli BL21（pETDuet-YFP-N12）和 E. coli BL21（pETDuet-CFP-KRE9-YFP-N12）经 IPTG 诱导表达后，取适量发酵液离心收集菌体，用冰水预冷的 PBS（20 mmol/L，pH 7.0）清洗后重悬，避光处各取 10 μL 制片，静置 10 min，待菌体自然沉降后拍照。样品分别标记为：CFP-KRE9、YFP-CGA-N12 和 CFP-KRE9/YFP-CGA-N12。

　　分别选取激光共聚焦显微镜的 CFP（Ex / Em=405 nm / 488 nm）、YFP（Ex /

Em=488 nm／527 nm)、CFP-YFP-FRET(Ex／Em=405 nm／527 nm)三个通道进行分析。在 CFP-KRE9 和 YFP-CGA-N12 共表达的大肠杆菌细胞内，CFP 作为供体、YFP 作为受体，在 FRET 通道检测 CFP-KRE9 和 YFP-CGA-N12 之间的能量共振转移情况。

FRET 结果如图 3-10 所示。E.coli BL21(pETDuet-CFP-KRE9)仅在 CFP 通道中观察到荧光，E.coli BL21(pETDuet-YFP-N12)仅在 YFP 通道中观察到荧光。E.coli BL21(pETDuet-P_{T7}-CFP-KRE9-P_{T7}-YFP-N12)在 CFP、YFP 和 FRET 通道中均能观察到荧光，且黄色荧光增强，表明当 CGA-N12 与 rKRE9 相互作用时，与之融合表达的 CFP 和 YFP 之间距离靠近，发生能量共振转移。研究结果表明，CGA-N12 与 rKRE9 相互作用时，两分子之间的距离在 7～10 nm 范围内。

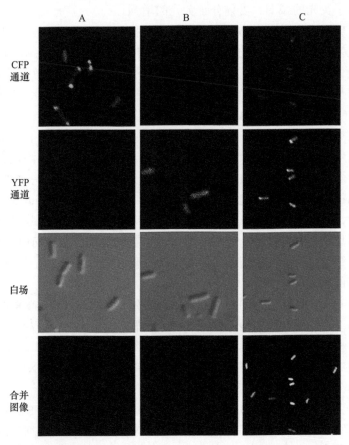

图 3-10　融合蛋白 CFP-KRE9 和 YFP-CGA-N12 能量共振转移情况

A. E.coli BL21(pETDuet-CFP-KRE9)中的融合蛋白 CFP-KRE9；B. E.coli BL21(pETDuet-YFP-N12)中的融合蛋白 YFP-CGA-N12；C. 在 E.coli BL21(pETDuet-P_{T7}-CFP-KRE9 -P_{T7}-YFP-N12)中共同表达的融合蛋白 CFP-KRE9 和 YFP-CGA-N12

（三）CGA-N12 与 KRE9 的分子对接

分子对接（MD）主要研究分子间（如配体和受体）相互作用，并预测其结合模式和亲和力的一种理论模拟方法。也可以通过受体的特征以及受体和配体分子之间的相互作用方式进行药物设计。在这里，我们利用分子对接技术研究 CGA-N12 与 KRE9 的结合模式。用 Discovery Studio Client 4.5 对 CGA-N12 和 KRE9 进行同源建模，获得 20 个模型。根据 PDF Total Energy、PDF Physical Energy、DOPE Score 等数据，选择最优模型。利用 DS4.5 中的 ZDOCK 和 RDOCK 程序进行分子对接并评价对接结果。KER9 与 CGA-N12 的最佳对接模式见图 3-11。由分子对接结果可知，CGA-N12 与 KRE9 能够形成稳定的空间结合。

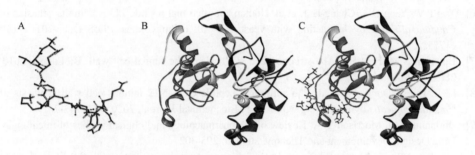

图 3-11　KER9 和 CGA-N12 分子对接示意图
A. CGA-N12 的棒状模型；B. KER9 的条带模型；C. CGA-N12 和 KER9 对接模型

结　论

（1）β-(1,6)-葡聚糖合成酶 KRE9 是 CGA-N12 的作用靶点。

（2）抗菌肽 CGA-N12 破坏念珠菌细胞壁合成。抗菌肽 CGA-N12 通过抑制 KRE9 的 β-(1,6)-葡聚糖合成酶活性，影响 β-(1,6)-葡聚糖的合成，破坏念珠菌细胞壁的形成。

（3）抗菌肽 CGA-N12 与 KRE9 蛋白的热力学反应。CGA-N12 与 rKRE9 的结合反应为吸热反应，依靠焓值（ΔH）驱动，主要结合方式为疏水作用力和静电相互作用力，属于单位点结合模型，结合常数 Ka 值为 1489～2291。因此，抗菌肽 CGA-N12 与 KRE9 有较强相互作用力。

（4）抗菌肽 CGA-N12 与 KRE9 分子间距离。抗菌肽 CGA-N12 与 KRE9 在相互作用时，两者之间的距离为 7～10 nm。

参 考 文 献

[1] Ragni E, Sipiczki M, Strahl S. Characterization of Ccw12p, a major key player in cell wall

stability of *Saccharomyces cerevisiae*. Yeast, 2007, 24(4): 309-319.

[2]   Dranginis A M, Rauceo J M, Coronado J E, et al. A biochemical guide to yeast adhesins: glycoproteins for social and antisocial occasions. Microbiology and Molecular Biology Reviews, 2007, 71(2): 282-294.

[3]   Cabib E, Blanco N, Grau C, et al. Crh1p and Crh2p are required for the cross-linking of chitin to β-(1-6)-glucan in the *Saccharomyces cerevisiae* cell wall. Molecular Microbiology, 2007, 63(3): 921-935.

[4]   van der Weerden N L, Hancock R E W, Anderson M A. Permeabilization of fungal hyphae by the plant defensin NaD1 occurs through a cell wall-dependent process. The Journal of Biological Chemistry, 2010, 285(48): 37513-37520.

[5]   Lin G Y, Chang C F, Lan C Y. The interaction between carbohydrates and the antimicrobial peptide P-113Tri is involved in the killing of *Candida albicans*. Microorganisms, 2020, 8(2). doi: 10.3390/microorganisms8020299.

[6]   Tsai P W, Yang C Y, Chang H T, et al. Human antimicrobial peptide LL-37 inhibits adhesion of *Candida albicans* by interacting with yeast cell-wall carbohydrates. PLoS One, 2011, 6(3): e17755.

[7]   Bowman S M, Free S J. The structure and synthesis of the fungal cell wall. BioEssays, 2010, 28(8): 799-808.

[8]   Li R, Liu Z, Dong, W, et al. The antifungal peptide CGA-N12 inhibits cell wall synthesis of *Candida tropicalis* by interacting with KRE9. Biochemical Journal, 2020, 477: 747-762.

[9]   Bormann A M, Morrison V A. Review of the pharmacology and clinical studies of micafungin. Drug Design, Development and Therapy, 2009, 3: 295-302.

[10]   Sucher A J, Chahine E B, Balcer H E. Echinocandins: the newest class of antifungals. The Annals of Pharmacotherapy, 2009, 43(10): 1647-1657.

[11]   Cabib E. Two novel techniques for determination of polysaccharide cross-links show that Crh1p and Crh2p attach chitin to both β(1-6)- and β(1-3)-Glucan in the *Saccharomyces cerevisiae* cell wall. Eukaryotic Cell, 2009, 8(11): 1626-1636.

[12]   Cabib E, Arroyo J. How carbohydrates sculpt cells: chemical control of morphogenesis in the yeast cell wall. Nature Reviews Microbiology, 2013, 11(9): 648-655.

[13]   盖志强. 几丁质合成酶抑制剂香豆素类新化合物的设计合成与生物活性研究. 重庆: 西南大学硕士学位论文, 2015.

[14]   Bai L L, Yin W B, Chen Y H, et al. A new strategy to produce a defensin: stable production of mutated NP-1 in nitrate reductase-deficient *Chlorella ellipsoidea*. PLoS One, 2013, 8(1): e54966.

[15]   Fujimura M, Ideguchi M, Minami Y, et al. Amino acid sequence and antimicrobial activity of chitin-binding peptides, Pp-AMP 1 and Pp-AMP 2, from Japanese bamboo shoots (*Phyllostachys pubescens*). Bioscience Biotechnology & Biochemistry, 2005, 69(3): 642-645.

[16]   Sathoff A E, Samac D A. Antibacterial activity of plant defensins. Molecular Plant-Microbe Interactions, 2019, 32(5): 507-514.

[17]   Paege N, Warnecke D, Zäuner S, et al. Species-specific differences in the susceptibility of fungi to the antifungal protein AFP depend on C-3 saturation of glycosylceramides. mSphere, 2019, 4(6): e00741-19.

[18]   Brown J L, Bussey H. The yeast KRE9 gene encodes an O glycoprotein involved in cell surface β-glucan assembly. Molecular & Cellular Biology, 1993, 13(10): 6346-6356.

[19]   Lussier M, Sdicu A M, Shahinian S, et al. The *Candida albicans* KRE9 gene is required for cell

wall β-1, 6-glucan synthesis and is essential for growth on glucose. PNAS, 1998, 95(17): 9825-9830.

[20] He Z J, Luo L L, Keyhani N O, et al. The C-terminal MIR-containing region in the Pmt1 O-mannosyltransferase restrains sporulation and is dispensable for virulence in *Beauveria bassiana*. Applied Microbiology & Biotechnology, 2017, 101(3): 1143-1161.

[21] Pan H P, Wang N, Tachikawa H, et al. β-1, 6-glucan synthesis-associated genes are required for proper spore wall formation in *Saccharomyces cerevisiae*. Yeast, 2017, 34(11). doi: 10.1002/yea.3244.

[22] Ross P D, Subramanian S. Thermodynamics of protein association reactions: forces contributing to stability. Biochemistry, 1981, 20(11): 3096-3102.

[23] Deniz A A, Dahan M, Grunwell J R, et al. Single-pair fluorescence resonance energy transfer on freely diffusing molecules: Observation of Förster distance dependence and subpopulations. PNAS, 1999, 96(7): 3670-3675.

[24] Ishii Y, Yoshida T, Funatsu T, et al. Fluorescence resonance energy transfer between single fluorophores attached to a coiled-coil protein in aqueous solution. Chemical Physics, 1999, 247(1): 163-173.

[25] 张建伟, 陈同生. 荧光共振能量转移(FRET)的定量检测及其应用. 华南师范大学学报, 2012, 44(3): 12-17.

[26] 高静. 荧光共振能量转移体系的研究与应用. 保定: 河北大学硕士学位论文, 2005.

[27] 王绪炎. 量子点荧光共振能量转移体系的构建及其应用研究. 武汉: 华中农业大学硕士学位论文, 2010.

[28] Shimomura O, Johnson F H, Saiga Y. Extraction, purification and properties of aequorin, a bioluminescent protein from the luminous hydromedusan, *Aequorea*. Journal of Cellular & Comparative Physiology, 1962, 59(3): 223-239.

第四章 抗真菌肽作用机制之二：对细胞膜的作用

第一节 抗菌肽对细胞膜作用机制研究现状

破膜性和非破膜性是抗菌肽对细胞膜的两大作用方式[1]。多数抗菌肽在细胞膜内可以形成 α 螺旋结构，通过破坏细胞膜杀死病原微生物；然而，少数抗菌肽可以在保持细胞膜完整性的前提下跨膜进入细胞内[2]。通过扫描电镜和透射电镜技术，我们发现 CGA-N12 和 CGA-N9 对念珠菌细胞膜完整性影响很小，但它们都能够杀死念珠菌。因此，研究 CGA-N12 和 CGA-N9 对细胞膜结构的影响及其跨膜方式，对于阐明非破膜抗菌肽对细胞膜的作用机制具有重要意义。下面介绍抗菌肽对细胞膜作用机制研究现状。

一、影响抗菌肽膜选择性和膜活性的因素

细胞质膜在维护细胞内微环境稳定，参与物质交换、能量和信息传递等过程中发挥重要作用。已经发现大多数抗菌肽是通过破坏病原微生物细胞膜发挥作用的。抗菌肽对原核细胞膜选择性强，对动物细胞膜活性弱。影响抗菌肽膜选择性和膜活性的因素主要包括甘油磷脂组成、膜蛋白和固醇等细胞膜组分。膜流动性对抗菌肽的膜活性也有一定影响。

（一）甘油磷脂

细胞膜主要是由甘油磷脂（磷脂酰甘油，phosphatidyl glycerol，PG）组成。PG 的衍生物包括磷脂酰胆碱（phosphatidyl choline，PC）、磷脂酰丝氨酸（phosphatidyl serine，PS）、磷脂酰乙醇胺（phosphatidyl ethanolamine，PE）和磷脂酰肌醇（phosphatidyl inositol，PI）。甘油磷脂分子具有一个与磷酸基团结合的极性头和两个非极性尾。磷酸基团带负电荷，PC、PS、PE 各带一个正电荷，PI 不带电荷。因此，PG 和 PI 分子显电负性，PS 和 PE 显示电中性。在第二章，我们已介绍了念珠菌细胞膜结构特征，并比较了念珠菌、动物细胞和细菌细胞膜组分的不同。念珠菌细胞膜磷脂主要包括 PC、PE 及 PG；动物细胞膜磷脂主成分为 PC 和 PE，除此之外还有 PS 和 PI；细菌细胞膜主要由 PG 和 PE 组成。因此，原核细胞膜电负性比真核细胞膜强，有利于阳离子性抗菌肽结合。

（二）细菌细胞膜蛋白及其他组分

有人认为细菌细胞壁和细胞膜内的蛋白质等电点较低，外界 pH 通常高于细菌细胞膜等电点，使蛋白质带负电。另外，在革兰氏阳性菌细胞膜上还有呈弱酸性的磷壁酸、脂磷壁酸、赖氨酰磷脂酰甘油等。因此，细菌细胞膜负电性强，有利于带正电荷的抗菌肽结合。

（三）固醇

胆固醇及其类似物统称为固醇，是一类含有 4 个闭环的碳氢化合物，是一个刚性很强的两性化合物，具有很强的疏水性。胆固醇与甘油磷脂相互作用，增加了磷脂分子的有序性和脂双层厚度，在调节膜的流动性、增加膜的稳定性、降低细胞膜通透性、降低水溶性物质的通透性等方面起着重要作用。因此，胆固醇可以抑制通道形成和膜去极化。胆固醇存在于动物细胞和极少数原核细胞中，在哺乳动物细胞的细胞质膜中尤其丰富[3]。因此，抗菌肽在发挥作用时，表现出对微生物细胞的选择性。

（四）膜流动性

膜脂的流动性主要是指脂分子的侧向运动。一般情况下，鞘脂和 PC 形成的脂双层流动性小一些。因此，原核生物细胞膜流动性比真核生物细胞膜流动性大，在与抗菌肽相互作用时，更容易提高细胞膜通透性。

二、抗菌肽对细胞膜的作用机制

根据抗菌肽作用机制是干扰细胞膜组分合成，还是干扰磷脂膜结构，将抗菌肽对细胞膜的作用方式分为靶点介导型和非靶点介导型。

（一）靶点介导型抗菌肽作用方式

细胞膜主要由磷脂和蛋白质组成，其中麦角甾醇和鞘脂是真菌细胞膜中不可或缺的组分，常作为抗菌肽（AMP）的靶点。从解淀粉芽孢杆菌分离的环状脂肽 C16-Fengycin A，通过破坏禾谷镰刀菌细胞膜中麦角甾醇的生物合成，抑制真菌生长[4]。从大丽菊中分离的防御素 DmAMP1 与酿酒酵母细胞膜中的甘露糖苷二肌醇磷脂酰神经酰胺相互作用发挥抗菌活性[5]。

靶点介导型抗菌肽作用方式报道较少，缺乏详尽资料。

（二）非靶点介导型抗菌肽作用方式

一般认为，抗菌肽通过提高膜通透性导致离子或大分子外漏而发挥抗菌作用。

对于非靶点介导的抗菌肽作用方式，科学家提出了几种模型，其中最常见的是桶板模型（barrel-stave model）、环形孔模型（toroidal-pore model）和地毯模型（carpet model）[6]（图 4-1）。一般认为，阳离子两亲性抗菌肽采用的桶板模型、环形孔模型和地毯模型，引起细胞膜破裂，使细胞内容物泄漏，导致微生物死亡[6-9]。

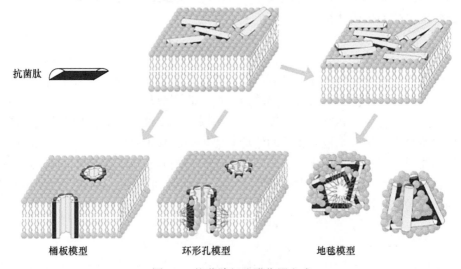

图 4-1　抗菌肽细胞膜作用方式

1. 桶板模型

桶板模型最早于 1977 年由 Ehrenstein 和 Lecar 两位科学家提出，而这种模型运用于抗菌肽膜作用机制则是在 1998 年由 Oren 等提出。桶板模型认为，由于抗菌肽具有两亲性，带正电的肽分子可以与革兰氏阳性菌细胞膜上的磷壁酸、脂磷壁酸、赖氨酰磷脂酰甘油结合；也可以通过静电吸引作用，与革兰氏阴性菌细胞膜上的磷脂结合。当抗菌肽与细胞膜结合后，通过将其疏水端插入到杀菌细胞膜磷脂双层中，促使整个肽分子进入细菌细胞膜，从而打乱质膜上蛋白质和脂质原有的顺序；抗菌肽单体分子间通过移动和聚合，形成多聚体；抗菌肽通过疏水侧链朝向外侧磷脂双层的脂质环境、极性侧链向内围成桶状结构，从而在细胞膜上形成通道。跨膜通道的形成，导致细菌细胞内容物泄漏，胞内离子外流，从而破坏细菌细胞内正常的渗透压平衡而使细菌死亡[10]。理论上，只要有 3 个相同的抗菌肽分子就可以形成一个通道。

在桶板模型作用机制中，抗菌肽分子的带正电荷氨基酸与细胞膜亲水头部存在静电相互作用；抗菌肽的疏水性氨基酸与细胞膜的疏水尾部相互作用。因此，抗菌肽与细胞膜之间的静电作用和疏水作用都很重要[11]。以桶板模型作用机制发挥抗菌活性的抗菌肽多为抗细菌肽，见诸报道的有 Alamethicin、Melittin、Dermcidin 等[12-14]。

2. 环形孔模型

环形孔模型，又叫虫孔模型。在环形孔模型中，抗菌肽分子与脂双层膜的磷脂头基相互作用，引起细胞膜外侧磷脂分子排列方向发生改变，使抗菌肽插入膜内，同时水分子嵌入，诱发内层磷脂分子变向，共同形成跨膜孔。也就是说，当采用该作用机制时，两亲性抗菌肽的螺旋极性面与细胞膜的脂质极性头基形成一个孔通道。这种独特的结构，不仅允许离子和小分子通过孔，而且允许磷脂分子沿孔壁快速翻转。与桶板作用机制不同的是：在桶板模型中，桶形孔将磷脂双层用作抗菌肽自组装的模板；而环形孔模型中，抗菌肽分子始终与磷脂层的极性区相结合，共同形成跨膜孔，环形孔对脂烃起作用，破坏了膜的极性和非极性部分的正常分离[15]。

目前，已经发现了许多抗菌肽通过环形孔机制发挥作用。Yoneyama 等利用脂质体荧光标记追踪，发现抗菌肽 Lacticin Q 的作用机制是环形孔机制[16]；Shenkarev 等研究发现抗菌肽 Arenicin 的作用机制是肽分子与脂质分子形成环形孔[17]。蜂毒肽也通过环形孔模型发挥抗菌活性[13,18]。LL37 也是环形孔模型作用机制的典型代表[19]。

3. 地毯模型

地毯模型，又称毯式模型，也是最常见的破膜性抗菌肽作用模型。地毯模型由 Gazit 等[20]于 1996 年提出，用于解释抗菌肽 Cecropin P1 在膜上的作用机制。研究发现，Cecropin P1 始终定向与膜表面平行，提高肽脂比，Cecropin P1 就会采用毯式机制破坏细胞膜结构。Shai 及其同事得出结论，认为只有在脂质双层表面形成地毯模型时，该肽才发挥其抗菌活性。地毯模型认为，由于抗菌肽具有两亲性结构特征，肽分子静电结合于质膜带负电的磷脂，并在细胞膜表面大量聚集，平行排列，形成类似于地毯的一种状态。抗菌肽与细胞膜上的磷脂结合，其亲水端朝向溶液，疏水端朝向磷脂层；当抗菌肽浓度达到一种阈值时，磷脂双分子层的稳定性降低，细胞膜内、外两侧受力不均匀，最终扰乱膜结构，导致细胞膜崩解，类似于"洗涤剂模型"[9]。采用地毯模型发挥作用的抗菌肽不需要形成结构性穿膜通道，但其发挥作用的有效浓度高于采用桶板模型的抗菌肽。抗菌肽 Cecropin[21]、α 螺旋抗菌肽 PGLa（分离自非洲爪蛙的皮肤分泌物）、Ovispirin（哺乳动物抗菌肽 Cathelidicins 家族中的一种抗菌肽）通过在细胞膜上形成地毯模型发挥作用。

三、非破膜性抗菌肽内化机制

细胞膜是一种选择性透过膜，除了脂溶性分子和不带电荷的分子能以简单扩散的方式进入细胞内，绝大多数极性分子、离子需要通过胞饮作用或膜转运蛋白协助跨膜进入细胞内[3]。简单扩散、胞饮作用和膜转运蛋白协助跨膜方式不会引起细胞膜破裂。

根据抗菌肽分子极性结构特性，可以排除简单扩散跨膜方式。其内化作用应该主要是胞吞作用和膜转运蛋白协助跨膜方式。

胞吞作用分为吞噬、胞饮和受体介导的胞吞作用。在微生物领域，细胞外物质可以采用胞吞作用进入细胞内。非破膜性抗菌肽胞饮作用跨膜已有报道[22]。但是，膜转运蛋白协助的跨膜方式，在微生物细胞中相关报道还很少。

PepT1（peptide transporter 1）和 PepT2（peptide transporter 2）是较早发现的存在于哺乳动物细胞膜上的肽转运载体，但 PepT1 和 PepT2 仅负责二肽、三肽的跨膜转运，用于哺乳动物细胞营养供应[23]。由 4 个以上氨基酸组成的寡肽的转运载体，即寡肽转运蛋白（OPT），仅见于真菌和植物[24]。Schielmann 等的研究表明，OPT 可以转运十一肽[25]。截至目前，抗菌肽的跨膜转运报道甚少。

Pink 等在研究抗菌肽鱼精蛋白 Ptm 跨大肠杆菌、沙门氏菌、铜绿假单胞菌细胞膜时，采用免疫电镜对细胞进行观察，发现 Ptm 能迅速内化到细胞质中；采用透射电镜对细胞超微结构进行观察，发现经致死浓度 Ptm 处理的细胞没有明显的形态学变化；构建磷脂双层膜，用不同浓度 Ptm 并结合电压处理，均未观察到 Ptm 的跨膜现象；Pink 等推测有膜蛋白参与了 Ptm 的跨膜过程[26]。从蟾蜍胃组织中分离的 Buforin II 是一个研究得很清楚的抗细菌肽。其作用机制研究表明，Buforin II 在不损坏细胞膜的情况下迅速进入细胞，并以很强的亲和力结合于胞内大分子 DNA 和 RNA，使细菌死亡[27]。因此，推测有膜转运蛋白参与 Buforin II 的跨膜转运。Histatin 5（Hst5）是一个已进入 III 期临床的抗念珠菌抗菌肽。研究表明，Hst5 首先结合细胞壁 β-葡聚糖以及细胞壁中的 Ssa2 和 Ssa1 蛋白质，通过真菌多胺转运蛋白 Dur3 和 Dur31，以能量依赖型跨膜转运过程被运输到细胞内[28]。

下面，我们主要介绍抗菌肽胞吞作用跨膜过程的研究情况。

胞吞作用，概括起来说，就是质膜形成的囊泡介导胞外分子的内化，是一种需能途径。胞吞途径由吞噬和胞饮两类组成。吞噬作用常摄取大颗粒物质，且限定于一些特殊功能的细胞，如巨噬细胞。胞饮作用发生于几乎所有细胞中，介导外界溶质的吸收。因此，抗菌肽内化到病原微生物细胞中的胞吞作用应该主要是胞饮作用。

抗菌肽的胞饮作用主要有网格蛋白依赖的胞吞作用、胞膜窖依赖的胞吞作用、大型胞饮作用和非网格蛋白/胞膜窖依赖的胞吞作用等四种内化途径[29-32]，如图 4-2 所示。四种内化途径除了胞内转运过程不同外，其形成的胞吞小泡大小也存在差异。网格蛋白依赖的胞吞作用形成的囊泡直径约为 120 nm；胞膜窖依赖的胞吞作用形成的囊泡直径为 50～80 nm；非网格蛋白/胞膜窖依赖的胞吞作用形成的囊泡直径约为 90 nm；大型胞饮作用形成的囊泡直径为 1～5 μm[33]。由于胞吞抑制剂能干扰抗菌肽的胞饮跨膜过程，因此，胞吞抑制剂被广泛用于研究胞吞作用类型[34]。氯丙嗪（CPZ）是一种网格蛋白依赖的胞吞作用抑制剂。氯喹（CQ）可以抑制网格蛋白介导的内吞作用。甲基-β-环糊精（Mβ-CD）是一种胞膜窖依赖的胞吞作用抑制剂，主要通过消耗细胞膜固醇，破坏胞吞作用依赖的细胞膜流动性，实现胞吞抑制作用。胞吞作用是一个需能过程，NaN$_3$ 通过抑制 ATP 产生，阻碍胞吞作用。细胞松弛素 D（CyD）与细胞骨架相互作用，可以影响肌动蛋白聚合介导的大型胞饮作用；EIPA 是一种 Na$^+$ 与 H$^+$ 交换抑制剂，抑制 Na$^+$/H$^+$ 交换介导的巨胞饮作用。肝素（heparin）通过与入胞物竞争结合细胞膜表面的硫酸蛋白受体，阻止入胞物质在细胞膜上聚集，从而减少胞吞作用的发生。通常情况下，阳离子肽可采用多种内吞作用进入细胞内[22,35]。常见的真核细胞胞吞作用抑制剂及作用原理见表 4-1。

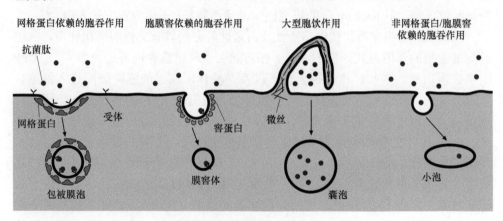

图 4-2　抗菌肽胞饮作用内化途径

表 4-1　胞吞作用抑制剂及作用原理

抑制剂	作用机制
叠氮化钠（NaN$_3$）	通过抑制细胞 ATP 生成，抑制细胞的胞吞作用
氯丙嗪（CPZ）	通过抑制 Rho GTPase，抑制网格蛋白依赖的胞吞作用
氯喹（CQ）	抑制网格蛋白介导的内吞作用
甲基-β-环糊精（Mβ-CD）	通过消耗胆固醇，抑制胞膜窖蛋白依赖的胞吞作用
肝素（heparin）	通过与细胞膜表面硫酸蛋白受体竞争性结合，抑制硫酸蛋白受体介导的胞吞作用
5-(N-乙基-N-异丙基)阿米洛利（EIPA）	通过抑制 Na$^+$/H$^+$ 交换，抑制巨胞饮作用
细胞松弛素 D（CyD）	通过影响 F-肌动蛋白聚合，抑制巨胞饮作用

抗菌肽的内化入胞，一方面受肽自身性质决定，另一方面受细胞质膜组成影

响，如细胞膜固醇含量。研究表明，正电荷含量高的阳离子寡肽容易与细胞膜带负电荷脂类非特异性的静电吸引，进而聚集在细胞质膜表面，提高抗菌肽的内化效率。但细胞质膜胆固醇含量升高，会干扰肽与质膜的相互作用，降低抗菌肽的内化效率[36]。

有文献报道，内化入胞的抗菌肽，除胞吞作用外，还有一种称为易位机制的内化方式。目前认为排除一些自身条件特殊的肽，大部分肽在高浓度（一定范围内）时，可以通过易位途径直接穿过质膜入胞，且这类入胞途径不受能量影响，在低温条件下也能正常入胞[37]。但并未见有实验数据说明其易位的具体过程。笔者推测文献所谈的易位跨膜方式可能是类似信号肽的跨膜方式。

细胞穿透肽（cell-penetrating peptide，CPP）是一类以非受体依赖方式、非经典胞吞方式直接穿过细胞膜进入细胞的多肽。它们的长度一般不超过 30 个氨基酸，且富含碱性氨基酸，氨基酸序列通常带正电荷。穿膜肽的跨膜方式通常被认为是易位机制，但 Richard 等的研究证明，穿透肽 Tat 采用内吞方式入胞[38]。

抗菌肽和细胞穿透肽在电荷特性及两亲性等方面具有类似的理化性质，入胞时与细胞膜的作用方式区别不大[39]，在功能上表现出重叠也不足为奇[40-43]。CPP能携带蛋白质、多肽、核酸等大分子以及脂质体，通过细胞膜屏障进入细胞，且不会对细胞膜造成明显破坏。跨膜抗菌肽也是开发 CPP 的模板之一。因此，抗菌肽除了可以替代抗生素直接用于医疗外，还可以作为药物转运体应用于临床。Buforin II 的修饰类似物 BF2d 具有细胞穿透性，可以共价连接 GFP 蛋白，并转运至 HeLa 细胞内[27]。抗真菌肽 LL-37 具有药物递送潜力，能以非共价连接方式将核苷酸传递到细胞内[44]。多数 CPP 跨膜机制是以哺乳动物细胞作为研究对象，但也有 CPP 穿透真菌细胞质膜的报道。Holm 等验证了羧基荧光素标记的穿透肽 pVEC 和(KFF)$_3$K 能高效内化到酵母细胞，且 pVEC 在酵母细胞中较稳定[45]。

第二节 CGA-N12 抗念珠菌细胞膜作用机制

研究抗真菌肽 CGA-N12 抗念珠菌细胞膜作用机制，首先采用扫描电镜观察CGA-N12 作用下，热带念珠菌形态变化；然后采用透射电镜观察 CGA-N12 作用下，热带念珠菌超微结构变化。为增强本书的系统性，CGA-N12 作用下，热带念珠菌形态和超微结构变化在第三章第二节CGA-N12破坏热带念珠菌细胞壁结构中已进行介绍。下面从 CGA-N12 在细胞内的定位，CGA-N12 对细胞膜完整性、细胞膜流动性、细胞膜麦角甾醇含量、K$^+$泄漏的影响，CGA-N12 诱导形成膜通道及 CGA-N12 的内化跨膜等 7 个方面，介绍 CGA-N12 对细胞膜的作用机制。

一、CGA-N12 在细胞内的定位

在碱性环境中，$FITC_2$（$\lambda_{ex}=495$ nm，$\lambda_{em}=519$ nm）能显绿色荧光。为检测 CGA-N12 在念珠菌细胞内的分布，将其自由氨基用 $FITC_2$ 进行共价修饰，通过观察荧光变化判断 CGA-N12 在细胞内的定位情况。

将生长对数期热带念珠菌细胞与 $FITC_2$-CGA-N12 缀合物在 28℃下避光孵育，使 CGA-N12 终浓度为 $1 \times MIC_{50}$。每隔 4 h，取细胞并用 PBS（20 mmol/L，pH 8.5）洗去未结合的荧光染料。采用激光共聚焦显微镜观察 CGA-N12 在细胞中的定位。以 DAPI 标记细胞核，激光共聚焦显微镜观察 CGA-N12 对细胞核的影响。由图 4-3 可知，$FITC_2$-CGA-N12 穿过细胞膜，并在胞内聚集，但没有与细胞膜结合。同时，观察到一个有趣的现象，随着作用时间的延长，细胞核染色体发生聚缩。

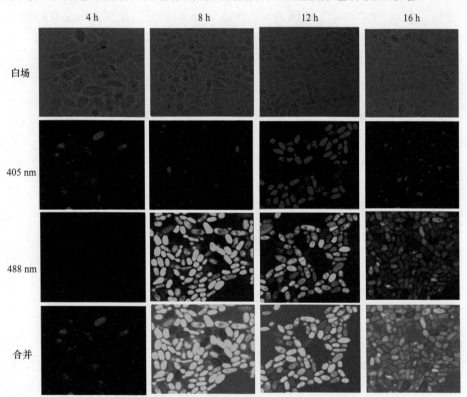

图 4-3　与热带念珠菌孵育不同时间的 CGA-N12 在细胞内的定位

二、CGA-N12 不破坏细胞膜完整性

（一）通过脂质体钙黄绿素泄漏检测膜完整性

钙黄绿素能通过直径 10 nm 的膜通道。如果细胞膜上多处出现 10 nm 通道，

则细胞膜完整性受到破坏，细胞膜破裂。因此，常用钙黄绿素检测膜完整性。利用荧光分光光度计检测脂质体内钙黄绿素的渗透情况，进而判断 CGA-N12 对细胞膜完整性的影响。采用薄膜超声法制备载钙黄绿素脂质体。根据对数期热带念珠菌细胞膜磷脂酰胆碱（PC）和磷脂酰乙醇胺（PE）组成比例，制备 PC 和 PE 质量比为 1：1.27 的双层脂质体，以模拟对数期热带念珠菌细胞膜。包埋钙黄绿素染料的模拟脂质体稳定 1 h 后，加入 1×MIC$_{100}$ 的 CGA-N12 并于 28℃共孵育，期间每 1 h 用荧光分光光度计（$\lambda_{ex}/\lambda_{em}$=492 nm/517 nm）测定钙黄绿素是否出现渗漏。以时间梯度测定脂质体溶液的荧光强度变化，持续检测 10 h。10 h 后加入 0.1%破膜剂 Triton X-100，使脂质体膜完全破坏，钙黄绿素完全释放。阴性对照为 PBS（20 mmol/L，pH 7.2）处理组，阳性对照为 10 mmol/L H$_2$O$_2$ 处理组。在 CGA-N12 与脂质体孵育过程中，若荧光信号增强，表明有钙黄绿素从脂质体中渗漏出来。研究结果发现，CGA-N12 处理的实验组在 10 h 检测时间范围内，没有检测到钙黄绿素荧光强度的变化（图 4-4），也就是说钙黄绿素没有从脂质体中渗漏，表明 CGA-N12 不破坏脂质体膜结构的完整性。

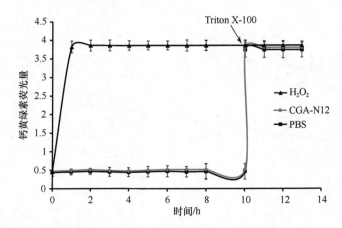

图 4-4　CGA-N12 对脂质体膜完整性的影响

（二）采用原子力显微镜观察膜表面形态

为了观察 CGA-N12 对热带念珠菌原生质体表面形态的影响，我们采用了原子力显微镜（atomic force microscopy，AFM）技术。原子力显微镜是一种研究固体材料表面结构的分析仪器。它通过检测待测样品表面和一个微型力敏感元件之间极微弱的原子间相互作用力，揭示物质的表面结构与性质。将培养至对数期的热带念珠菌制备成原生质体，并重悬于 PBS（20 mmol/L，pH 7.0）中，与 CGA-N12（1×MIC$_{100}$）于 28℃孵育 15 h，孵育结束后，用 2.5%的戊二醛固定过夜。使用 PBS（20 mmol/L，pH 7.0）洗涤样品，将细胞沉淀重悬在去离子水中。用移液器吸取

100 μL 原生质体悬液均匀滴加到刚剥离的云母板上，自然干燥，使用原子力显微镜观察。PBS（20 mmol/L，pH 7.0）处理的原生质体作为对照组。通过原子力显微镜观察原生质体的形态变化，结果如图 4-5 所示。对照组原生质体的表面光滑、完整，3D 形状清晰。1×MIC$_{100}$ 的 CGA-N12 处理后，少量原生质体表面略有收缩，但未观察到明显的膜破裂，并且原生质膜大部分保持光滑完整。研究结果表明，CGA-N12 不破坏细胞膜完整性。

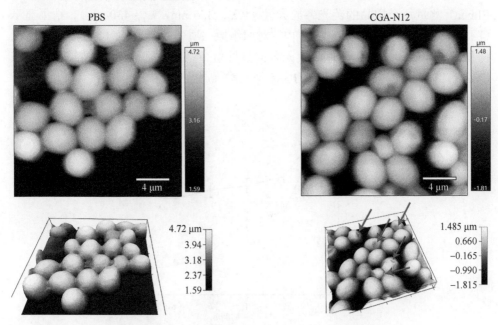

图 4-5　CGA-N12 处理后热带念珠菌细胞膜表面结构变化
图中箭头所指为细胞膜上有孔道形成，细胞内容均渗漏，造成细胞膜局部凹陷

三、CGA-N12 影响细胞膜流动性

为了检测 CGA-N12 对细胞膜流动性的影响，通过荧光分光光度计分析结合于细胞膜的 TMA-DPH 的荧光各向异性变化。各向异性是指物质的全部或部分化学、物理性质随自身方向的改变而有所变化，在不同方向上呈现出差异的性质。膜荧光探针 TMA-DPH 可通过自身带电的 TMA 基团锚定在磷脂双层极性头上，并通过其极性 DPH 部分插入脂肪酸链的上部[46]。因此，TMA-DPH 在细胞质膜与膜固醇直接接触处，可对磷脂双层进行浅层探测[47]。当荧光团与磷脂的外部头基偶联时，荧光团旋转运动的动力学特征反映了细胞膜的流动性。荧光物质的荧光各向异性是指示荧光团迁移率的参数。荧光团在其激发态中旋转越快，所测得的荧光物质的荧光各向异性就越小，即荧光各向异性与分子的旋转扩散成反比。因此，荧光物质的荧光各向异性的减少对应于细胞膜流动性的增加。可以通过检测

膜荧光探针 TMA-DPH 的荧光各向异性值 γ 变化判断膜流动性。

为了对细胞膜进行 TMA-DPH 荧光标记，按照 Zymolyases-20T 使用说明书制备了热带念珠菌原生质体。用 $1 \times MIC_{100}$ 的 CGA-N12 与原生质体（10^6 CFU）共孵育不同时间（0 h、2 h、4 h、6 h、8 h 和 10 h），用 Buffer S（1 mol/L 山梨醇，10 mmol/L PIPES，pH 6.5）洗涤一次。加入 4 mL 荧光探针（TMA-DPH，终浓度 2 μmol/L），30℃水浴中避光孵育 30 min。使用 LS-55 荧光光谱仪（美国 Perkin Elmer）测量每个样品的荧光各向异性 γ（λ_{ex}=355 nm，λ_{em}=430 nm）。结果显示（图 4-6），CGA-N12 作用的 10 h 内，对照组原生质体的荧光各向异性值 γ 基本保持稳定，而实验组原生质体的荧光各向异性值 γ 显著降低。研究结果表明，在 CGA-N12 作用下，热带念珠菌的膜流动性增强。

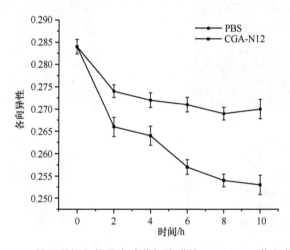

图 4-6　CGA-N12 处理后插入热带念珠菌细胞膜的 TMA-DPH 荧光各向异性变化

四、CGA-N12 不影响细胞膜麦角甾醇合成

麦角甾醇作为真菌细胞膜的重要组成成分，结构稳定，专一性强。麦角甾醇对细胞活力、膜流动性、膜结合酶活性、膜完整性及细胞物质运输等起着重要作用。大多数抗真菌药物（如氟康唑）是针对麦角甾醇生物合成中必需的关键酶设计的抑制剂。氟康唑通过竞争性地与麦角甾醇生物合成中必需的关键酶 CYP51 结合，抑制麦角甾醇合成，使真菌的细胞膜受到破坏，从而抑制真菌的生长繁殖。

为了确定 CGA-N12 是否影响真菌细胞膜中麦角甾醇的合成，我们研究了 $1 \times MIC_{100}$ 的 CGA-N12 处理后，热带念珠菌细胞膜麦角甾醇含量变化。根据 Kocsis 等[48]介绍的方法，测定了热带念珠菌质膜中麦角甾醇含量。将 SD 培养基中的热带念珠菌细胞与 $1 \times MIC_{100}$ 的 CGA-N12 在 28℃下分别孵育 0 h、5 h、10 h、15 h、20 h 和 25 h。孵育完成后，收集菌体细胞。每个 CGA-N12 处理样品，均称取 0.5 g

菌体细胞用于分离甾醇类物质。将细胞悬浮在含乙醇的氢氧化钾（25%, m/V; 3 mL, 现用现配）中，将水浴锅设置为85℃，水浴1 h。待样品冷却至环境温度时，向样品中添加1 mL蒸馏水和3 mL正庚烷。涡旋振荡3 min，静置，分离出庚烷层。为了除去有机溶剂，将其静置挥发。完全挥发后，使用乙醇溶解并稀释样品。利用甾醇在240 nm到300nm之间的特征吸收光谱，用紫外分光光度计测定甾醇在细胞膜内的含量。具体来说，这些由麦角甾醇和24(28)-脱氢谷甾醇组成的甾醇在281.5 nm处表现出最大吸收，24(28)-脱氢谷甾醇也具有单独的最大吸收波长230 nm。因此，利用这两个吸光度值的差值即可以计算细胞膜麦角甾醇含量。如图4-7所示，在测试的25 h内，实验组和阴性对照组细胞膜中麦角甾醇含量均随时间的延长而增加。但阳性对照氟康唑引起细胞膜麦角甾醇含量减少。与PBS对照组相比，实验组麦角甾醇含量略有增加，两者之间的差异不显著。因此，CGA-N12对热带念珠菌质膜中麦角甾醇的合成没有明显影响。

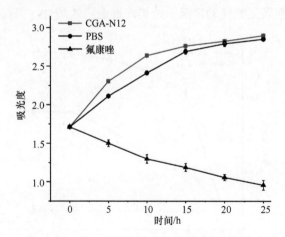

图4-7 CGA-N12处理后热带念珠菌细胞膜麦角甾醇含量变化

五、CGA-N12引起细胞K⁺泄漏

通常根据细胞K⁺泄漏情况，判断细胞膜通透性。本研究中，我们采用蜂毒肽作为对照，判断CGA-N12是否引起细胞内K⁺泄漏。蜂毒肽一级结构的氨基酸残基顺序为：Gly-Ile-Gly-Ala-Val-Leu-Lys-Val-Leu-Thr-Thr-Gly-Leu-Pro-Ala-Leu-Ile-Ser-Trp-Ile-Lys-Arg-Lys-Arg-Gln-Gln-NH$_2$[49]。蜂毒肽C端有4个氨基酸残基携带正电荷，N端有1个氨基酸残基携带正电荷，整个分子带5个正电荷。蜂毒肽N端的20个氨基酸残基主要是疏水氨基酸，C端6个氨基酸残基主要是亲水氨基酸。蜂毒肽分子的3个赖氨酸和2个精氨酸残基使其成为强碱性肽。在中性水溶液中，蜂毒肽作为单体以随机卷曲结构存在，但随着pH及离子强度的增高，蜂毒肽自

我交联，形成螺旋的四聚体结构。螺旋结构中前 21 个氨基酸是极性的，位于螺旋表面，而非极性氨基酸在螺旋的另一面。其两亲性（amphiphilie）是膜结合肽和膜蛋白跨膜螺旋的特征，采用环形孔模式与细胞膜相互作用，使包括 K^+ 在内的细胞内物质泄漏。

通过离心收集在沙堡氏培养基（SD）中培养至对数期的热带念珠菌，PBS（20 mmol/L，pH 7.2）洗涤两次后重悬。加入抗菌肽 CGA-N12 至终浓度 $1 \times MIC_{100}$，与热带念珠菌在 28℃ 下孵育 0 h、5 h、10 h、15 h、20 h 和 25 h。孵育后，离心收集上清液，将上清液通过 0.22 μm 的滤头过滤。使用电感耦合等离子体发射光谱仪确定滤出液中 K^+ 含量。PBS 为阴性对照，蜂毒肽（$1 \times MIC_{100}$）为阳性对照。

如图 4-8 所示，与 PBS 对照组上清液中的 K^+ 浓度比较，CGA-N12 处理后的实验组上清液中的 K^+ 浓度升高，但没有阳性对照蜂毒肽组 K^+ 泄漏量多。研究结果表明，当热带念珠菌暴露于 CGA-N12 时，膜通透性增加，K^+ 流出，说明 CGA-N12 可能在不破坏细胞膜完整性的情况下，提高细胞膜通透性，引起 K^+ 泄漏。

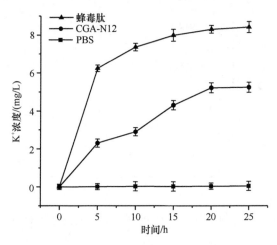

图 4-8　CGA-N12 诱导热带念珠菌细胞内 K^+ 泄漏

六、CGA-N12 诱导细胞膜通道形成

CGA-N12 是否在细胞膜上诱导形成通道？诱导形成的通道是阴离子通道还是阳离子通道？诱导产生多大孔径的通道？这是一系列值得研究的科学问题。为解决这些问题，我们采用念珠菌细胞膜模型和不同类型的探针进行研究。通过检测 Cl^- 跨膜情况，判断 CGA-N12 是否在膜上诱导产生阴离子通道；通过检测质子（H_3O^+）跨膜情况，判断 CGA-N12 是否在膜上诱导产生阳离子通道。由于 Cl^- 和 H_3O^+ 水合直径小于 1 nm，用直径约为 1 nm 的探针 5(6)-羧基荧光素[5(6)-carboxyfluoresceein，CF]和检测膜完整性的探针钙黄绿素检测 CGA-N12 在

念珠菌细胞膜上诱导产生的孔径大小。

（一）诱导 Cl⁻通道的形成

　　当所处环境中有 Cl⁻时，能够引起光泽精（lucigenin）荧光猝灭。利用 lucigenin 的这一特性，研究 CGA-N12 是否在膜上诱导形成 Cl⁻通道。将 lucigenin 溶解在 $NaNO_3$（50 mmol/L，pH 7.0）溶液中，配制成 1 mmol/L 的溶液，0.22 μm 滤膜过滤。精密称取总质量为 8 mg 的 PC 和 PE（PC∶PE=1∶1.27），逆相蒸发法制备包埋 lucigenin 的类念珠菌细胞膜脂质体。将所得脂质体溶液通过 0.22 μm 滤膜过滤。因为荧光染料易猝灭，所以操作过程中要注意避光。

　　以新鲜配制且经过过滤、灭菌的硝酸钠溶液（50 mmol/L，pH 7.0）作为洗脱液，将滤膜过滤后的脂质体通过葡聚糖凝胶柱（sephadex G-25）过滤，更换囊泡外液，并分离除去多余的荧光染料。脂质体纯化后，加入硝酸钠溶液（50 mmol/L，pH 7.0），稀释脂质体，使 PE 最终浓度为 0.3 mmol/L。

　　将 lucigenin 脂质体匀质液与含 CGA-N12 的 NaCl 溶液孵育，根据荧光猝灭情况，判断类念珠菌细胞膜 Cl⁻通道的形成。使用移液器吸取包埋 lucigenin 的脂质体，移至一个四面透光的石英比色皿中。将石英皿分成两组。实验组，在石英比色皿中加入 20 μL CGA-N12（$1 \times MIC_{100}$）的 NaCl（3 mmol/L）溶液；空白对照组，在石英比色皿中加入 20 μL NaCl（150 mmol/L）溶液。使用荧光分光光度计持续监测其荧光强度，待其稳定时，准确移取 20 μL 的 20% Triton-X100，以建立 100 % 的荧光猝灭率。荧光分光光度计（$\lambda_{ex}/\lambda_{em}$=368 nm/505 nm）检测样品 30 min，根据下列公式计算样品的荧光猝灭百分率。

$$lucigenin \text{ 猝灭百分率（\%）} = [(I_t-I_0)/(I_\infty-I_0)] \times 100\% \qquad (4\text{-}1)$$

式中，I_t 为 CGA-N12 加入后，随时间变化的荧光强度；I_0 为 CGA-N12 添加前的荧光强度；I_∞ 为加入 20% Triton X-100 后的荧光强度。

　　研究结果如图 4-9 所示。结果表明，外环境中的 Cl⁻能够从脂质体包囊外渗入脂质体内，引起 lucigenin 荧光猝灭，推测 CGA-N12 在脂质体膜上形成了 Cl⁻通道。

（二）诱导质子通道的形成

　　H_3O^+ 水化直径为 0.56 nm，略小于 Cl⁻（0.66 nm）[50]。为了检测 CGA-N12 处理引起的跨膜"孔"是否允许 H_3O^+ 通过，我们使用 8-羟基芘-1,3,6-三磺酸三钠盐（8-hydroxypyrene-1,3,6-trisulfonic acid，trisodium salt，HPTS）进行荧光分析，以阐明 CGA-N12 是否诱导形成质子通道。HPTS（λ_{em}= 514 nm，λ_{ex}= 404 nm/ 455 nm）是一种不透膜的 H^+ 敏感性荧光染料。在酸性条件下，其 λ_{ex}= 455 nm 处荧光减弱甚至消失，但在 λ_{ex}=404 nm 处荧光强度基本不受影响。利用 HPTS 的这一特性，

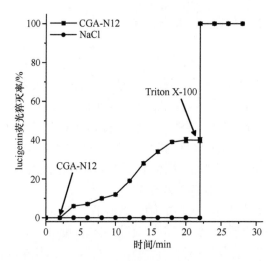

图 4-9　CGA-N12 对包埋 lucigenin 的类念珠菌细胞膜脂质体内荧光猝灭的影响

检测 CGA-N12 处理后，载 HTPS 脂质体内的荧光变化，判断 CGA-N12 能否诱导类念珠菌细胞膜形成 H_3O^+ 通道。

　　将 HPTS 溶解在 $NaNO_3$（50 mmol/L，pH 7.0）溶液中，配制成 0.1 mmol/L 的溶液，0.22 μm 滤膜过滤。采用逆相蒸发法制备包埋 HPTS 的类念珠菌细胞膜脂质体。首先测中性和酸性条件下的 HPTS 光谱。具体方法如下：准确移取载 HPTS 脂质体到四面透光的石英比色皿中，每个 1980 μL，将石英比色皿分成两组，即空白对照组和实验组。向空白对照组中加入 20 μL 的 $NaNO_3$（50 mmol/L，pH 7.0）；向实验组中加入 20 μL 的 CGA-N12 溶液（$1 \times MIC_{100}$）。使用荧光分光光度计分别在 $\lambda_{ex}=455$ nm 和 $\lambda_{ex}=404$nm 处测量 HPTS 的荧光。

　　CGA-N12 是一种两亲性抗真菌肽，可诱导溶液产生 H_3O^+。HPTS（10 μmol/L，pH 7.0）溶于中性 $NaNO_3$（50 mmol/L，pH 7.0），在 $\lambda_{ex}=404$ nm 和 $\lambda_{ex}=455$ nm 处出现相应的吸收峰，而溶于酸性 $NaNO_3$（50 mmol/L，pH 6.0）时，$\lambda_{ex}=455$ nm 处没有荧光，在 $\lambda_{ex}=404$ nm 处的吸收峰仅略有下降（图 4-10A）。经 CGA-N12（$1 \times MIC_{100}$）处理后，HPTS 脂质体匀质液在 $\lambda_{ex}=455$ nm 处的吸收峰快速消失（图 4-10A），表明 CGA-N12 处理后溶液中的 H_3O^+ 进入脂质体，导致脂质体内部 pH 降低，从而引起 HPTS 在 $\lambda_{ex}=455$ nm、$\lambda_{em}=514$ nm 处的荧光猝灭（图 4-10B），推测 CGA-N12 处理后，脂质体膜上出现了质子通道，允许 H_3O^+ 离子进入脂质体。因此，CGA-N12 可诱导脂质体膜形成质子通道。

（三）诱导形成直径小于 1 nm 通道

　　5(6)-羧基荧光素（CF）（$\lambda_{ex}/\lambda_{em}=489$ nm/515 nm）是一种膜不渗透的阴离子荧光染料。CF 的直径约为 1 nm[50,51]，大于 Cl⁻（0.66 nm）和水合质子（0.56 nm）[50]

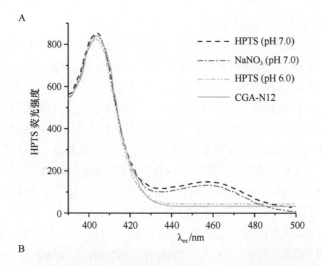

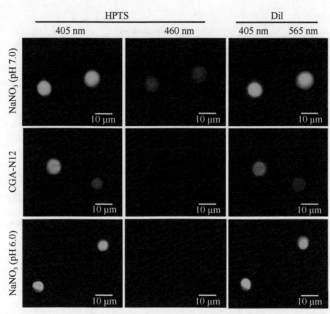

图 4-10 CGA-N12 对包埋 HTPS 的类念珠菌细胞膜脂质体内荧光强度的影响

A. HPTS 荧光强度；B. 激光共聚焦显微镜观察

的直径。当其浓度在 40 mmol/L 以上时，CF 具有较强的荧光自猝灭特性。将羧基荧光素（CF）固体溶解在 MilliPore 水中，配制成 40 mmol/L 溶液，0.22 μm 滤膜过滤。采用逆相蒸发法制备包埋 40 mmol/L CF 的类念珠菌细胞膜脂质体，与 CGA-N12 共孵育后，使用荧光分光光度计测量其荧光强度。根据荧光强度判断 CF 泄漏情况，从而确定 CGA-N12 是否在脂质体膜上诱导形成直径约 1 nm 的通道。如果荧光强度增强，说明 CGA-N12 可以在脂质体上诱导产生直径约 1 nm 的离子通道，引起 CF 从脂质体内泄漏。

准确吸取 CF 脂质体，放入四面透光的石英比色皿中，每个 1980 μL，将石英比色皿分成空白对照组、实验组和阳性对照组。空白对照组，加入 20 μL 的 $NaNO_3$（50 mmol/L，pH 7.0）。实验组，加入 20 μL 的 CGA-N12 溶液（1×MIC_{100}）。阳性对照组，加入 20 μL 的蜂毒肽（1×MIC_{100}）。荧光分光光度计持续监测 10 h 后，加入 20 μL 20%的 Triton X-100 以获得 100%脂质体荧光泄漏。荧光分光光度计（$\lambda_{ex}/\lambda_{em}$= 489 nm / 515 nm）持续检测 15 h。脂质体 CF 泄漏百分率计算公式如下：

$$CF\ 泄漏百分率（\%）=[(I_t-I_0)/(I_\infty-I_0)]\times100\% \tag{4-2}$$

式中，I_t 为加入 CGA-N12 后，随时间变化的荧光强度；I_0 为加入 CGA-N12 之前的荧光强度；I_∞ 为加入 20%Triton X-100 的荧光强度。

由图 4-11 可知，CF 的荧光强度在 10 h 内没有变化，表明 CGA-N12 处理后，CF 不能从脂质体泄漏，因此，CGA-N12 诱导形成的通道直径小于 1 nm。

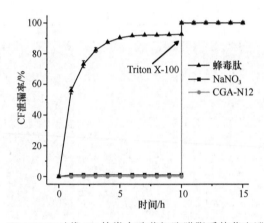

图 4-11 CGA-N12 对载 CF 的类念珠菌细胞膜脂质体荧光泄漏的影响

七、CGA-N12 膜活性量效关系

（一）诱导形成直径 1 nm 通道浓度

载 CF 的类念珠菌细胞膜脂质体在经过不同浓度的 CGA-N12 处理后，CF 泄漏率如图 4-12 所示。实验结果显示，当肽浓度达到 8×MIC_{100} 时，会诱导 70%左右的脂质体发生 CF 泄漏；当肽浓度达到 16×MIC_{100} 时，10 h 内，几乎 100%类念珠菌细胞膜脂质体发生 CF 泄漏，即形成直径 $\phi\geqslant1$ nm 的通道。结果表明，CGA-N12 在磷脂膜上诱导形成大于 1 nm 通道的浓度为 16×MIC_{100}，CGA-N12 的膜活性具有浓度依赖性。

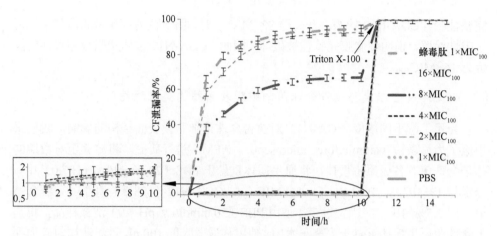

图 4-12　不同浓度 CGA-N12 处理后类念珠菌细胞膜脂质体 CF 泄漏率

（二）诱导破坏脂质体膜完整性浓度

　　钙黄绿素（calcein）通常用来检测细胞膜的完整性。为研究高浓度 CGA-N12 是否会破坏脂质体膜完整性及能够破坏细胞膜完整性的浓度,我们选取 $1\times MIC_{100}$、$2\times MIC_{100}$、$4\times MIC_{100}$、$8\times MIC_{100}$、$16\times MIC_{100}$、$32\times MIC_{100}$ 共 6 个浓度,以 PBS 为空白对照、$1\times MIC_{100}$ 的蜂毒肽为阳性对照,进行类念珠菌细胞膜脂质体钙黄绿素泄漏实验。实验结果如图 4-13 所示,当抗菌肽浓度升高到 $8\times MIC_{100}$ 时,脂质体钙黄绿素泄漏率仍然接近于 0,表明 $8\times MIC_{100}$ 浓度下的抗菌肽不会破坏脂质体膜的完整性;但是,当继续升高抗菌肽浓度至 $16\times MIC_{100}$ 时,发现脂质体钙黄绿素渗漏率短时间内升高到 60% 左右,表明 $16\times MIC_{100}$ 的肽浓度可破坏部分脂质体膜

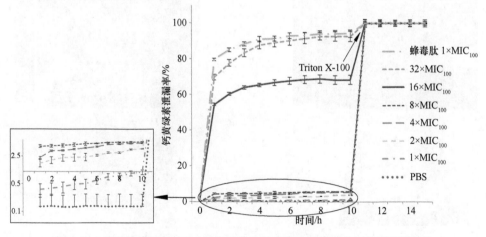

图 4-13　不同浓度 CGA-N12 处理后类念珠菌细胞膜脂质体钙黄绿素泄漏率

完整性；当 CGA-N12 的浓度升高至 32×MIC$_{100}$ 时，脂质体钙黄绿素的泄漏率接近于阳性对照，说明细胞膜完整性被破坏。因此，CGA-N12 破坏磷脂膜完整性的阈值为 16×MIC$_{100}$。

（三）CGA-N12 浓度与热带念珠菌细胞膜表面结构变化的关系

为了了解不同浓度 CGA-N12 对热带念珠菌细胞膜表面结构的影响，我们采用原子力显微镜（atomic force microscope，AFM）进行研究。将培养至对数期的热带念珠菌制备成原生质体，将原生质体重悬于 PBS（20 mmol/L，pH 7.0）中，分别与 1×MIC$_{100}$、10×MIC$_{100}$、16×MIC$_{100}$ 的 CGA-N12 于 28℃孵育 15 h，孵育结束后用 2.5%的戊二醛固定过夜。使用 PBS（20 mmol/L，pH 7.0）洗涤样品，将热带念珠菌原生质体重悬于去离子水中。使用移液器吸取 100 μL 悬浮液均匀滴加到刚剥离的云母板上，自然干燥，使用原子力显微镜观察。PBS（20 mmol/L，pH 7.0）处理的原生质体作为对照组。通过原子力显微镜观察原生质体的形态变化，结果如图 4-14 所示。对照组原生质体表面光滑、完整，3D 形状清晰。1×MIC$_{100}$ 的 CGA-N12处理后，少量原生质体表面略有收缩，但未观察到明显的膜破裂，且原生质膜大部分保持光滑完整。用 10×MIC$_{100}$、16×MIC$_{100}$ 的 CGA-N12 处理后，出现大量细胞膜凹陷，细胞内容物渗漏，但未见细胞膜明显破损和细胞膜孔洞，未见细胞膜碎片。

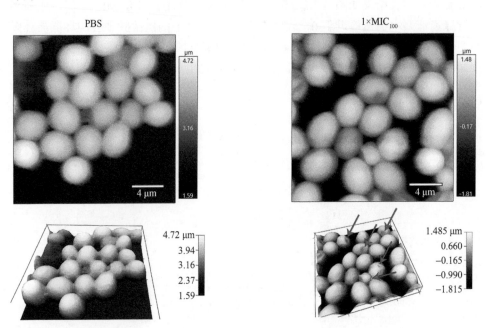

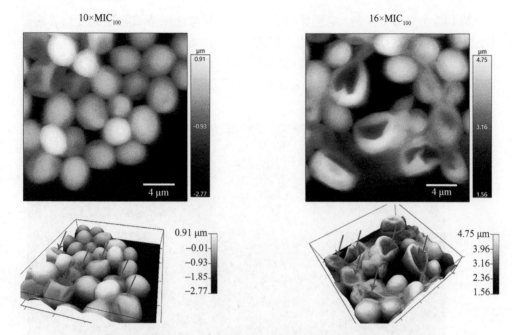

图 4-14 不同浓度 CGA-N12 处理后热带念珠菌细胞膜表面结构变化

注：图中箭头所指为细胞膜上有孔道形成，细胞内容均渗漏，造成细胞膜局部凹陷

实验结果表明，热带念珠菌细胞膜经 CGA-N12 处理后，浓度在 $8\times MIC_{100}$ 以下，CGA-N12 仅在膜上诱导形成直径小于 1 nm 的通道；增加 CGA-N12 的浓度至 $8\times MIC_{100}$，膜通道直径增大到 1 nm；继续增加 CGA-N12 的浓度至 $16\times MIC_{100}$，膜完整性受到影响。结合原子力显微镜观察，我们推测 $16\times MIC_{100}$ 的 CGA-N12 处理后，细胞膜结构受损，但并未造成细胞膜破碎。

八、CGA-N12 内化途径

（一）CGA-N12 内化需要能量

物质的跨膜运输对细胞的生存和生长至关重要。采用被动运输方式（包括简单扩散和协助扩散）的物质，依靠电化学梯度或浓度梯度，直接或在膜转运蛋白协助下跨膜转运，不需要细胞提供能量。与被动运输不同，主动运输、胞吞和胞吐作用，需要细胞提供能量。为检测抗菌肽跨膜是否需要能量，我们采用低温和叠氮钠（NaN_3）研究 CGA-N12 跨膜运输是否需要能量。4℃环境几乎能阻断所有能量依赖性的摄取通路；NaN_3 作为一种线粒体呼吸链中细胞色素氧化酶抑制剂，能够在一定程度上抑制 ATP 的产生。为研究 CGA-N12 内化进入细胞时是否需要能量参与，分别对热带念珠菌细胞进行 4℃、30℃及室温环境 NaN_3 处理。采用激光扫描共聚焦显微镜观察，结果如图 4-15 所示，热带念珠菌细胞在 30℃培养条件下，大量 FITC-CGA-N12 缀合物进入细胞中；但在 4℃和 NaN₃ 存在条件下，几乎观察不到 FITC 的绿色荧光，FITC-CGA-N12 缀合物基本没有进入细胞内。研究结果表明，CGA-N12 内化进入热带念珠菌细胞需要能量。

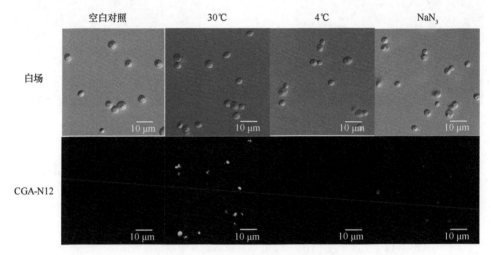

图 4-15　能量对 CGA-N12 内化的影响

（二）胞饮作用是 CGA-N12 内化到热带念珠菌细胞内途径之一

真菌细胞胞吞途径由许多因素控制，如固醇、Na⁺/H⁺ 离子泵、网格蛋白和肌动蛋白等[52,53]。通过使用不同内化途径抑制剂，可以研究抗菌肽进入细胞的胞吞途径[54]。本研究使用了胞吞作用抑制剂 CPZ、CQ、Mβ-CD、NaN₃、CyD、EIPA 和肝素，这些抑制因子可以抑制不同的胞吞途径。

分别使用 CPZ、CQ、Mβ-CD、NaN₃、CyD、EIPA 和肝素预处理对数期热带念珠菌细胞，然后在抑制剂存在的情况下与 FITC-CGA-N12 缀合物一起温育。使用激光共聚焦显微镜观察并记录细胞内荧光强度，结果如图 4-16 所示。研究结果表明，七种抑制剂对抗菌肽 CGA-N12 的内化都有所影响，但影响程度不同，说明不同胞吞抑制剂在 CGA-N12 内化过程中发挥的作用不同，具体情况如下。

（1）NaN₃ 对 CGA-N12 的细胞摄取有影响，说明 CGA-N12 的内化方式有能量依赖型内化途径。

（2）EIPA 对 CGA-N12 的细胞摄取影响最大，说明 Na⁺/H⁺ 交换介导的大型胞饮作用在 CGA-N12 内化过程中起主要作用。

（3）CyD 对 CGA-N12 的细胞摄取影响最小，说明肌动蛋白聚合介导的大型胞饮作用尽管也参与了 CGA-N12 的内化过程，但贡献最小。

（4）肝素影响 CGA-N12 的细胞摄取，但影响程度比 EIPA 弱，比 CyD 强，

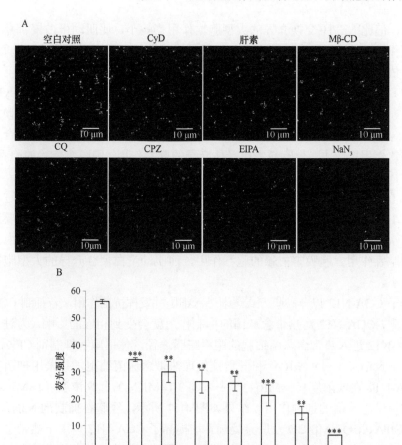

图 4-16 胞吞抑制剂对 CGA-N12 细胞内化的影响

A. 荧光显微镜观察；B. 荧光强度

与 Mβ-CD、CQ 和 CPZ 相当，说明 CGA-N12 的内化过程有硫酸蛋白受体介导的内吞作用参与，但比 Na^+/H^+ 交换介导的大型胞饮作用影响小，比肌动蛋白聚合介导的大型胞饮作用影响大，与网格蛋白依赖的胞吞作用、内体酸化介导的胞吞作用、胞膜窖依赖的胞吞作用影响相当。

（5）Mβ-CD 影响 CGA-N12 的细胞摄取，但影响程度比 EIPA 弱，比 CyD 强，与肝素、CQ 和 CPZ 相当，说明 CGA-N12 的内化过程有胞膜窖依赖的胞吞作用参与，但比 Na^+/H^+ 交换介导的大型胞饮作用影响小，比肌动蛋白聚合介导的大型胞饮作用影响大，与硫酸蛋白受体介导的内吞作用、内体酸化介导的胞吞作用、胞膜窖依赖的胞吞作用影响相当。

（6）CQ 影响 CGA-N12 的细胞摄取，但影响程度比 EIPA 弱，比 CyD 强，与肝素、Mβ-CD 和 CPZ 相当，说明 CGA-N12 的内化过程有细胞内体酸化介导的内吞作用，但比 Na⁺/H⁺ 交换介导的大型胞饮作用影响小，比肌动蛋白聚合介导的大型胞饮作用影响大，与硫酸蛋白受体介导的内吞作用、网格蛋白依赖的胞吞作用、胞膜窖依赖的胞吞作用影响相当。

（7）CPZ 影响 CGA-N12 的细胞摄取，但影响程度比 EIPA 弱，比 CyD 强，与肝素、Mβ-CD 和 CQ 相当，说明 CGA-N12 的内化过程有网格蛋白依赖的胞吞作用参与，但比 Na⁺/H⁺ 交换介导的大型胞饮作用影响小，比肌动蛋白聚合介导的大型胞饮作用影响大，与硫酸蛋白受体介导的胞吞作用、胞膜窖依赖的胞吞作用、细胞内体酸化介导的胞吞作用影响相当。

由上述实验结果可以得出结论：胞饮作用参与了 CGA-N12 的跨膜过程。其中，Na⁺/H⁺ 交换介导的大型胞饮作用是 CGA-N12 内化至热带念珠菌的主要胞饮作用，其次是硫酸蛋白受体介导的内吞作用、网格蛋白依赖的胞吞作用、内体酸化介导的胞吞作用、胞膜窖依赖的胞吞作用，而肌动蛋白聚合介导的大型胞饮作用影响最小。

由于 CGA-N12 以非破膜方式逐渐进入细胞并发挥抗菌作用，若抑制 CGA-N12 进入细胞，CGA-N12 对热带念珠菌的抑制作用就会受到相应的影响。为进一步研究 CGA-N12 进入热带念珠菌细胞的胞吞跨膜途径，使用胞吞抑制剂 CPZ、CQ、Mβ-CD、NaN₃、CyD、EIPA 和肝素预处理热带念珠菌细胞，并采用抑菌实验检测 CGA-N12 在低浓度（1×MIC₅）、中浓度（1×MIC₅₀）和高浓度（1×MIC₁₀₀）条件下对热带念珠菌的抑制作用。结果如图 4-17 所示，经胞吞抑制剂 NaN₃、CPZ、CyD、EIPA、CQ、Mβ-CD 及肝素处理，均提高了 CGA-N12 作用下热带念珠菌细胞的存活率。在 CGA-N12 内吞途径判断上，得出与激光扫描共聚焦实验相同的结果。但在 CGA-N12 不同浓度条件下，参与的胞饮作用方式不同，具体情况如下。

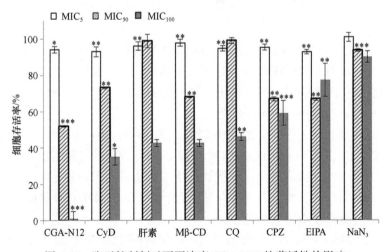

图 4-17　胞吞抑制剂对不同浓度 CGA-N12 抗菌活性的影响

（1）在 CGA-N12 浓度为 MIC_5 时，对热带念珠菌没有抑制作用，说明低浓度情况下，CGA-N12 不能内化到热带念珠菌细胞内。

（2）在 CGA-N12 浓度为 MIC_{50} 时，其胞吞途径主要受肝素、CQ 和 NaN_3 的影响，其次是 CyD、Mβ-CD、EIPA 及 CPZ 的影响，说明 MIC_{50} 浓度下，主要是硫酸蛋白受体介导的胞吞作用、内体酸化引起的胞吞作用参与了 CGA-N12 的跨膜过程；其次是肌动蛋白聚合介导的大型胞饮作用、胞膜窖依赖的胞吞作用、Na^+/H^+ 交换介导的大型胞饮作用和网格蛋白依赖的胞吞作用参与了 CGA-N12 的胞饮跨膜过程。

（3）在 CGA-N12 浓度为 MIC_{100} 时，EIPA 和 NaN_3 对 CGA-N12 的内化影响最为明显，其次是肝素、Mβ-CD、CQ、CPZ 和 CyD 五种抑制剂，说明 CGA-N12 浓度为 MIC_{100} 时，其胞饮跨膜途径主要是通过 Na^+/H^+ 交换介导的大型胞饮作用；其次是硫酸蛋白受体介导的胞吞作用、胞膜窖依赖的胞吞作用、内体酸化介导的胞吞作用、网格蛋白依赖的胞吞作用和肌动蛋白聚合介导的大型胞饮作用。

第三节　CGA-N9 抗念珠菌细胞膜作用机制

一、热带念珠菌细胞形态变化

取对数期热带念珠菌细胞与浓度为 $1 \times MIC_{100}$ 的 CGA-N9 的 PBS（20 mmol/L，pH 7.0）溶液在 28℃下温育，每 4 h 收集菌体，直至 16 h 结束。离心收集菌体。用 2.5%戊二醛的 PBS 溶液（20 mmol/L，pH 7.2）固定 2 h，用 30%～100%各个浓度梯度的乙醇水溶液依次洗涤。用含 50%乙醇的叔丁醇及 100%叔丁醇逐渐置换乙醇环境。取微量菌液滴于锡箔纸上，室温风干并冷冻干燥过夜。最后在离子溅射器中涂覆金颗粒。未经 CGA-N9 处理的正常热带念珠菌细胞作对照。采用扫描电子显微镜（scanning electron microscope，SEM）观察 CGA-N9 处理后念珠菌细胞形态变化，结果见图 4-18。研究结果发现 CGA-N9 处理后的菌体细胞与正常细胞相比，形态类似，细胞壁表面光滑，没有出现大范围的细胞壁皱缩、破裂现象，说明 CGA-N9 对念珠菌细胞壁外部形态结构影响不大。

二、热带念珠菌超微结构变化

取对数期热带念珠菌细胞与浓度为 $1 \times MIC_{100}$ 的 CGA-N9 的 PBS（20 mmol/L，pH 7.0）溶液在 28℃下温育，每 4 h 收集菌体，直至 16 h 结束。离心收集菌体。用 5%戊二醛的 PBS 溶液（20 mmol/L，pH 7.2）固定过夜。而后用 1%锇酸固定，1.5 h 后将菌体在 30%～90%的各个浓度梯度的丙酮水溶液中进行洗涤，之后在 100%丙酮中洗涤。样品于树脂中包埋，最后制备超薄切片并铀染和铅染。未经

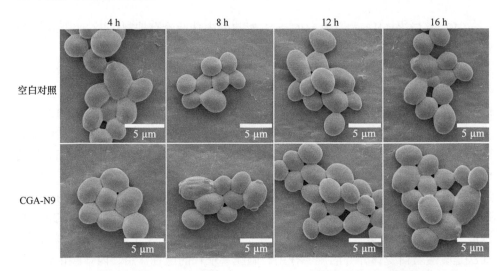

图 4-18　扫描电子显微镜观察 CGA-N9 处理后热带念珠菌细胞形态变化

CGA-N9 处理的正常热带念珠菌细胞作对照。采用透射电子显微镜（transmission electron microscope，TEM）观察 CGA-N9 处理后热带念珠菌的超微结构变化，结果见图 4-19。结果表明，随着 CGA-N9 处理时间的延长，热带念珠菌细胞壁和细胞膜仍旧保持完整，但细胞内超微结构发生变化，如箭头所示，细胞质呈现空泡化，细胞器融合、水解、破裂，细胞核崩解。CGA-N9 呈时间依赖性的念珠菌损伤与其杀菌实验结果一致。

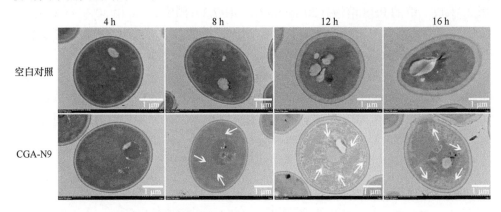

图 4-19　透射电子显微镜观察 CGA-N9 处理后热带念珠菌超微结构变化

三、CGA-N9 在细胞内的定位

为检测 CGA-N9 在念珠菌细胞内的分布，对 CGA-N9 自由氨基进行 FITC 共价修饰。将生长对数期的热带念珠菌细胞与 FITC-CGA-N9 在 28℃下避光孵育，使 CGA-N9 终浓度为 $1×MIC_{50}$。每间隔 4 h，取细胞用 PBS（20 mmol/L，pH 8.5）洗涤。以膜特异性染料 DiI 标记细胞膜，采用激光扫描共聚焦显微镜（laser scanning confocal microscope，LSCM）观察 CGA-N9 在热带念珠菌细胞中的定位情况，结果见图 4-20。随着 FITC-CGA-N9 处理时间的延长，FITC-CGA-N9 在最初 4 h 定位于热带念珠菌细胞膜，而后跨过细胞膜，在细胞内聚集。FITC-CGA-N9 分布于热带念珠菌整个细胞质基质，而细胞膜结构完整。因此，FITC-CGA-N9 不破坏细胞膜完整性，以时间依赖性方式进入细胞，发挥抗热带念珠菌作用。

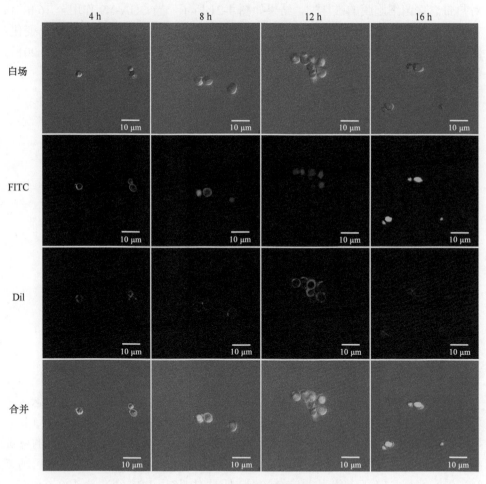

图 4-20　CGA-N9 在热带念珠菌细胞内的定位

四、CGA-N9 增加细胞膜通透性

荧光染料碘化丙啶（propidium iodide，PI）是一种可对 DNA 染色的细胞

核染色试剂，是溴化乙锭的类似物，在嵌入双链 DNA 后释放红色荧光。PI 不能通过活细胞膜，但能穿过破损的细胞膜而对核染色。因此，PI 常用于细胞凋亡检测。PI-DNA 复合物的激发波长和发射波长分别为 535 nm 和 615 nm。本研究中，我们利用 PI 的这一特性，检测 CGA-N9 作用下，热带念珠菌细胞膜破损情况。

CGA-N9 与热带念珠菌孵育不同时间后，采用激光共聚焦显微镜（$\lambda_{ex}/\lambda_{em}$=535nm/615nm）检测膜不渗透性染料 PI 在细胞内的荧光强度变化，判断 CGA-N9 对热带念珠菌细胞膜的破坏性。结果如图 4-21 所示，当 CGA-N9 作用至 16 h，PI 荧光强度与 PBS（20 mmol/L，pH 7.0）缓冲液处理的阴性组相比并没有显著变化；阳性对照破膜剂 0.3% Triton X-100 处理后，荧光强度逐渐增强（***$P < 0.001$）。结果表明，CGA-N9 不破坏热带念珠菌细胞膜的通透性。

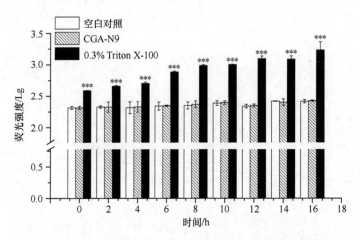

图 4-21　CGA-N9 处理后热带念珠菌细胞内 PI 荧光强度变化

五、CGA-N9 不破坏细胞膜完整性

为探究 CGA-N9 是否破坏热带念珠菌细胞膜完整性，我们模拟对数期念珠菌双层膜 PC 和 PE（1∶1.27）组成，制备载钙黄绿素脂质体。待脂质体稳定 1 h 后用 CGA-N9 处理，以钙黄绿素从脂质体的泄漏情况作为真菌细胞膜完整性的评价指标。研究结果见图 4-22。结果显示，阳性对照组经 10 mmol/L H_2O_2 处理后钙黄绿素泄漏严重，1 h 后染料几乎完全渗漏；阴性对照组，PBS 缓冲液（20 mmol/L，pH 7.0）没有引起脂质体中钙黄绿素的渗漏。实验中，CGA-N9 作用 10 h，仍不能引起脂质体内钙黄绿素渗漏。结果表明，CGA-N9 不破坏类念珠菌细胞膜脂质双分子层的完整性。加入破膜剂 Triton X-100 后，脂质体才被破坏。

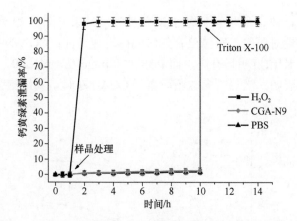

图 4-22　CGA-N9 处理后类念珠菌细胞膜脂质体钙黄绿素渗漏情况

六、CGA-N9 不影响细胞膜麦角甾醇合成

麦角甾醇是真菌细胞膜的重要组成成分，能够保持细胞的完整性，影响膜的流动性。本研究中，我们通过研究 $1\times MIC_{100}$ 的 CGA-N9 对热带念珠菌细胞膜麦角甾醇含量的影响，判断 CGA-N9 对细胞膜麦角甾醇合成的影响。结果如图 4-23 所示，在测试的 25 h 内，阳性对照氟康唑引起细胞膜麦角甾醇含量减少，而 CGA-N9 处理组与 PBS 对照组麦角甾醇含量随着时间增加而增加，且两者之间差异不显著（$P>0.5$）。因此，CGA-N9 对热带念珠菌细胞质膜中麦角甾醇的含量没有明显影响，也就是说 CGA-N9 不影响麦角甾醇的合成。

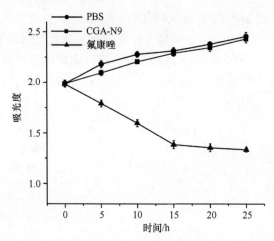

图 4-23　CGA-N9 处理后热带念珠菌细胞质膜麦角甾醇含量变化

七、CGA-N9 诱导细胞 K^+ 泄漏

为了评价 CGA-N9 对热带念珠菌细胞膜渗透性的影响，测定经 $1\times MIC_{100}$ 的

CGA-N9 处理后，热带念珠菌细胞内 K⁺释放量。结果如图 4-24 所示，1×MIC₁₀₀
蜂毒肽处理的阳性对照组，K⁺浓度在短时间内迅速升高；CGA-N9 处理后的实验
组，上清液中的 K⁺浓度明显升高，而 PBS（20 mmol/L，pH 7.0）组的 K⁺浓度几
乎无变化。结果表明，当热带念珠菌暴露于 CGA-N9 时，其细胞膜渗透性增加，
使 K⁺泄漏。

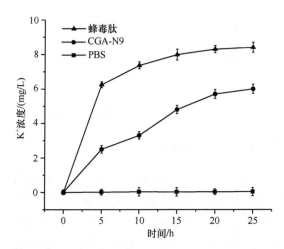

图 4-24　CGA-N9 诱导热带念珠菌细胞内 K⁺泄漏

八、CGA-N9 诱导细胞膜通道形成

采用逆相蒸发法制备载 40 mmol/L CF（$\phi \approx 1$ nm）的类念珠菌细胞膜脂质体，
与 CGA-N9 共孵育后，用荧光分光光度计测量脂质体荧光强度变化。根据荧光强
度判断 CF 泄漏情况，从而确定 CGA-N9 能否诱导脂质体膜形成 $\phi \geq 1$ nm 的通道。
结果如图 4-25 所示，在添加 CGA-N9（1×MIC₁₀₀）后的 10 h 内，未检测到明显的

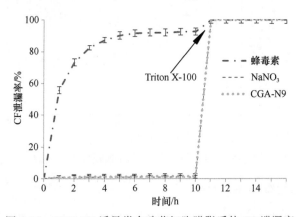

图 4-25　CGA-N9 诱导类念珠菌细胞膜脂质体 CF 泄漏率

荧光强度变化，表明 $1\times MIC_{100}$ 的 CGA-N9 诱导脂质体产生的膜通道孔直径小于 1 nm。该实验结果与 CGA-N12（$1\times MIC_{100}$）诱导细胞膜形成的通道孔径结果一致。

九、CGA-N9 膜活性量效关系

（一）诱导形成直径 1 nm 通道浓度

将载 CF 的类念珠菌细胞膜脂质体经不同浓度 CGA-N9 处理后，结果如图 4-26 所示。当 CGA-N9 浓度为 $1\sim4\times MIC_{100}$ 时，没有 CF 从脂质体泄漏；当 CGA-N9 浓度增加到 $8\times MIC_{100}$ 时，诱导的脂质体 CF 泄漏率达到 70% 以上；当 CGA-N9 浓度达到 $16\times MIC_{100}$ 时，10 h 内，几乎 100% 类念珠菌细胞膜脂质体发生 CF 泄漏，即形成直径 $\phi\geq1$ nm 的通道。

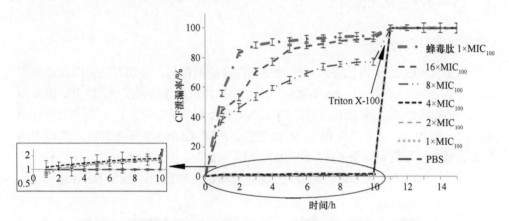

图 4-26 不同浓度 CGA-N9 处理后类念珠菌细胞膜脂质体 CF 泄漏率

（二）诱导破坏脂质体膜完整性浓度

选取 $1\times MIC_{100}$、$2\times MIC_{100}$、$4\times MIC_{100}$、$8\times MIC_{100}$、$16\times MIC_{100}$、$32\times MIC_{100}$ 等 6 个浓度的 CGA-N9 处理载钙黄绿素脂质体，测试脂质体钙黄绿素泄漏情况。实验结果如图 4-27 所示，当 CGA-N9 浓度为 $8\times MIC_{100}$ 时，脂质体钙黄绿素泄漏率仍然接近于零，表明 $8\times MIC_{100}$ 浓度下的 CGA-N9 不会破坏脂质体膜的完整性。继续升高 CGA-N9 浓度至 $16\times MIC_{100}$ 时，发现脂质体钙黄绿素渗漏率短时间内升高至 70% 以上，表明 $16\times MIC_{100}$ 的 CGA-N9 可破坏大多数的脂质体膜。继续升高 CGA-N9 浓度至 $32\times MIC_{100}$ 时，脂质体钙黄绿素的泄漏率接近于阳性对照 $1\times MIC_{100}$ 的蜂毒肽，说明高浓度的 CGA-N9 会使脂质体膜破裂。

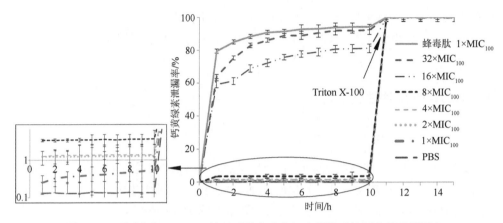

图 4-27　不同浓度 CGA-N9 处理后类念珠菌细胞膜脂质体钙黄绿素泄漏率

十、CGA-N9 内化途径

（一）能量对 CGA-N9 内化的影响

为研究 CGA-N9 内化进入细胞时是否需要能量参与，分别对热带念珠菌细胞进行 4℃、30℃环境温度及 NaN₃处理。激光扫描共聚焦显微镜观察，结果如图 4-28 所示。30℃条件下培养 12 h，FITC-CGA-N9 缀合物几乎能完全进入到热带念珠菌细胞内；但在 4℃环境温度和 NaN₃处理后，FITC-CGA-N9 缀合物进入细胞内的量大大减少。尽管有少数 CGA-N9 进入，但不能完全内化于热带念珠菌细胞中，4℃条件下 CGA-N9 进入细胞的量比 NaN₃处理进入的更少，且在 NaN₃处理组，

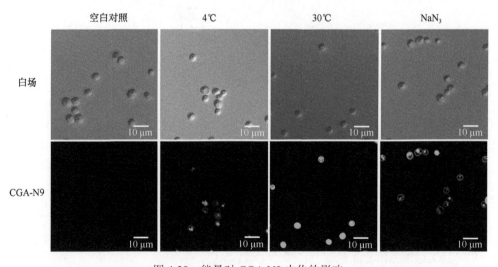

图 4-28　能量对 CGA-N9 内化的影响

我们看到 FITC-CGA-N9 缀合物主要结合在细胞膜上。研究结果表明，CGA-N9 的热带念珠菌细胞内化途径，包括非能量依赖的跨膜途径和能量依赖的内化途径。

（二）胞饮作用是 CGA-N9 内化到热带念珠菌细胞内途径之一

物质的胞吞跨膜过程是一个需能跨膜过程。为探讨胞吞作用参与了 CGA-N9 跨热带念珠菌细胞膜过程，我们采用胞吞抑制剂 CPZ、CQ、Mβ-CD、NaN$_3$、CyD、EIPA 和肝素预处理对数期热带念珠菌。在抑制剂存在情况下，FITC-CGA-N9 缀合物与细胞一起温育，使 CGA-N9 浓度为 1×MIC$_{100}$。激光共聚焦显微镜观察（图 4-29A），并记录 FITC 荧光强度（图 4-29B）（***$P < 0.001$）。具体情况如下。

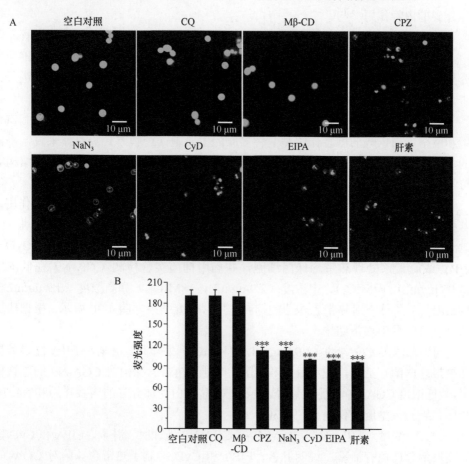

图 4-29　胞吞抑制剂对 CGA-N9 内化的影响

A. 荧光显微镜观察；B. 荧光强度

（1）CQ 和 Mβ-CD 对 CGA-N9 的细胞摄取几乎没有影响，说明细胞内体酸化介导的内吞作用和胞膜窖依赖的胞吞作用不参与 CGA-N9 内化过程。

（2）NaN$_3$ 对 CGA-N9 的细胞摄取有影响，说明 CGA-N9 的内化方式有能量依赖型内化机制。

（3）CPZ 影响 CGA-N9 的细胞摄取，说明 CGA-N9 的内化过程有网格蛋白依赖的胞吞作用参与。

（4）CyD 影响 CGA-N9 的细胞摄取，说明 CGA-N9 的内化过程有肌动蛋白聚合介导的大型胞饮作用参与。

（5）EIPA 影响 CGA-N9 的细胞摄取，说明 CGA-N9 的内化过程有 Na$^+$/H$^+$ 交换介导的大型胞饮作用参与。

（6）肝素影响 CGA-N9 的细胞摄取，说明 CGA-N9 的内化过程有硫酸蛋白受体介导的内吞作用参与。

由上述实验结果可以得出结论：胞饮作用参与了 CGA-N12 的跨膜过程。其中，网格蛋白依赖的胞吞作用、肌动蛋白聚合介导的大型胞饮作用、Na$^+$/H$^+$ 交换介导的大型胞饮作用和硫酸蛋白受体介导的内吞作用均为 CGA-N12 跨膜进入热带念珠菌的内化方式。

比较 CGA-N12 和 CGA-N9 的胞饮跨膜过程，Na$^+$/H$^+$ 交换介导的大型胞饮作用和网格蛋白依赖的胞吞作用是两种多肽的主要胞饮跨膜方式。总体来说，不同的多肽，采用的胞饮作用不同，可能与多肽自身携带电荷、两亲性、二级结构等特性有关。

由于 CGA-N9 是以非破膜方式逐渐进入热带念珠菌细胞内并发挥抗菌作用，若抑制 CGA-N9 入胞，其抗菌活性就会受到抑制。为进一步研究 CGA-N9 进入热带念珠菌细胞的内吞途径，使用内吞抑制剂 CPZ、CQ、Mβ-CD、NaN$_3$、CyD、EIPA 或肝素预处理热带念珠菌细胞，并利用抑菌实验检测 CGA-N9 在低浓度（1.95 μg/mL，1×MIC$_5$）、中浓度（2.9 μg/mL，1×MIC$_{50}$）和高浓度（3.9 μg/mL，1×MIC$_{100}$）条件下对热带念珠菌的抑制作用。研究结果如图 4-30 所示。根据研究结果，可以得出如下结论。

（1）低浓度 CGA-N9（1.95 μg/mL，1×MIC$_5$）处理时，肝素和 EIPA 能显著提高热带念珠菌存活率，说明肝素和 EIPA 抑制了热带念珠菌对 CGA-N9 的胞饮作用。故低浓度 CGA-N9 的胞饮途径，主要是硫酸蛋白受体介导的内吞作用和 Na$^+$/H$^+$ 交换介导的大型胞饮作用（图 4-30A）。

（2）中浓度（2.9 μg/mL，1×MIC$_{50}$）CGA-N9 处理时，肝素、EIPA 和 CyD 能提高热带念珠菌存活率，说明肝素、EIPA 和 CyD 抑制了热带念珠菌对 CGA-N9 的胞饮作用。故中浓度 CGA-N9 的胞饮作用主要是硫酸蛋白受体介导的内吞作用、Na$^+$/H$^+$ 交换介导的大型胞饮作用和肌动蛋白聚合介导的大型胞饮作用。

（3）高浓度（3.9 μg/mL，1×MIC$_{100}$）CGA-N9 处理时，肝素、EIPA 和 CyD 能显著提高热带念珠菌存活率，其次是 CPZ（图 4-31B），说明 CGA-N9 的胞饮作

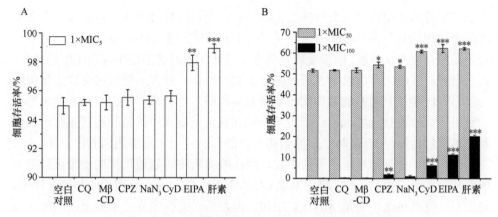

图 4-30　胞吞抑制剂对不同浓度 CGA-N9 抗菌活性的影响

A. 低浓度；B. 中浓度和高浓度

用除了硫酸蛋白受体介导的内吞作用、Na^+/H^+ 交换介导的大型胞饮作用和肌动蛋白聚合介导的大型胞饮作用有主要贡献外，网格蛋白也发挥了一定的作用。

（4）在 CGA-N9 处理条件下，NaN_3 不能 100% 抑制 CGA-N9 的跨膜转运，说明 CGA-N9 的跨膜存在不依赖能量的跨膜方式。

膜流动性是生物膜结构的基本特征，主要是指膜脂质和膜蛋白的运动。膜脂质的流动性是细胞膜结构和功能的指标，细胞膜保持正常的生物功能需要适当的流动性。当环境温度高于相变温度，膜中的脂质主要横向扩散、旋转、左右摇摆、伸展、振荡、翻转以及异化。我们研究了 CGA-N12 处理后热带念珠菌原生质体膜流动性的变化，发现处理后的念珠菌原生质体膜在实验浓度下的各向异性明显低于对照，这表明 CGA-N12 处理增加了热带念珠菌的细胞膜流动性。Younsi 等通过对两性霉素 B 的研究，提出膜流动性增加可能有两个原因：膜组分的局部重排以及两性霉素 B 和膜组分之间的相互作用，并将导致在膜内形成不同类型、不同直径大小的通道[55]。在两性霉素 B 浓度较低时，会形成直径较小的通道，从而导致水的高渗透性以及 K^+ 和 Mg^{2+} 的损失[56]，使得膜流动性增加。这种现象与我们的实验结果一致。CGA-N12 与细胞膜相互作用时，膜流动性增加，在热带念珠菌细胞膜上形成小的通道（直径<1 nm），导致膜渗透性增加以及 K^+ 和 Cl^- 等的损失。提高 CGA-N12 作用浓度，使得细胞膜形成的膜通道孔径变大。结合 SAXS 实验结果，CGA-N12 并未使膜磷脂翻转，因此，推测 CGA-N12 仅提高了膜磷脂分子侧向移动性。为了适应外部环境的酸碱变化，微生物通常会采取一些措施，如增加长链脂肪酸和不饱和脂肪酸的含量，从而提高膜的流动性和完整性[57-60]；增加固醇含量，降低膜的流动性，增加膜的厚度和坚固性[61]。因此，我们推测，CGA-N12 处理后增加的膜流动性，可能是真菌细胞维持细胞稳定性的积极反应。

麦角甾醇是真菌细胞膜中最丰富的固醇，可调节细胞膜的渗透性和流动性。

由于其独特的结构特性以及特殊的生物合成，麦角甾醇合成途径中的酶是大多数临床上使用的抗真菌药物的作用靶点[61]。Liu 等[4]发现 C16-fengycin 是一种干扰麦角甾醇合成的抗菌肽，以浓度依赖的方式降低了禾谷镰刀菌中麦角甾醇的含量。研究报道，其他化合物也可以通过破坏麦角甾醇合成过程来降低细胞膜麦角甾醇含量[62]。唑类抗真菌药物的作用机制是破坏固醇生物合成，从而导致麦角甾醇合成受阻[63]。唑类化合物因阻止了麦角甾醇在真菌细胞膜中维持细胞膜正常流动性和完整性的功能，从而破坏了膜的结构和功能。此外，麦角甾醇还起着激素样（"火花"）作用，会刺激真菌细胞的生长，因此唑类药物可以通过抑制麦角甾醇的合成来抑制真菌的生长。本文研究发现 CGA-N12 和 CGA-N9 处理后的热带念珠菌，与空白对照组相比，麦角甾醇含量增加，但是两者之间差异并不显著。因此，推测参与麦角甾醇合成的酶不是 CGA-N12 和 CGA-N9 的作用靶点，两种抗菌肽对麦角甾醇的合成没有抑制作用。

Silverman 等认为细菌暴露于达托霉素后，导致膜去极化的机制涉及细菌的 K^+ 流出[64]。细胞通过在细胞质膜上建立多个离子梯度，以维持其膜电位。因此，正确维持 K^+ 梯度对细胞生存很重要。测定 CGA-N12 和 CGA-N9 处理后的细胞外液中 K^+ 浓度，发现两种抗菌肽都会引起念珠菌细胞内 K^+ 泄漏。这种泄漏引起念珠菌细胞膜去极化。检测 CGA-N12 处理后膜电位变化，发现 CGA-N12 能够破坏热带念珠菌的细胞膜电位，使细胞膜去极化。这也是 CGA-N12 对热带念珠菌细胞膜的影响之一。

CGA-N12 和 CGA-N9 是否会导致其他离子泄漏及诱导膜离子通道形成，我们借助一种类真菌模型膜——脂质体膜进行研究。根据指数期热带念珠菌细胞膜成分比例[65]，使用 PC：PE=1：1.27 系统构建了脂质体，用于模拟真菌生物膜系统。Hu 等使用革兰氏阴性菌细胞膜模型研究了 ORB-1（LKGCWTKSIPPKPCF，15个残基的二硫键桥接抗菌肽）与细菌膜之间的相互作用[50]。他们发现 ORB-1 作用下，允许较小的阴离子（直径<1 nm）（如 Cl^- 和 NO_3^-）穿过革兰氏阴性菌细胞膜模型，但是具有类似大小的阳离子（如 H_3O^+ 和 Na^+）则无法通过模型膜[50]。这可能是因为 ORB-1 通过诱导产生小阴离子选择性跨膜"孔"，这些"孔"具有负的平均曲率，并且具有有效的外径和内径，从而造成膜失稳而发挥抗菌活性。CGA-N12 诱导细胞膜形成直径小于 1 nm 的非选择性离子通道，允许 Cl^-、质子、K^+ 通过。

不同浓度的 CGA-N12 和 CGA-N9 对膜结构的影响不同。最小抑菌浓度（$1\times MIC_{100}$）条件下，念珠菌细胞膜完整性没有被破坏，只有 K^+ 等小型离子通过细胞膜；随着抗菌肽浓度升高，当 CGA-N12 和 CGA-N9 作用浓度提高到 $8\times MIC_{100}$ 时，两种抗菌肽会诱导类念珠菌细胞膜（脂质体膜）形成直径≥1 nm 的膜通道；进一步提高抗菌肽作用浓度，当 CGA-N12 和 CGA-N9 作用浓度达到 $16\times MIC_{100}$

时，脂质体膜完整性被破坏。因此，CGA-N12 和 CGA-N9 对膜的作用具有浓度依赖性；在 $1 \times MIC_{100}$ 条件下，不破坏细胞膜完整性，进入真菌细胞内发挥抗菌活性，但并未造成细胞膜裂解。

综上所述，两种抗菌肽的抗菌机制大体一致，都至少具有双重抗真菌活性，CGA-N9 比 CGA-N12 活性更高。因为在相同条件下，$16 \times MIC_{100}$ 的 CGA-N9 比 $16 \times MIC_{100}$ 的 CGA-N12 对脂质体膜的完整性破坏更大；$8 \times MIC_{100}$ 的 CGA-N9 比 $8 \times MIC_{100}$ 的 CGA-N12 诱导了更多的直径 1 nm 以上的离子通道。不同之处是：CGA-N12 是一种亲水性抗菌肽，而 CGA-N9 是一种弱疏水性抗菌肽，这可能是造成两种抗菌肽微小差别的原因。从研究结果看，亲水的 CGA-N12 在发挥作用时，对真菌细胞膜的伤害更小，但疏水的 CGA-N9 活性更高。

结　论

抗菌肽 CGA-N12 和 CGA-N9 对细胞膜的作用包括三个方面：一是诱导细胞膜通道形成；二是胞吞作用参与其细胞内化过程；三是跨膜过程的能量需求。

（1）诱导细胞膜通道形成。不管是亲水性抗菌肽 CGA-N12，还是弱疏水性抗菌肽 CGA-N9，都首先通过静电力与细胞膜结合，细胞膜流动性增加，当浓度小于 $8 \times MIC_{100}$ 时，在热带念珠菌细胞膜上诱导形成直径小于 1 nm 的膜通道，导致 K^+、Cl^-、质子等泄漏，热带念珠菌细胞膜电位消散，但对麦角甾醇合成无影响；当浓度为 $8 \sim 16 \times MIC_{100}$ 时，细胞膜上膜通道增大，形成直径 1 nm 以上的通道，导致更大的分子泄漏；浓度大于 $16 \times MIC_{100}$ 时，细胞膜完整性被破坏；当浓度达到 $32 \times MIC_{100}$ 时，对细胞膜的破坏程度进一步增大（图 4-31）。尽管如此，原子力显微镜也没有观察到抗菌肽 CGA-N12 使细胞膜变成碎片。这可能与念珠菌细胞膜含有甾醇，使其具有较大的稳定性有关。

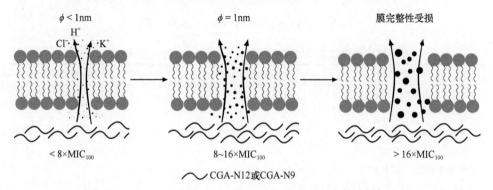

图 4-31　CGA-N12 和 CGA-N9 对念珠菌细胞膜作用模式图

（2）胞吞作用。CGA-N12 和 CGA-N9 的内化过程均有胞吞作用参与（图 4-32）。不同胞吞途径参与对亲水性抗菌肽 CGA-N12 和弱疏水性抗菌肽 CGA-N9 的内化作用见表 4-2。其中 Na^+/H^+ 交换介导的大型胞饮作用和网格蛋白依赖的胞吞作用是两种抗真菌肽的主要胞饮跨膜方式。另外，内体酸化介导的胞吞作用、胞膜窝依赖的胞吞作用、硫酸蛋白受体介导的胞吞作用、肌动蛋白聚合介导的大型胞饮作用等，也参与了 CGA-N12 和 CGA-N9 的内化过程。总体来说，由于不同多肽携带电荷的不同，以及两亲性和二级结构等特性的不同，会影响其所采用的胞饮作用方式。

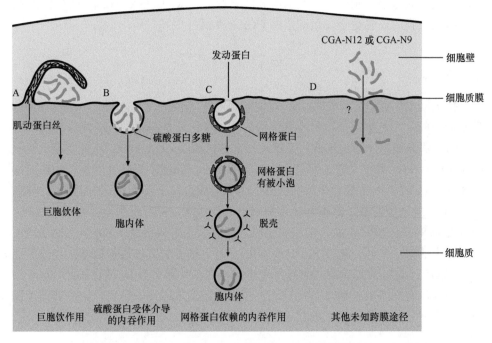

图 4-32　CGA-N12 和 CGA-N9 胞吞跨膜途径

表 4-2　不同胞吞作用在 CGA-N12 和 CGA-N9 内化过程中的作用

胞吞途径	亲水性抗菌肽 CGA-N12	弱疏水性抗菌肽 CGA-N9
Na^+/H^+ 交换介导的大型胞吞作用	+++	+++
网格蛋白依赖的胞吞作用	+++	+++
内体酸化介导的胞吞作用	++	—
胞膜窝依赖的胞吞作用	++	—
硫酸蛋白受体介导的胞吞作用	+	+++
肌动蛋白聚合介导的大型胞饮作用	+	+++

注：+++表示主要的内化途径；++表示次要内化途径；+表示更次要内化途径；—表示没有参与内化过程。

（3）跨膜过程的能量需求。与 CGA-N9 相比，CGA-N12 的跨膜过程，对能量需求更高，能量对 CGA-N12 的跨膜影响更大。相较亲水性抗菌肽 CGA-N12，弱疏水性抗菌肽 CGA-N9 的跨膜过程复杂多样，有能量参与的跨膜途径，也有非能量依赖性的跨膜途径。这可能与 CGA-N12 亲水性大于 CGA-N9 有关。

参 考 文 献

[1] Zhang L, Rozek A, Hancock R E W. Interaction of cationic antimicrobial peptides with model membranes. Journal of Biological Chemistry, 2001, 276(38): 35714-35722.

[2] Takeshima K, Chikushi A, Lee K K, et al. Translocation of analogues of the antimicrobial peptides magainin and buforin across human cell membranes. Journal of Biological Chemistry, 2003, 278(2): 1310-1315.

[3] 翟中和, 王喜忠, 丁明孝. 细胞生物学. 第 4 版. 北京: 高等教育出版社, 2011: 57, 79-82.

[4] Liu Y, Lu J, Sun J, et al. Membrane disruption and DNA binding of *Fusarium graminearum* cell induced by C16-Fengycin A produced by *Bacillus amyloliquefaciens*. Food Control, 2019, 102: 206-213.

[5] Thevissen K, Francois I E J A, Takemoto J Y, et al. DmAMP1, an antifungal plant defensin from dahlia (*Dahlia merckii*), interacts with sphingolipids from *Saccharomyces cerevisiae*. FEMS Microbiology Letters, 2003, 226(1): 169-173.

[6] Mahlapuu M, Håkansson J, Ringstad L, et al. Antimicrobial peptides: an emerging category of therapeutic agents. Frontiers in Cellular and Infection Microbiology, 2016, 6: 194.

[7] Travkova O G, Moehwald H, Brezesinski G. The interaction of antimicrobial peptides with membranes. Advances in Colloid and Interface Science, 2017, 247: 521-532.

[8] Ciumac D, Gong H, Hu X, et al. Membrane targeting cationic antimicrobial peptides. Journal of Colloid and Interface Science, 2019, 537: 163-185.

[9] Shai Y. Mechanism of the binding, insertion and destabilization of phospholipid bilayer membranes by K-helical antimicrobial and cell non-selective membrane-lytic peptides. Biochimica et Biophysica Acta, 1999, 1462: 55-70.

[10] Teixeira V, Feio M J, Bastos M. Role of lipids in the interaction of antimicrobial peptides with membranes. Progress in Lipid Research, 2012, 51(2): 149-177.

[11] Bertelsen K, Dorosz J, Hansen S K, et al. Mechanisms of peptide-induced pore formation in lipid bilayers investigated by oriented ^{31}P solid-state NMR spectroscopy. PLoS One, 2012, 7(4): e47745.

[12] Pieta P, Mirza J, Lipkowski J. Direct visualization of the alamethicin pore formed in a planar phospholipid matrix. PNAS, 2012, 109(52): 21223-21227.

[13] Lee M T, Sun T L, Hung W C, et al. Process of inducing pores in membranes by melittin. PNAS, 2013, 110(35): 14243-14248.

[14] Song C, Weichbrodt C, Salnikov E S, et al. Crystal structure and functional mechanism of a human antimicrobial membrane channel. PNAS, 2013, 110(12): 4586-4591.

[15] Mihajlovic M, Lazaridis T. Antimicrobial peptides in toroidal and cylindrical pores. Biochimica Et Biophysica Acta Biomembranes, 2010, 1798(8): 1485-1493.

[16] Yoneyama F, Imura Y, Ohno K, et al. Peptide-lipid huge toroidal pore, a new antimicrobial mechanism mediated by a lactococcal bacteriocin, lacticin Q. Antimicrobial Agents and Chemotherapy, 2009, 53(8): 3211-3217.

[17] Shenkarev Z O, Balandin S V, Trunov K I, et al. Molecular mechanism of action of β-hairpin antimicrobial peptide arenicin: Oligomeric structure in dodecylphosphocholine micelles and pore formation in planar lipid bilayers. Biochemistry, 2011, 50(28): 6255-6265.

[18] Yang L, Harroun T A, Weiss T M, et al. Barrel-stave model or toroidal model? A case study on melittin pores. Biophysical Journal, 2001, 81(3): 1475-1485.

[19] Wildman K A H, Lee D-K, Ramamoorthy A. Mechanism of lipid bilayer disruption by the human antimicrobial peptide, LL-37. Biochemistry, 2003, 42(21): 6545-6558.

[20] Gazit E, Miller I R, Biggin P C, et al. Structure and orientation of the mammalian antibacterial peptide cecropin P1 within phospholipid membranes. Journal of Molecular Biology, 1996, 258(5): 860-870.

[21] Gazit E, Boman A, Boman H G, et al. Interaction of the mammalian antibacterial peptide cecropin P1 with phospholipid vesicles. Biochemistry, 1995, 34(36): 11479-11488.

[22] Wang C, Dong S, Zhang L, et al. Cell surface binding, uptaking and anticancer activity of L-K6, a lysine/leucine-rich peptide, on human breast cancer MCF-7 cells. Scientific Reports, 2017, 7(1): 8293.

[23] Alghamdi O A, Nicola K, Andronicos N M, et al. Molecular changes to the rat renal cotransporters PEPT1 and PEPT2 due to ageing. Molecular and Cellular Biochemistry, 2018. doi: 10.1007/s11010-018-3413-x.

[24] Hauser M, Narita V, Donhardt A M, et al. Multiplicity and regulation of genes encoding peptide transporters in *Saccharomyces cerevisiae*. Molecular Membrane Biology, 2001, 18: 105-112.

[25] Schielmann M, Szweda P, Gucwa K, et al. Transport deficiency is the molecular basis of *Candida albicans* resistance to antifungal oligopeptides. Frontier in Microbiology, 2017, 8: 2154.

[26] Pink D A, Hasan F M, Quinn B E, et al. Interaction of protamine with gram-negative bacteria membranes: possible alternative mechanisms of internalization in *Escherichia coli*, *Salmonella typhimurium* and *Pseudomonas aeruginosa*. Journal of Peptide Science, 2014, 20(4): 240-250.

[27] Hao G, Shi Y H, Tang Y L, et al. The intracellular mechanism of action on *Escherichia coli* of BF2-A/C, two analogues of the antimicrobial peptide Buforin 2. Journal of Microbiology, 2013, 51(2): 200-206.

[28] Puri S, Edgerton M. How does it kill? Understanding the candidacidal mechanism of salivary histatin 5. Eukaryotic Cell, 2014, 13(8): 958-964.

[29] Richard J P, Melikov K, Brooks H, et al. Cellular uptake of unconjugated TAT peptide involves clathrin-dependent endocytosis and heparan sulfate receptors. Journal of Biological Chemistry, 2005, 280(15): 15300-15306.

[30] Anthony C, Mayandi S, Elvira G D M, et al. Endocytic mechanism of internalization of dietary peptide Lunasin into macrophages in inflammatory condition associated with cardiovascular disease. PLoS One, 2013, 8(9): e72115.

[31] Caswell P T, Vadrevu S, Norman J C. Integrins: masters and slaves of endocytic transport. Nature Reviews: Molecular Cell Biology, 2009, 10(12): 843-853.

[32] Nakase I, Niwa M, Takeuchi T, et al. Cellular uptake of arginine-rich peptides: roles for macropinocytosis and actin rearrangement. Molecular Therapy, 2004, 10(6): 1011-1022.

[33] Conner S D, Schmid S L. Regulated portals of entry into the cell. Nature, 2003, 422(6927): 37-44.

[34] Pattnaik G, Raju K S R, Heeralal B, et al. Nanovehicles: An efficient carrier for active molecules for entry into the cell. International Journal of Pharmaceutical Sciences Review and Research, 2010, 4(3): 15-22.

[35] Duchardt F, Fotin‐Mleczek M, Schwarz H, et al. A comprehensive model for the cellular uptake of cationic cell-penetrating peptides. Traffic, 2007, 8(7): 848-866.

[36] Pae J, Säälik P, Liivamägi L, et al. Translocation of cell-penetrating peptides across the plasma membrane is controlled by cholesterol and microenvironment created by membranous proteins. Journal of Controlled Release, 2014, 192: 103-113.

[37] Fretz M M, Penning N A, Altaei S, et al. Temperature-, concentration- and cholesterol-dependent translocation of L- and D-octa-arginine across the plasma and nuclear membrane of CD34+ leukaemia cells. Biochemical Journal, 2007, 403(2): 335-342.

[38] Richard J P, Melikov K, Vives E, et al. Cell-penetrating peptides: a reevaluation of the mechanism of cellular uptake. The Journal of Biological Chemistry, 2003, 278: 585-590.

[39] Henriques S T, Melo M N, Castanho M A. Cell-penetrating peptides and antimicrobial peptides: how different are they? Biochemical Journal, 2006, 399(1): 1-7.

[40] Splith K, Neundorf I. Antimicrobial peptides with cell-penetrating peptide properties and vice versa. European Biophysics Journal, 2011, 40(4): 387-397.

[41] Budagavi D P, Chugh A. Antibacterial properties of Latarcin 1 derived cell-penetrating peptides. European Journal of Pharmaceutical Sciences, 2018, 115: 43-49.

[42] Zhu W L, Shin S Y. Effects of dimerization of the cell-penetrating peptide Tat analog on antimicrobial activity and mechanism of bactericidal action. Journal of Peptide Science, 2010, 15(5): 345-352.

[43] Jung H J, Park Y, Hahm K S, et al. Biological activity of Tat (47-58) peptide on human pathogenic fungi. Biochemical and Biophysical Research Communications, 2006, 345(1): 222-228.

[44] Zhang X, Oglęcka K, Sandgren S, et al. Dual functions of the human antimicrobial peptide LL-37-Target membrane perturbation and host cell cargo delivery. Biochimica et Biophysica Acta, 2010, 1798(12): 2201-2208.

[45] Holm T, Netzereab S, Hansen M, et al. Uptake of cell-penetrating peptides in yeasts. FEBS Letters, 2005, 579(23): 5217-5222.

[46] Xia C, Lv L, Chen X, et al. Nd(III)-induced rice mitochondrial dysfunction investigated by spectroscopic and microscopic methods. Journal of Membrane Biology, 2015, 248(2): 319-326.

[47] Virag E, Juhasz A, Kardos R, et al. in vivo direct interaction of the antibiotic primycin on a Candida albicans clinical isolate and its ergosterol-less mutant. Acta Biologica Hungarica, 2012, 63: 38-51.

[48] Kocsis B, Kustos I, Kilar F, et al. Antifungal unsaturated cyclic mannich ketones and amino alcohols: study of mechanism of action. European Journal of Medicinal Chemistry, 2009, 44(5): 1823-1829.

[49] Chen J, Guan S M, Sun W, et al. Melittin, the major pain-producing substance of bee venom. Neuroscience Bulletin, 2016, 32(3): 265-272.

[50] Hu K, Jiang Y, Xie Y, et al. Small-anion selective transmembrane "holes" induced by an antimicrobial peptide too short to span membranes. Journal of Physical Chemistry B, 2015, 27(119): 8553-8560.

[51] Davis J T, Okunola O, Quesada R. Recent advances in the transmembrane transport of anions. Chemical Society Reviews, 2010, 39(10): 3843-3862.

[52] Fretz M, Jin J, Conibere R, et al. Effects of Na+/H+ exchanger inhibitors on subcellular localisation of endocytic organelles and intracellular dynamics of protein transduction domains HIV-TAT peptide and octaarginine. Journal of Controlled Release, 2006, 116(2): 247-254.

[53] Aghamohammadzadeh S, Rooij S D, Ayscough K R. An Abp1-dependent route of endocytosis

functions when the classical endocytic pathway in yeast is inhibited. PLoS One, 2014, 9(7): e103311.

[54] Dutta D, Donaldson J G. Search for inhibitors of endocytosis: Intended specificity and unintended consequences. Cellular Logistics, 2012, 2(4): 203-208.

[55] Younsi M, Ramanandraibe E, Bonaly R, et al. Amphotericin B resistance and membrane fluidity in Kluyveromyces lactis strains. Antimicrobial Agents Chemotherapy, 2000, 44(7): 1911-1916.

[56] Delhom R, Nelson A, Laux V, et al. The antifungal mechanism of Amphotericin B elucidated in ergosterol and cholesterol-containing membranes using neutron reflectometry. Nanomaterials, 2020, 10: 2439.

[57] Qi Y, Liu H, Yu J, et al. Med15B regulates acid stress response and tolerance in *Candida glabrata*. Applied Environmental Microbiology, 2017, 83(18): 1-16.

[58] Royce L A, Yoon J M, Chen Y, et al. Evolution for exogenous octanoic acid tolerance improves carboxylic acid production and membrane integrity. Metabolic Engineering, 2015, 29: 180-188.

[59] Yang X, Hang X M, Zhang M, et al. Relationship between acid tolerance and cell membrane in bifidobacterium, revealed by comparative analysis of acid-resistant derivatives and their parental strains grown in medium with and without Tween 80. Applied Microbiology and Biotechnology, 2015, 99(12): 5227-5236.

[60] de Kroon A I P M, Rijken P J, De Smet C H. Checks and balances in membrane phospholipid class and acyl chain homeostasis, the yeast perspective. Progress in Lipid Research, 2013, 52(4): 374-394.

[61] Sourabh D, Cramer R A. Regulation of sterol biosynthesis in the human fungal pathogen *Aspergillus fumigatus*: opportunities for therapeutic development. Frontiers in Microbiology, 2017, 8: 1-14.

[62] Pinto E, Vale-Silva L, Cavaleiro C, et al. Antifungal activity of the clove essential oil from *syzygium aromaticum* on *Candida*, *Aspergillus* and *Dermatophyte* species. Journal of Medical Microbiology, 2009, 58: 1454-1462.

[63] Gsaller F, Hortschansky P, Furukawa T, et al. Sterol biosynthesis and azole tolerance is governed by the opposing actions of SrbA and the CCAAT binding complex. PLoS Pathogens, 2016, 12(7): 1-22.

[64] Silverman J A, Perlmutter N G, Shapiro H M. Correlation of daptomycin bactericidal activity and membrane depolarization in *Staphylococcus aureus*. Antimicrobial Agents and Chemotherapy, 2003, 47(8): 2538-2544.

[65] Lattif A A, Mukherjee P K, Chandra J, et al. Lipidomics of *Candida albicans* biofilms reveals phase-dependent production of phospholipid molecular classes and role for lipid rafts in biofilm formation. Microbiology, 2011, 157(11): 3232-3242.

第五章　抗真菌肽作用机制之三：诱导念珠菌细胞凋亡

第一节　线粒体与细胞凋亡

一、细胞凋亡

细胞凋亡（apoptosis）是指为维持内环境稳定，由基因控制的细胞自主有序死亡。目前，研究人员已对动物细胞凋亡机制进行了深入研究。细胞凋亡与细胞坏死不同，细胞凋亡不是一个被动过程，而是主动过程，涉及一系列基因的激活、表达及调控等作用，是为更好地适应生存环境的一种主动死亡过程。细胞坏死是细胞因感染或损伤而被动死亡。在药理学方面，促进病原微生物细胞凋亡，通常是药物作用的一个重要机制。因此，研究病原微生物的细胞凋亡过程具有重要意义。

（一）细胞凋亡过程及特征

细胞凋亡存在于包括真菌在内的真核细胞生长过程中[1]。细胞凋亡过程，在形态上可分为三个阶段。

（1）细胞凋亡起始，磷脂酰丝氨酸（PS）外翻，细胞核聚缩，DNA 片段化，染色质分离并沿核膜分布。细胞凋亡受网络式调节，可能发生在某些生理条件下，如老化、增殖失败或暴露于外部刺激[2-4]。磷脂酰丝氨酸是构成脂质双层的组分之一，几乎完全位于质膜的内部小叶中；然而，它可以通过"触发器"（flip-flop）作用转移到外部小叶上，以响应特定的钙依赖性刺激[5]。

（2）凋亡中的细胞，细胞质膜反折，包裹染色质片段和细胞器等碎片，形成芽状突起，并逐渐分隔，形成凋亡小体。

（3）凋亡小体被吞噬细胞吞噬。细胞凋亡的一个显著特征就是细胞染色体 DNA 降解，且降解的 DNA 片段长度通常为 200 bp 的整倍数。有人将膜内侧磷脂酰丝氨酸外翻到膜表面、线粒体膜电位丧失、线粒体细胞色素 c（cytochrome c，Cyt c）泄漏、细胞核聚缩或染色体断裂作为细胞凋亡的典型特征。

（二）细胞凋亡的检测方法

判断细胞是否发生凋亡，常用检测方法有以下几种。

1. 荧光检测法

采用 4',6-二脒基-2-苯基吲哚（4',6-diamidino-2-phenylindole，DAPI）荧光染料染色检测细胞核，观察细胞核形态特征。DAPI 是一种能够与 DNA 中大部分 A、T 碱基结合的荧光染料，可以染细胞核。借助荧光显微镜可以观察到细胞核的形态变化，如染色质聚缩和染色体断裂。因此，DAPI 染色能可视化地鉴定核聚缩和染色体断裂。

2. 凝胶电泳法

细胞凋亡时，细胞内限制性内切核酸酶活化，染色质 DNA 在核小体间被特异性切割，DNA 降解成 180～200 bp 或其整数倍片段，这种现象被称为 DNA 片段化。从凋亡细胞中提取 DNA 进行常规的琼脂糖凝胶电泳，由于 DNA 分子泳动速率与其分子质量大小成正比，因此，不同大小的 DNA 片段呈现出梯状条带，常称为 DNA ladder。这一方法是鉴定细胞凋亡最为简便、可靠的方法之一。

3. 原位末端标记法

原位末端标记法，也叫末端脱氧核苷酸转移酶介导的 dUTP 缺口末端标记测定法[terminal deoxynucleotidyl transferase（TdT）-mediated dUTP nick-end labeling，简称 TdT-mediated dUTP nick-end labeling，缩写 TUNEL]，是检测 DNA 断裂的常用方法。凋亡细胞基因组 DNA 断裂后，暴露的游离 3'-OH 末端可以在末端脱氧核苷酸转移酶（terminal deoxynucleotidyl transferase，TdT）的催化下，加上荧光素标记的 dUTP（fluorescein-dUTP），可以通过荧光显微镜或流式细胞仪检测细胞内荧光含量变化，判断 DNA 断裂程度。这就是 TUNEL 法检测细胞凋亡的原理。

该方法能对 DNA 分子断裂缺口中的 3'-OH 进行原位标记。正常的或正在增殖的细胞几乎没有 DNA 断裂，故没有 3'-OH 形成，因此很少能够被染色；而凋亡细胞的核 DNA 断裂后产生 3'-OH 末端，因此可借助一种可观察的荧光标记对单个细胞核进行原位染色，用荧光显微镜进行观察。TUNEL 是一种可靠的检测 DNA 损伤的方法，可以观察凋亡细胞的 DNA 断裂和核聚缩[6]。

4. 流式细胞技术

可以用荧光探针标记凋亡细胞基因组 DNA、含半胱氨酸的天冬氨酸蛋白水解酶（cysteine-requiring aspartate protease，caspase）和线粒体膜等，采用流式细胞技术检测凋亡细胞基因组 DNA 状态、caspase 酶活和线粒体膜电位。

1）凋亡细胞基因组 DNA 检测

与正常完整的二倍体细胞相比，凋亡细胞 DNA 发生断裂或丢失，呈亚二倍体状态。碘化丙啶（propidium iodide，PI）是一种核酸染料，与 DNA 结合，使

DNA 产生荧光，用流式细胞仪能够检测出 PI 染色后的凋亡亚二倍体细胞 DNA 状态。

2）含半胱氨酸的天冬氨酸水解酶酶活检测

含半胱氨酸的天冬氨酸水解酶（cysteine-requiring aspartate protease，casepase）是一组存在于动物细胞质中具有类似结构的蛋白酶，其活性位点均包含半胱氨酸残基，能够特异地切割靶蛋白天冬氨酸残基后面的肽键。在凋亡因子刺激下，动物细胞进入凋亡途径，蛋白酶 caspase 家族成员在这一过程中发挥重要作用。在原生动物、植物和真菌细胞内，有一种称为酵母自杀蛋白 1（yeast suicide protein 1）的线粒体蛋白，具有动物细胞 caspase 功能，被称为 metacaspase，参与原生动物、植物、真菌的凋亡过程[7,8]。细胞启动凋亡程序后，活化的效应 caspase-3 降解 ICAD（inhibitor of caspase activated DNase），使 CAD（caspase activated DNase）释放出来并在核小体间切割 DNA，形成 200 bp 左右的 DNA 片段，琼脂糖凝胶电泳时产生凋亡标志性梯状条带。CaspACE™ FITC-VAD-FMK 原位标记物（CaspACE™ FITC-VAD-FMK *in situ* marker），是泛 caspase 抑制剂 Z-VAD-FMK（carbobenzoxy-valyl-alanyl-aspartyl-[omethyl]-fluoromethylketone）的一种荧光类似物。CaspACE™ FITC-VAD-FMK 原位标记物的异硫氰酸荧光素（FITC）基团取代了 Z-VAD-FMK N 端的苄酯基（Z），从而成为凋亡的荧光标记物。这种结构使该抑制剂进入细胞内，与活性 caspase 发生不可逆结合。通过分析荧光强度变化，可以判断 caspase 是否被激活。

3）线粒体膜电位检测

采用线粒体膜专一性结合染料 JC-1 检测线粒体膜电位。JC-1 是一种亲脂性阳离子染料。正常细胞的线粒体膜处于极化状态，在线粒体内外膜间存在电位差。JC-1 在处于极化状态的线粒体膜上以聚集体形式存在，在 $\lambda_{ex}=595$ nm 有强吸收，呈红色荧光（FL2-H）；凋亡细胞的线粒体膜电位消散，线粒体膜去极化，JC-1 在去极化的线粒体膜上以单体形式存在，在 $\lambda_{ex}=525$ nm 有强吸收，呈绿色荧光（FL1-H）。红色荧光强度降低、绿色荧光强度增加，说明线粒体膜去极化，膜电位消散[9]。

5. 紫外分光光度法

细胞色素 c（cytochrome c，Cyt c）在 520 nm 处有最大吸收峰，因此，可以利用紫外分光光度法检测细胞色素 c（Cyt c）的含量。线粒体是包含 Cyt c 等在内的促凋亡因子存在的场所（通常在膜间空间）。研究发现，Cyt c 泄漏是哺乳动物、植物和酵母等的线粒体共有的细胞程序性死亡（programmed cell death，PCD）特征[8]。通过差速离心法将细胞质中的 Cyt c 和线粒体中的 Cyt c 分离，用紫外分光光度计检测细胞质和线粒体中 Cyt c 含量变化。

此外，还可以借助彗星电泳法等其他方法检测细胞凋亡。

二、诱导细胞凋亡的因素

诱导细胞凋亡的因素大致可以分为两类，即外源性物理因素和内源性化学、生物学因素。外源性物理因素主要包括射线（紫外线、γ射线等）、较温和的温度刺激（如热激、冷激）等。内源性化学、生物学因素主要包括活性氧基团和分子（超氧阴离子、羟自由基、过氧化氢）、Ca^{2+}等，以及正常生理因子（激素、细胞生长因子等）的失调及凋亡因子等。为阐明抗菌肽对细胞凋亡的作用机制，下面对诱导细胞凋亡的一些内源性化学、生物学因素进行重点介绍。

（一）细胞质和线粒体钙稳态失调

在细胞凋亡因素刺激下，细胞膜去极化，细胞质膜电压门控 Ca^{2+} 通道打开，细胞外 Ca^{2+} 内流，引起细胞质 Ca^{2+} 稳态失调[10]。

关于线粒体中 Ca^{2+} 的研究，可以追溯到 20 世纪 60 年代。当时，研究发现线粒体可以快速吸收 Ca^{2+}[11]。钙是控制真核细胞中所有关键反应的高度灵敏的第二信使。Ca^{2+} 被酵母线粒体吸收，与敏感性蛋白质酪氨酸磷酸酶结合引发氧化应激，是酵母程序性细胞死亡的常见触发因素[12]；因此，Ca^{2+} 也是细胞内凋亡途径的激活剂[10,13]。在酵母中，细胞溶质 Ca^{2+} 通过液泡、内质网和高尔基体等 Ca^{2+} 储存器调节。线粒体作为仅次于内质网的第二大钙库，其 Ca^{2+} 摄取对于细胞具有重要的功能意义。细胞内 Ca^{2+} 超载被认为是细胞损伤的重要病理环节。线粒体 Ca^{2+} 积累（非细胞质 Ca^{2+} 积累），细胞内 Ca^{2+} 稳态发生变化。细胞内 Ca^{2+} 稳态的变化不仅是由细胞外 Ca^{2+} 流入引起，还有其他细胞凋亡因子的参与。通过电镜观察发现，线粒体通常聚集在内质网膜的 Ca^{2+} 通道附近，当细胞受到过量刺激时，肌醇三磷酸介导的内质网 Ca^{2+} 释放到胞质中，刺激线粒体对 Ca^{2+} 的吸收，并诱导 Ca^{2+} 依赖性线粒体通透性增加，最终导致外膜破裂，引起包括 Cyt c 在内的一些凋亡因子泄漏[14]。核酸内切酶作为 Ca^{2+} 的敏感酶，被 Ca^{2+} 激活，有活性的核酸内切酶与凋亡晚期的染色质聚缩、DNA 断裂密切相关[15]。线粒体产生的 ROS 与 Ca^{2+} 稳态密切相关，在调节细胞进程中起重要作用[10]。Ca^{2+} 超载诱导产生的 ROS 也可以直接作用于核酸，导致 DNA 片段化、核损伤，最终引起细胞死亡[14]。

Ca^{2+} 是所有真核细胞中多种生理过程的基本调节剂，是线粒体功能效应的核心[16]。当酵母细胞受到相关刺激时（如质膜的去极化），会导致胞外 Ca^{2+} 经质膜电压门控 Ca^{2+} 通道（Cch1/Mid1 复合物）和其他未知转运蛋白内流进入细胞内；线粒体也存在特定的 Ca^{2+} 转运系统，如位于线粒体通透性转换孔（mPTP）蛋白复合物中的电压依赖型阴离子通道（voltage-dependent anion channel，VDAC），介导

线粒体 Ca^{2+} 水平增加。值得提出的是，酵母细胞线粒体缺乏用于调节细胞质与线粒体基质 Ca^{2+} 快速平衡的 Ca^{2+} 单向转运蛋白（mitochondrial calcium uniporter，MCU）[10]。

细胞氧化应激与 Ca^{2+} 的过多积累密切相关。过多 Ca^{2+} 刺激线粒体氧化磷酸化，使得线粒体工作强度加大，消耗更多的 O_2，从而生成更多活性氧（reactive oxygen species，ROS）[10]。

（二）线粒体活性氧

活性氧是线粒体呼吸链中，电子在未能传递到末端氧化酶之前漏出呼吸链，并消耗氧生成的一类氧的单电子还原产物，包括氧的一电子还原产物超氧阴离子（O_2^-）、二电子还原产物过氧化氢（H_2O_2）、三电子还原产物羟自由基（OH），以及一氧化氮等。线粒体是细胞内氧聚集的中心。在生理条件下，电子从线粒体电子传递链的泄漏是细胞内 ROS 的主要来源。线粒体 ROS 因具有参与生理细胞信号转导的能力而受到严格调控[17]。ROS 的积累会诱发氧化应激。Ca^{2+} 诱导产生的 ROS 抑制线粒体中的呼吸链[10]。

Ca^{2+} 与 ROS 是介导细胞凋亡的两个关键信号分子，能造成线粒体功能障碍。细胞内积累的 ROS 主要攻击 DNA，导致单链或双链 DNA 断裂[18]。因此，ROS除了会导致线粒体损伤以外，还会导致 DNA 片段化、细胞核损伤以及蛋白质等一些大分子物质功能损伤，最终造成细胞死亡[19]。吞噬细胞选择性清除不需要的或不可修复的受损细胞。

（三）线粒体膜电位

线粒体膜电位在维持线粒体功能中起关键作用。在氧化应激条件下，线粒体膜通透性转换孔不可逆开放，线粒体膜电位消散，线粒体结构发生变化（如线粒体基质凝结、嵴断裂），凋亡因子从嵴释放到细胞质中[20]。线粒体基质肿胀，外膜破裂，Cyt c 释放到细胞质中[10]。

（四）含半胱氨酸的天冬氨酸蛋白水解酶

引起细胞凋亡的核心成分是含半胱氨酸的天冬氨酸蛋白酶（cysteine-requiring aspartate protease，caspase）家族。该家族蛋白酶能特异地在底物的 N 端识别天冬氨酸酶解位点，并进行酶解。当 caspases 进行切割时，细胞凋亡信号在蛋白水解反应中级联传递，诱导哺乳动物细胞凋亡并导致细胞死亡[2]。酵母细胞凋亡过程依赖于被称为酵母自杀蛋白 1（yeast suicide protein 1）的线粒体蛋白 Yca1[8]。酵母细胞中的 Yca1 又被称为 metacaspase。Metacaspase 是在原生动物、植物和真菌中发现的，与 caspase 功能相似，被认为是哺乳动物 caspase 功能同源物，已被证实可以调节酵母细胞凋亡。

细胞凋亡途径分为 caspase 依赖型和非 caspase 依赖型[4]。在原生动物、植物和真菌中，metacaspase 可引起多种细胞损伤，如细胞骨架塌陷、DNA 损伤、mRNA 降解，诱导产生类似哺乳动物细胞凋亡的表征。因此，科研工作者认为 metacaspase 诱导细胞凋亡，即为 caspase 依赖型凋亡过程[7]。

在哺乳动物细胞中，凋亡刺激通常导致 Cyt c 释放，最终可能会激活 caspase。与哺乳动物细胞 caspase 依赖性细胞凋亡途径不同，在酵母细胞中，Cyt c 的释放与 metacaspase 的活化没有关系[10]。

三、线粒体与细胞凋亡

线粒体是内源性（由内源性死亡信号引发）和外源性（由毒性损伤信号触发）凋亡途径的关键调节因子。

含有双层膜的线粒体具有调节细胞生死的功能。线粒体为细胞提供必需能量，维持细胞离子稳态，参与细胞生命活动相关的信号转导，是细胞生命的主要"指挥官"之一。同时，线粒体介导的细胞凋亡也是线粒体普遍的作用方式。在细胞凋亡的内源途径中，线粒体处于中心地位。

越来越多的证据表明，线粒体在酵母细胞凋亡信号的转导中起着至关重要的作用。线粒体参与程序性细胞死亡过程的第一个证据是，乙酸可以诱导酿酒酵母细胞凋亡。第二个证据是，功能性线粒体 DNA 缺乏和线粒体 ρ^0 突变，使酵母细胞对凋亡诱导剂抵抗力增强[14,21]。第三个证据是，乙酸诱导酵母细胞 *Zygosaccharomyces bailii* 的凋亡，伴随着线粒体超微结构的改变，主要表现为嵴的数量减少、髓鞘形成和线粒体肿胀[22]。另有实验证明，用 α 因子（MATα 酵母细胞分泌的一种激素）或胺碘酮处理 MATα 单倍体酵母细胞，会导致细胞内 Ca^{2+} 浓度增加。胞质 Ca^{2+} 的急剧增多，可以刺激呼吸酶活性，作用于线粒体呼吸，使线粒体膜超极化。线粒体膜电位的升高，促进呼吸链复合体 III 的 ROS 产生，造成线粒体断裂或失能。因此，酵母中的死亡级联反应是由线粒体介导的。

Chateaubodeau 等首次在酿酒酵母二倍体野生菌株（*Saccharomyces cerevisiae*）的无机磷酸 HPO_4^{2-}（inorganic phosphate，Pi）转运研究中，发现酵母细胞含有线粒体膜通透性转换孔（mitochondrial permeability transition pore，mPTP）。酵母线粒体在磷酸铵、谷氨酸盐、琥珀酸盐和富马酸盐溶液中，进行阴离子转运的过程中呈现出线粒体呼吸作用中出现的肿胀现象[23]。同哺乳动物一样，mPTP 一旦开放，线粒体膜通透性增加，基质肿胀，线粒体膜电位下降，Cyt c 等凋亡因子释放，造成能量消散及细胞内源性凋亡。

线粒体作为细胞内的一个重要细胞器，内源性化学及生物学因子如何调节其介导细胞凋亡，是一个值得探讨的、非常有意义的科学问题。线粒体在受到凋亡信号刺激时，其生理功能的正常维持对于细胞的存活尤为重要。线粒体膜电位去极化，与线粒体内 ROS 的产生密切相关，可能引发一系列凋亡相关事件的发生，如凋亡信号分子 Cyt c 及一些凋亡诱导因子泄漏到细胞质，作用于相应靶点，最终导致凋亡的发生[17,24,25]。Cyt c 从线粒体内膜外表面释放到细胞质内也是凋亡途径中的经典事件[26]。线粒体不仅是活性氧的主要细胞内生成场所，也是某些细胞促凋亡因子的储存场所（通常在膜间空间）。线粒体外膜破裂会引起促凋亡因子释放，继而产生级联反应，最终导致细胞死亡。

对于动物细胞的线粒体，膜间线粒体凋亡因子释放主要有两种机制。一种是促凋亡蛋白 Bax（Bcl-2 家族蛋白的一员）的激活、构象重排和插入线粒体外膜。BH3 分子激活胞质 BAX，活化的 BAX 分子以其 C 端螺旋（alpha 9）插入线粒体外膜，形成低聚物引起膜穿孔，导致包括 Cyt c 在内的凋亡因子的释放[27,28]。另一种是依赖于线粒体内膜上一些孔的开放，增加了线粒体电导。在线粒体膜上，有一种非特异性、Ca^{2+}/Pi 依赖性环孢菌素 A（又名环孢素 A，cyclosporin A，CsA）敏感的孔，称为线粒体膜通透性转换孔（mitochondrial permeability transition pore，mPTP）。mPTP 是一个直径为 1.4 nm 的超大通道，允许 ≤1.5 kDa 的分子自由通过[29,30]。孔的持续性开放伴随着膜电位的消散（质子自由穿过内膜的结果），线粒体能量转换功能丧失，线粒体高度肿胀，外膜破裂，位于膜间隙的凋亡因子（如 Cyt c）的释放，启动了不可逆的凋亡[31]。

尽管酵母细胞线粒体缺乏用于细胞质与线粒体基质 Ca^{2+} 快速平衡的 Ca^{2+} 单向转运蛋白（MCU），但受到诱发凋亡刺激时，可以通过 mPTP 中的 Ca^{2+} 通道 VDCA 进行 Ca^{2+} 转移。Ca^{2+} 摄入增加也会最终导致 mPTP 持续开放，打破线粒体钙稳态，使线粒体外膜因线粒体基质渗透肿胀而损伤，释放膜间蛋白（如 Cyt c）等线粒体内容物，导致菌体死亡[10]。

四、抗菌肽与细胞凋亡

对多细胞生物来说，细胞凋亡是维持内环境稳定，由基因控制的、细胞自主的有序死亡。细胞凋亡是一个主动过程，是机体为更好地适应生存环境而主动争取的一种死亡过程。但对单细胞生物来说，细胞凋亡就是一种死亡过程。因此，很多药用生物活性物质的作用机制就是促进病原微生物的凋亡。

在过去几十年的研究中，已经阐明了部分抗菌肽及其类似物的抗菌作用机制是诱导病原微生物凋亡[32]。天蚕素 A 是一种由 37 个氨基酸残基组成的抗菌肽，具有很强的抗菌作用。通过自身携带的正电荷，天蚕素 A 结合到带负电荷的膜脂上，并以地毯模型覆盖细胞膜。天蚕素 A 在细胞膜上的作用是浓度依赖性的，在低浓度下形成离子通道，提高大肠杆菌细胞膜通透性[33,34]。天蚕素 A 引起活性氧

（包括过氧化氢、超氧化物阴离子和羟自由基）的积聚。ROS 的过量产生会引起氧化应激，从而导致对各种生物结构的严重损害，包括细胞膜、脂类、蛋白质和核酸。Yun 等研究表明，天蚕素 A 诱导的白念珠菌细胞凋亡与该念珠菌的离子平衡和谷胱甘肽抗氧化系统调控有关[35]。因此，通过对诱导细胞凋亡的化学及生物学因素的考察，可以推出抗菌肽诱导病原微生物凋亡的信号主要来自内部凋亡信号，即线粒体介导的内源途径。

第二节　抗菌肽对线粒体功能影响研究进展

基于线粒体在细胞内的特殊地位及重要作用，科研工作者在抗菌肽对线粒体的功能影响方面做了大量工作。

一、抗菌肽对线粒体膜电位的影响

线粒体膜电位是质子电化学梯度的主要组成部分。质子电化学梯度是质子回路中将电子传输、ATP 合成及其他依赖能量的线粒体过程联系起来的势能项[36]。因此，线粒体膜电位是评估线粒体功能的合适参数。维持正常线粒体膜电位是保持线粒体功能所必需的。在不同因素诱导的线粒体损伤中，在线粒体形态学改变之前均会发生线粒体膜电位消散。线粒体膜电位消散是线粒体损伤的早期表现，特别是在线粒体介导的细胞凋亡过程中。一旦线粒体膜电位消散，细胞凋亡则不可逆转。用大肠杆菌异源表达抗菌肽 LL-37 时，发现在 ROS 存在条件下，LL-37 引起细胞膜去极化，提高了细胞膜的通透性[37]。从燕尾蝶中分离出的 papiliocin[38]和从黄斑长角甲虫分离的 psacotheasin[39]处理白念珠菌细胞后，念珠菌细胞显示出一系列常见于凋亡细胞的病理变化，包括线粒体膜电位消散、ROS 积累、核聚缩、DNA 片段化等。作者实验室的抗菌肽 CGA-N12 和 CGA-N9，均能促进热带念珠菌凋亡[40,41]。

二、抗菌肽对线粒体钙稳态的影响

Lee 等发现从蜈蚣分离的抗菌肽 scolopendin，通过促进线粒体 Ca^{2+}摄取，造成白念珠菌细胞内活性氧大量积累，最终诱导白念珠菌凋亡[32]。作者实验室的抗菌肽 CGA-N12 和 CGA-N9，也通过促进热带念珠菌线粒体 Ca^{2+}吸收，诱导热带念珠菌凋亡[40,41]。

三、抗菌肽对细胞色素 c 泄漏的影响

线粒体不仅通过产生生物能在细胞代谢中起关键作用，而且还是包括细胞色

素 c（Cyt c）等在内的某些促凋亡因子存在的场所（通常在膜间空间）。细胞色素 c（Cyt c）与磷脂以静电相互作用，紧密嵌入线粒体内膜外表面，在线粒体外膜通透性提高及脂质过氧化时，通过外膜进入到细胞质基质中[26]。Cyt c 的释放被线粒体内 Ca2+ 超载和 ROS 介导的氧化应激等信号诱导发生，通常被认为是线粒体外膜破裂或通透性增加的表征。Watanabe 和 Lam 认为，在氧胁迫诱导的细胞凋亡过程中，酵母中的 metacaspase 能够激活其下游表现出 caspase 酶活性的一类蛋白酶[42]。Cyt c 和 metacaspase 的关系，目前还不甚明朗。但是，Guaragnella 发现在酵母由乙酸诱导的细胞程序化死亡（PCD）过程中，Cyt c 以依赖 Yca1 的方式释放到细胞质中[43]。因此，Cyt c 泄漏常作为酵母 metacaspase 介导的细胞凋亡的经典事件之一。蜂毒肽 melittin 促进线粒体 Ca2+ 吸收，增加羟自由基生成量，诱导 Cyt c 从线粒体释放到胞质溶胶中，介导白念珠菌通过 metacaspase 依赖性途径诱导细胞凋亡[44]。作者实验室的抗菌肽 CGA-N12 也可以使热带念珠菌 Cyt c 泄漏，提高 metacaspase 活性，通过 metacaspase 依赖性途径诱导细胞凋亡[40]。

四、抗菌肽对线粒体能量代谢的影响

线粒体是细胞能量代谢最重要的细胞器，是糖类、脂肪和氨基酸最终氧化释放能量的场所。线粒体负责 ATP 的产生，其共同途径是三羧酸循环与氧化磷酸化。在三羧酸循环中，细胞利用各种与能量相关的酶产生 NADH 和 FADH$_2$ 等高能分子；在氧化磷酸化过程中，细胞则继续利用这些高能分子还原氧气并释放能量。这些能量将质子逆浓度梯度泵入线粒体膜间隙，在线粒体内膜两侧建立电化学梯度；此时质子通过 ATP 合酶从膜间隙顺浓度梯度回到线粒体基质，产生的电势被 ATP 合酶用来将 ADP 和磷酸合成 ATP。抗菌肽 Histatin 5 下调 NAD(H)依赖性酶（苹果酸脱氢酶）的表达，抑制三羧酸循环活性；下调 F$_1$F$_0$-ATPase 亚基（如 ATP 合酶 γ 链）的表达，降低 ATP 合成；上调参与蛋白质生物合成的蛋白质（延伸因子 1R、组蛋白和核糖体蛋白）的表达，导致细胞适应性降低、细胞内核苷酸和其他能量存储分子的释放及细胞死亡[45]。Liu 等[37]通过转录分析发现 LL-37 可通过阻碍氧化磷酸化相关基因的表达，影响细胞能量代谢及胞内离子的氧化还原状态，干扰细胞存活。由此，提出了一种新的靶向能量代谢的、抗菌肽介导的杀菌机制。

五、抗菌肽对线粒体膜通透性转换孔开关的影响

线粒体膜通透性是线粒体功能的主要调节因子，对于能量代谢、Ca2+ 稳态、细胞凋亡的调控十分重要。维持完整的膜结构可确保线粒体活性。线粒体膜通透性转换孔（mPTP）作为横跨线粒体内、外膜的非选择性通道，对维持线粒体膜通

透性发挥着关键作用[46]。抗菌肽对线粒体膜通透性转换孔开关的影响，是作者课题组取得的一项重要研究成果。我们将在第六章详细阐述。

综上所述，抗菌肽诱导的线粒体依赖型细胞凋亡机制，如图 5-1 所示。

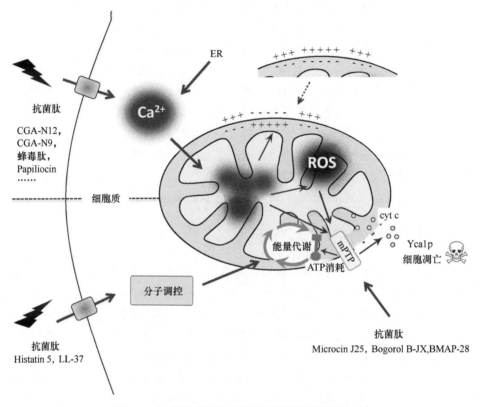

图 5-1　抗菌肽诱导的线粒体依赖型细胞凋亡机制

第三节　CGA-N12 诱导热带念珠菌细胞凋亡

进入凋亡程序的细胞会出现细胞膜去极化、细胞内 ROS 累积、细胞质和线粒体 Ca^{2+} 吸收增加、核聚缩、基因组 DNA 降解成 200 bp 整倍数大小的片段等特征。我们结合这些特征，开展了 CGA-N12 诱导热带念珠菌细胞凋亡的相关研究工作。同时，我们也研究了 CGA-N12 与基因组 DNA 的结合情况。

一、诱导细胞膜去极化

细胞膜敏感性荧光探针 DiSC3(5)是一个膜结合染料。该荧光探针与极性膜结合能力强，但具有自猝灭特性。在正常细胞的极性细胞膜上，随着 DiSC3(5)结合量的增多，荧光强度会逐渐减弱。当细胞膜去极化时，与细胞膜结合的 DiSC3(5) 会从细胞膜上解离下来，使结合在膜上的 DiSC3(5) 重新发出荧光。

利用 DiSC3(5) 研究 CGA-N12 处理后热带念珠菌细胞膜极化状态。将对数生长期的热带念珠菌重悬于 5 mmol/L HEPES 中，使 $OD_{600}=0.05$。用荧光分光光度计（$\lambda_{ex}/\lambda_{em}=600\ nm/675\ nm$）检测 2 min，待测得的荧光值稳定不变时，加入 DMSO 溶解的 DiSC3(5)，使终浓度为 1.6 μmol/L，检测到荧光强度急剧增加。DiSC3(5) 与极性膜结合后，荧光强度逐渐降低，持续检测约 11 min 后荧光强度趋于稳定（图 5-2）。在荧光强度稳定后的各待测菌悬液中，试验组加入 CGA-N12，使终浓度为 $1\times MIC_{100}$；阳性对照组加入 1 μmol/L NaN₃，空白对照组加入等体积的 PBS 缓冲液（20 mmol/L，pH 7.0），检测各组分荧光强度变化。在测定条件不变的情况下持续检测样品荧光强度，直到荧光强度不再发生明显变化为止。由图 5-2 可知，在 CGA-N12 作用下，试验组荧光强度逐渐增加，表明 DiSC3(5) 从细胞膜上解离。结果说明 CGA-N12 处理后，热带念珠菌细胞膜去极化，且 CGA-N12 诱导热带念珠菌细胞膜去极化作用明显高于 NaN₃。

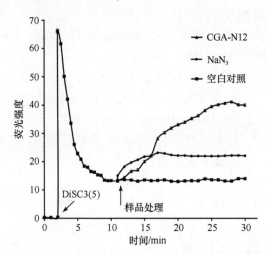

图 5-2 CGA-N12 处理后热带念珠菌细胞膜去极化检测

二、破坏细胞内钙稳态

Fura-2-AM 是一种可以穿透细胞膜的荧光染料，是 Fura-2 的一种乙酰甲酯衍生物。Fura-2-AM 自身荧光很弱，进入细胞后可以被细胞内的酯酶剪切成不能透过膜的 Fura-2，从而滞留在细胞内。Fura-2 可以和 Ca^{2+} 结合。Fura-2 结合 Ca^{2+} 后，在波长 330～350 nm 激发光下，可以产生较强的荧光。因此，Fura-2-AM 常用来检测细胞内 Ca^{2+} 浓度变化。

Rhod-2-AM 是 Rhod-2 的一种乙酰甲酯衍生物，具有细胞膜渗透性，只需简单孵育，即可轻易进入细胞，一旦进入细胞内，即被其内酯酶剪切生成不具膜渗透性的 Rhod-2，从而滞留在胞内。以罗丹明结构为基础的 Rhod-2-AM 带正电荷，以电位驱动的方式吸收聚集在线粒体，荧光显微镜下观察呈现点状染色。Brisac 等[47]的研究表明，Rhod-2 的荧光点与线粒体 Ca^{2+} 的浓度呈正相关，因此，可以选用 Rhod-2-AM 检测线粒体内 Ca^{2+} 浓度。

采用 Fura-2-AM 和 Rhod-2-AM 检测 CGA-N12 处理后热带念珠菌细胞质和线粒体 Ca^{2+} 浓度。分别用含 20% Pluronic F-127 的二甲基亚砜（DMSO）溶解 Fura-2-AM 和 Rhod-2-AM，用 Hanks 平衡盐溶液稀释至适当浓度。分别将对数期热带念珠菌细胞与 $1\times MIC_{100}$ 的 CGA-N12 共孵育 0 h、5 h、10 h 和 15 h。10 mmol/L H_2O_2 作为阳性对照。孵育结束后，Krebs 缓冲液（132 mmol/L NaCl，4 mmol/L KCl，6 mmol/L 葡萄糖，10 mmol/L HEPES，10 mmol/L $NaHCO_3$，1 mmol/L $CaCl_2$，0.01% Pluronic F-127，1%牛血清白蛋白，pH 7.2）洗涤菌体细胞三次。热带念珠菌细胞沉淀在 4 μmol/L Fura-2-AM 或 10 μmol/L Rhod-2-AM 工作液中 28℃温育 30 min，再用无钙的 Krebs 缓冲液清洗三次。最后用荧光分光光度计分别测量细胞质和线粒体 Fura-2（$\lambda_{ex}/\lambda_{em}$ = 340 nm/510 nm）和 Rhod-2（$\lambda_{ex}/\lambda_{em}$ = 550 nm/580 nm）的荧光强度，以检测细胞质和线粒体的 Ca^{2+} 信号。

结果如图 5-3 所示，在 CGA-N12 与热带念珠菌作用后，细胞质和线粒体内 Ca^{2+} 含量显著增加（**P < 0.01），且呈现出时间依赖性。10 h 后 Ca^{2+} 含量不再发生明显变化。结果表明，CGA-N12 引起热带念珠菌从环境中吸收 Ca^{2+}，线粒体从细胞质内摄取 Ca^{2+}，打破了热带念珠菌细胞内 Ca^{2+} 稳态。线粒体内 Ca^{2+} 浓度增加可诱导活性氧的产生，促进细胞凋亡。

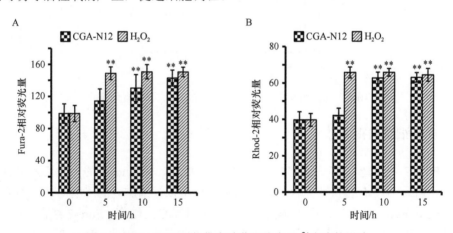

图 5-3　CGA-N12 对热带念珠菌细胞内 Ca^{2+} 内流的影响
A. 细胞质；B. 线粒体

三、诱发细胞内活性氧积累

酵母细胞对活性氧（ROS）表现出一系列反应，反应类型取决于 ROS 含量的多少。当 ROS 含量低时，细胞对 ROS 表现出适应性耐受；当 ROS 含量适中时，细胞可以通过调节基因表达及延迟细胞分裂周期进行抗氧化以谋求生存；当 ROS 含量过高时，细胞发生凋亡[48]。过量 ROS 可以破坏细胞的重要成分（如蛋白质、脂质或核酸）。因此，ROS 被认为是酵母细胞凋亡的关键因素[49]。

二氢罗丹明-123（DHR-123）是一种活性氧探针，被活性氧氧化，生成具绿色荧光的罗丹明-123（Rh123）（$\lambda_{ex}/\lambda_{em}$=498 nm/520 nm）。因此，可以利用细胞内 Rh123 荧光强度的变化，反映细胞内活性氧水平的变化。

利用 DHR-123 检测 CGA-N12 处理后热带念珠菌细胞内活性氧水平。将培养至对数期的热带念珠菌与 $1 \times MIC_{100}$ 的 CGA-N12 共同孵育 10 h，加入 DMSO 溶解的 DHR-123，使染料终浓度为 10 μmol/L，染色 1 h。以 10 mmol/L H_2O_2 处理为阳性对照，PBS（20 mmol/L，pH 7.0）处理为空白对照。样品的荧光强度用流式细胞仪检测。由图 5-4 可知，与空白对照组相对荧光含量（8%）相比，10 mmol/L

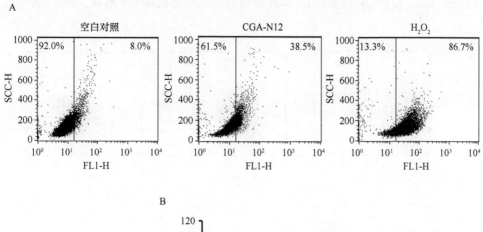

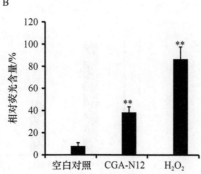

图 5-4　CGA-N12 对热带念珠菌细胞内活性氧水平的影响

A. 流式细胞分析；B. 凋亡细胞百分比

H_2O_2 处理 10 h 后，热带念珠菌细胞内相对荧光含量增加了 78.7%，$1\times MIC_{100}$ CGA-N12 处理的热带念珠菌细胞内相对荧光含量增加了 30.5%，表明 CGA-N12 引起了热带念珠菌细胞内活性氧的积累（$**P<0.01$）。

四、引起线粒体膜电位消散

稳定的线粒体膜电位是反映线粒体功能完整性的重要指标。线粒体膜电位的检测使用 JC-1 试剂盒。在线粒体未受损伤的正常细胞中，亲脂性阳离子染料 JC-1 以聚集体存在，λ_{ex}=595 nm 有强吸收，呈红色荧光（FL2-H）。在线粒体膜电位消散的凋亡细胞中，线粒体去极化导致 JC-1 以单体的形成出现，在 λ_{ex}=525 nm 有强吸收，呈绿色荧光（FL1-H）。根据 FL2-H 和 FL1-H 荧光强度比值的消长可以判断线粒体膜电位变化情况。

将对数期热带念珠菌与 $1\times MIC_{100}$ 的 CGA-N12 在 28℃条件下共同孵育 8 h，菌体与 JC-1 工作液在 28℃条件下共同作用 20 min 后，用 JC-1 缓冲液清洗并重悬。JC-1 单体（绿色）和聚集体（红色）的荧光强度，在激光共聚焦显微镜的 FL1 和 FL2 双通道下测定。用 10 mmol/L H_2O_2 处理的细胞作阳性对照，以 PBS（20 mmol/L，pH 7.0）处理的细胞作空白对照，结果如图 5-5 所示。经 CGA-N12

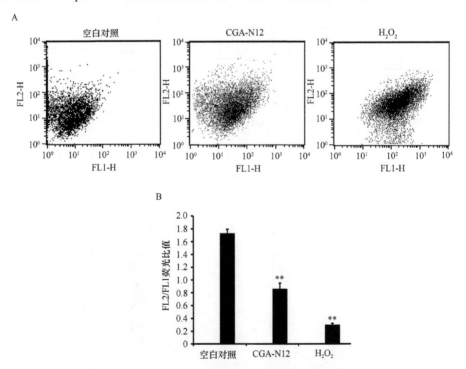

图 5-5　CGA-N12 处理后热带念珠菌线粒体膜电位变化

A. 流式细胞分析；B. SPSS 分析

和 H_2O_2 处理后，FL2/FL1 的比值分别为 0.88 和 0.38，与空白对照组的 FL2/FL1 比值（1.74）相比，CGA-N12 作用 10 h 后热带念珠菌线粒体膜电位下降了 49.4%，H_2O_2 处理后热带念珠菌线粒体膜电位下降了 78.2%。三次重复试验的独立数据，用数据统计分析软件（NCSS-PASS 11）分析，并进行显著性 t 检验。结果表明，在 CGA-N12 作用下，热带念珠菌线粒体膜电位显著下降（**$P<0.01$）。

五、引起线粒体细胞色素 c 泄漏

用差速离心法将细胞质中的 Cyt c 和线粒体中的 Cyt c 分离，用紫外分光光度计检测细胞质和线粒体中的 Cyt c 含量变化。

将对数期热带念珠菌与 $1×MIC_{100}$ 的 CGA-N12 在 28℃ 条件下分别温育 5 h、10 h 和 15 h。将细胞重悬于 pH 7.5 的缓冲液 A（Tris 50 mmol/L，EDTA 2 mmol/L，PMSF 1 mmol/L）中匀浆。匀浆结束后，补充葡萄糖至终浓度 2%。离心（20 000 g，10 min）后，收集上清液。将上清液再次离心（30 000 g，45 min），吸取上清测定细胞质中的 Cyt c 含量。将沉淀重新悬浮于 pH 5.0 的缓冲液 B（Tris 50 mmol/L，EDTA 2 mmol/L）中，5 min 后离心（12 000 g，30 s），收集线粒体沉淀，重新悬浮于缓冲液 C（Tris 2 mg/mL，EDTA 2 mmol/L）中，用于测量线粒体中 Cyt c 的含量。以未经抗菌肽处理的细胞为空白组，上述待检测样品均加入抗坏血酸（终浓度 500 mg/mL）还原 5 min，使用紫外分光光度计在 550 nm 处检测细胞质和线粒体中还原状态的 Cyt c 相对含量。结果如图 5-6 所示，CGA-N12 与热带念珠菌作用 10 h 后，与对照组相比，线粒体中的 Cyt c 含量显著减少（*$P<0.05$），作用 15 h 后 Cyt c 含量降到最低（图 5-6A）；相反，CGA-N12 与热带念珠菌作用 10 h 后，细胞质中的 Cyt c 含量增加（图 5-6B），15 h 后 Cyt c 含量增加极显著（*$P<0.05$，**$P<0.01$）。研究结果表明，在 CGA-N12 作用下，Cyt c 从线粒体释放到细胞质中。

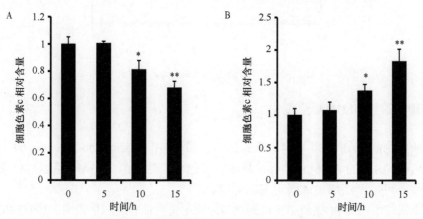

图 5-6　线粒体和细胞质中 Cyt c 相对含量变化

A. 线粒体；B. 细胞质

六、激活 metacaspase

CaspACE^{TM} FITCVAD-FMK 原位标记物（CaspACE^{TM} FITC-VAD-FMK *in situ marker*）是凋亡细胞的荧光标记物。该荧光标记物进入细胞后，与活性 caspases 发生不可逆结合。利用 CaspACE^{TM} FITCVAD-FMK 原位标记物，检测 CGA-N12 处理后热带念珠菌 metacaspase 活性。热带念珠菌培养到对数期，1×MIC$_{100}$ 的 CGA-N12 与热带念珠菌共同孵育 15 h 后，加入 CaspACE^{TM} FITC-VAD-FMK 原位标记物使终浓度为 10 μmol/L，20℃避光孵育 1 h 之后用 1 mL 0.5%甲醛溶液 20℃下固定 30 min。固定后的菌体重悬于 0.5 mL PBS（20 mmol/L，pH 7.0）中，用流式细胞仪分析。以 PBS（20 mmol/L，pH 7.0）为空白对照，10 μmol/L 蜂毒肽为阳性对照。与对照组相比，热带念珠菌经 CGA-N12 处理 10 h 后，细胞内荧光强度增加了 30.11%,蜂毒肽处理后的热带念珠菌细胞荧光强度增加了 43.81%(图 5-7)。研究结果表明，CGA-N12 激活了热带念珠菌细胞内的 metacaspase 活性。

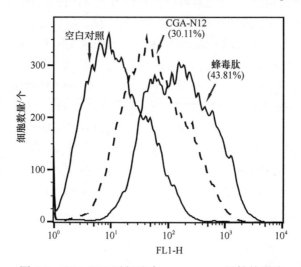

图 5-7　CGA-N12 对细胞内 metacaspase 活性的影响

七、出现核聚缩和 DNA 片段化

核酸染色剂 DAPI，即 4′,6-二脒基-2-苯基吲哚（4′,6-diamidino-2-phenylindole），能与 DNA 小沟内的 AT 位点结合，从而将染色体染色。因为 DAPI 可以透过完整的细胞膜，可用于活细胞或固定细胞的染色。

在本研究中，DAPI 染料用于检测热带念珠菌染色体断裂和核聚缩。以 1×MIC$_{100}$ 的 CGA-N12 处理对数期热带念珠菌，激光共聚焦显微镜观察细胞染色情况。以不加 CGA-N12 的热带念珠菌为空白对照组。与空白对照组相比，经 CGA-N12 处理 10 h 后，热带念珠菌细胞核出现了明显的核聚缩现象（图 5-8A）。

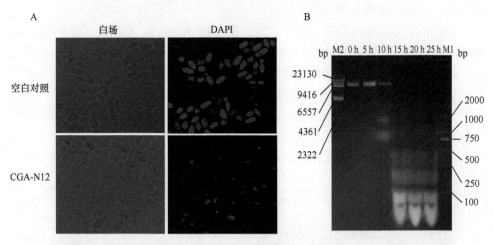

图 5-8 CGA-N12 诱发热带念珠菌染色体核聚缩（A）和 DNA 片段化（B）

采用琼脂糖凝胶电泳检测 CGA-N12 是否会影响热带念珠菌基因组 DNA 的完整性。将生长到对数期的热带念珠菌与 $1 \times \mathrm{MIC}_{100}$ 的 CGA-N12 分别孵育 0 h、5 h、10 h、15 h、20 h 和 25 h，收集菌体沉淀，提取基因组 DNA。采用琼脂糖凝胶电泳观察，发现经 CGA-N12 处理后，基因组 DNA 被降解为长度为 200 bp 的整倍数的片段（图 5-8B），在琼脂糖凝胶上呈现出一个典型的 DNA "阶梯" 状。这些细胞凋亡特征表明，CGA-N12 处理后，热带念珠菌细胞发生凋亡。

八、CGA-N12 不与 DNA 结合

凝胶阻滞实验和紫外可见光谱实验是两种常见的检测 DNA 与小分子物质结合的方法。凝胶阻滞实验具有简便、直观的特点。

紫外可见吸收光谱是研究 DNA 与小分子相互作用的一种最简便、最常用的技术。含有碱基生色团的双螺旋结构 DNA 分子在 260 nm 附近有强吸收，许多与 DNA 结合的小分子或本身有光学活性，或与 DNA 结合后可以产生光学活性。因而，可根据 DNA 与小分子相互作用前后吸收谱带的变化，对二者的相互作用模式进行判断。当小分子质量化合物与 DNA 之间存在相互作用时，复合物的紫外光谱峰位置与峰高会发生变化[50]。对应 DNA 的吸收光谱，如导致分子的构象变化，则产生减色效应及红移现象；如破坏 DNA 双螺旋结构，则产生增色效应。

DNA 与小分子物质的结合方式，有嵌插结合模式、沟槽结合模式和静电结合

模式。当小分子嵌插到 DNA 时，小分子特征吸收峰会有明显减色现象及吸收光谱带的红移[51]；如该分子与 DNA 发生静电作用或沟槽作用，则光谱峰出现较小的红移，且减色效应不明显。

通过两个实验结果判断 CGA-N12 是否与 DNA 结合。实验一，分析 200 ng DNA 与不同浓度 CGA-N12（$1 \times MIC_{100}$、$2 \times MIC_{100}$）孵育 15 min 后，琼脂糖凝胶电泳结果；实验二，不同浓度热带念珠菌基因组 DNA（0 ng/μL、1.25 ng/μL、2.5 ng/μL、5 ng/μL、10 ng/μL 和 20 ng/μL）与 $1 \times MIC_{100}$ 的 CGA-N12 孵育 1 h 后，紫外分光光度计记录波长 185～350 nm 的吸光度。两个实验结果如图 5-9 所示。结果发现，CGA-N12 不影响热带念珠菌 DNA 在凝胶中的迁移率，紫外可见光谱无减色现象和红移现象，结果表明 CGA-N12 与 DNA 没有相互作用，两者没有结合。

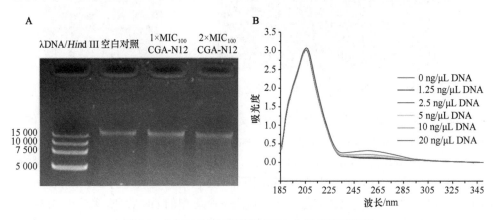

图 5-9　CGA-N12 与基因组 DNA 之间的相互作用

A. 200 ng DNA 与不同浓度 CGA-N12（$1 \times MIC_{100}$、$2 \times MIC_{100}$）孵育 1 h 后，琼脂糖凝胶电泳结果；B. 不同浓度热带念珠菌基因组 DNA（0 ng/μL、1.25 ng/μL、2.5 ng/μL、5 ng/μL、10 ng/μL 和 20 ng/μL）与 $1 \times MIC_{100}$ 的 CGA-N12 孵育后，波长 185～350 nm 的紫外吸光度

第四节　CGA-N9 诱导热带念珠菌细胞凋亡

围绕 CGA-N9 诱导热带念珠菌细胞凋亡，我们将从细胞膜去极化、细胞内钙稳态变化、细胞内活性氧水平、线粒体膜电位、线粒体细胞色素 c 泄漏、DNA 断裂及 CGA-N9 与基因组 DNA 的结合方式等几个方面，阐明其作用机制。

一、诱导细胞膜去极化

采用 DiSC3(5)探针，判断 CGA-N9 对热带念珠菌细胞膜电位的影响。将对数生长期的热带念珠菌重悬于 5 mmol/L HEPES 中，使 $OD_{600}=0.05$。用荧光分光光度计（$\lambda_{ex}/\lambda_{em} =600$ nm/675 nm）检测 2 min，待测得的荧光值稳定不变时，加入

DMSO 溶解的 DiSC3(5)，使终浓度达到 1.6 μmol/L。缓冲液中的 DiSC3(5)在 1 min 内荧光强度骤然增加，与处于极化状态的热带念珠菌细胞膜结合后，探针在细胞膜上大量集聚浓缩，引发自猝灭，荧光强度降低。持续检测约 11 min 后荧光强度趋于稳定（图 5-10）。在荧光强度稳定后的各待测菌悬液中，试验组加入 CGA-N9 至终浓度为 $1 \times MIC_{100}$；阳性对照组加入 1 μmol/L NaN$_3$；空白对照组加入等体积的 PBS 缓冲液（20 mmol/L，pH 7.0），检测各组荧光强度变化。在测定条件不变的情况下，持续检测样品荧光强度，直到荧光强度不再发生明显变化为止。由图 5-10 可知，在 CGA-N9 作用下，试验组荧光强度逐渐增加，表明 DiSC3(5)从细胞膜上解离，说明 CGA-N9 引起细胞膜去极化。因此，CGA-N9 能够使热带念珠菌细胞膜电位消散。

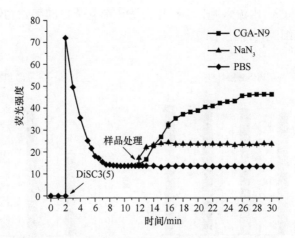

图 5-10 CGA-N9 对热带念珠菌细胞膜电位的影响

二、破坏细胞内钙稳态

使用细胞质 Ca^{2+}探针 Fura-2-AM 和线粒体 Ca^{2+}探针 Rhod-2-AM，检测 CGA-N9 处理后细胞质和线粒体内 Ca^{2+}水平变化。分别用含 20% Pluronic F-127 的二甲基亚砜（DMSO）溶解 Fluo-4-AM 和 Rhod-2-AM。必要时可用 Hanks 平衡盐溶液稀释至所需浓度。将对数期热带念珠菌细胞与 $1 \times MIC_{100}$ 的 CGA-N9 共孵育 0 h、4 h、8 h、12 h 和 16 h。10 mmol/L H$_2$O$_2$ 处理组作为阳性对照，PBS（20 mmol/L，pH 7.0）处理组作为空白对照。孵育结束后，Krebs 缓冲液（132 mmol/L NaCl，4 mmol/L KCl，6 mmol/L 葡萄糖，10 mmol/L HEPES，10 mmol/L NaHCO$_3$，1 mmol/L CaCl$_2$，0.01% Pluronic F-127，1%牛血清白蛋白，pH 7.2）洗涤菌体细胞三次。热带念珠菌细胞沉淀在 5 μmol/L Fura-2-AM 或 10 μmol/L Rhod-2-AM 工作液中 28℃温育 30 min，再用无钙的 Krebs 缓冲液清洗三次。最后用荧光分光光度计分别测量细胞

质 Fura-2（$\lambda_{ex}/\lambda_{em}$ = 340 nm/510 nm）和线粒体 Rhod-2（$\lambda_{ex}/\lambda_{em}$ = 550 nm/580 nm）的荧光强度，以检测细胞质和线粒体的 Ca^{2+} 信号。

结果如图 5-11 所示，经 CGA-N9 处理后，热带念珠菌细胞质基质和线粒体 Ca^{2+} 水平高于未经 CGA-N9 处理的细胞，且随着处理时间的延长，实验组热带念珠菌细胞内的 Ca^{2+} 水平与 H_2O_2 处理组的 Ca^{2+} 水平之间的差距逐渐缩小，处理 8 h 时，效果最明显（*P < 0.05，***P < 0.001）。研究结果表明，CGA-N9 可以促进细胞对 Ca^{2+} 的摄取，并在细胞质与线粒体中积累。CGA-N9 杀菌活性变化曲线也证实，其杀菌活性呈时间依赖性。在 8 h 时，开始引起热带念珠菌细胞的急剧死亡，这与 Ca^{2+} 浓度变化相对应。Gupta 等[52]研究证明，在酵母细胞中，Ca^{2+} 的吸收打乱了细胞内 Ca^{2+} 平衡状态，从而影响菌体细胞生存。细胞凋亡时，细胞膜去极化会导致 Ca^{2+} 内流入胞，Ca^{2+} 作为诱导细胞凋亡的起始物，参与凋亡信号转导，诱发真菌细胞程序化死亡。

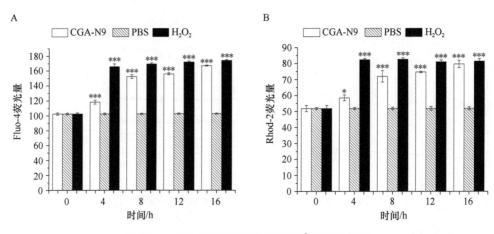

图 5-11　CGA-N9 对热带念珠菌 Ca^{2+} 水平的影响

A. 细胞质；B. 线粒体

三、诱发细胞内活性氧积累

采用活性氧探针二氢罗丹明-123（DHR123）检测细胞内活性氧水平。将培养至对数期的热带念珠菌与 1×MIC$_{100}$ 的 CGA-N9 共同孵育 10 h，加入 DMSO 溶解的 DHR-123，使染料终浓度为 10 μmol/L，染色 1 h。以 10 mmol/L H_2O_2 为阳性对照，PBS（20 mmol/L，pH 7.0）为空白对照。用流式细胞仪检测样品的相对荧光含量，检测结果如图 5-12 所示。CGA-N9 处理 8 h 时，与空白对照的相对荧光含量（4.19%）相比，实验组相对荧光含量增加了 50.15%（***P<0.001），说明 CGA-N9 诱导热带念珠菌 ROS 过量产生，并在胞内过量积累。

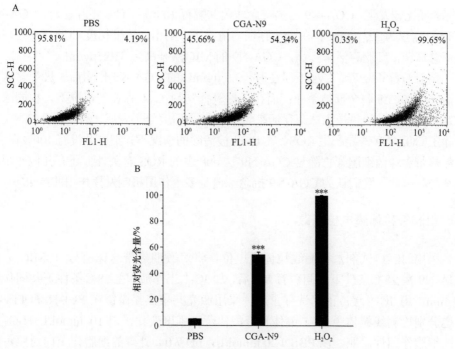

图 5-12 热带念珠菌细胞活性氧（ROS）变化

A. 流式细胞分析；B. 凋亡细胞百分比

半胱氨酸（cysteine，Cys）可以清除过氧化氢、羟自由基等各种类型的活性氧。为判断 CGA-N9 抗念珠菌作用是否只与诱导产生的 ROS 有关，我们使用安全剂量的活性氧清除剂 Cys 处理热带念珠菌。采用微量稀释法，在 Cys 存在和不存在的情况下，分别检测 CGA-N9 抗热带念珠菌的最小杀菌浓度（MIC_{100}）变化，结果如图 5-13

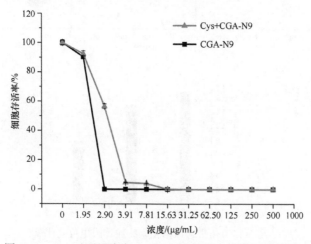

图 5-13 Cys 对不同浓度 CGA-N9 抗热带念珠菌活性的影响

所示。经比较发现，CGA-N9 与热带念珠菌共孵育 16 h 后，Cys 不存在时，CGA-N9 的 MIC_{100} 仅为 3.9 μg/mL；在 Cys 存在的情况下，用相同浓度梯度 CGA-N9 处理的热带念珠菌，细胞存活率提高，CGA-N9 的 MIC_{100} 升高到 31.25 μg/mL。

菌悬液涂板培养，Cys 不存在时，3.9 μg/mL 的 CGA-N9 作用后，热带念珠菌存活率为 0，细胞全部被杀死；而在活性氧抑制剂 Cys 存在的情况下，相同浓度 CGA-N9 处理后的热带念珠菌存活率为 56.71%。研究结果表明，活性氧抑制剂 Cys 清除了 CGA-N9 诱导产生 ROS。在 ROS 被清除的情况下，细胞并没有 100% 存活，推测热带念珠菌细胞死亡除与 CGA-N9 诱导产生的 ROS 有关外，还有其他作用机制参与。因此，我们认为 CGA-N9 抗念珠菌是多重作用机制发挥作用的结果。

四、引起线粒体膜电位消散

采用 JC-1 试剂盒检测线粒体膜电位。将对数期热带念珠菌与 $1×MIC_{100}$ 的 CGA-N9 在 28℃条件下共同孵育 8 h 后，加 JC-1 工作液，在 28℃条件下共同作用 20 min。用 JC-1 缓冲液清洗并重悬。采用激光共聚焦显微镜在 FL1-H 和 FL2-H 通道分别检测线粒体中 JC-1 单体和聚集体荧光强度变化。以 10 mmol/L H_2O_2 处理的细胞作阳性对照，以 PBS（20 mmol/L，pH 7.0）处理的细胞作空白对照，结果如图 5-14 所示。实验组和阳性对照组与空白对照组相比，JC-1 单体逐渐增加

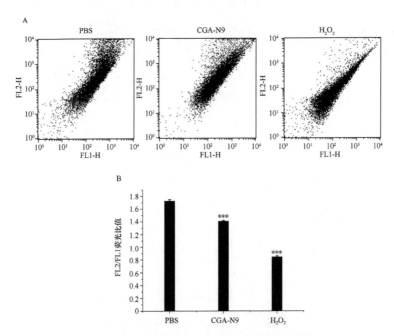

图 5-14　热带念珠菌细胞线粒体膜电位变化

A. 流式细胞分析；B. 荧光强度比值

（FL1-H）；空白对照组 FL2 / FL1 比率为 1.72，而实验组降低至 1.41，阳性组更低至 0.85（***$P < 0.001$）。研究结果表明，热带念珠菌细胞经 CGA-N9 处理后，线粒体膜电位消散。

五、引起线粒体细胞色素 c 泄漏

采用差速离心法将细胞质中的 Cyt c 和线粒体中的 Cyt c 分离，采用紫外分光光度计检测 CGA-N9 处理不同时间热带念珠菌细胞质和线粒体中 Cyt c 含量变化。

将对数期热带念珠菌与 $1 \times MIC_{100}$ 的 CGA-N9 在 28℃ 条件下，分别温育 0 h、4 h、8 h、12 h 和 16 h。将细胞重悬于 pH 7.5 的缓冲液 A（50 mmol/L Tris，2 mmol/L EDTA，1 mmol/L PMSF）中匀浆。匀浆结束后，补充葡萄糖至终浓度 2%。离心（20 000 g，10 min）后，收集上清液。将上清液再次离心（30 000 g，45 min），吸取上清测定细胞质中 Cyt c 含量。将沉淀重新悬浮于 pH 5.0 的缓冲液 B（50 mmol/L Tris，2 mmol/L EDTA）中，5 min 后离心（12 000 g，30 s），收集线粒体沉淀，重新悬浮于缓冲液 C（Tris 2 mg/mL，EDTA 2 mmol/L）中，测量线粒体 Cyt c 的含量。以未经抗菌肽处理的细胞为空白组，上述待检测样品均加入抗坏血酸（终浓度 500 mg/mL）还原 5 min，使用紫外分光光度计在 550 nm 处检测细胞质和线粒体中还原态 Cyt c 的相对含量。结果如图 5-15 所示，发现随着 CGA-N9 处理时间的延长，线粒体内的 Cyt c 相对含量越来越低，而胞质中的 Cyt c 相对含量越来越高（*$P<0.05$，**$P<0.01$，***$P<0.001$）。研究结果表明，CGA-N9 诱导热带念珠菌线粒体释放 Cyt c。

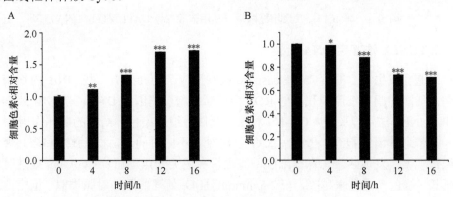

图 5-15　细胞质和线粒体中细胞色素 c 相对含量变化

A. 细胞质；B. 线粒体

六、出现细胞核 DNA 断裂

1. DAPI 染色法鉴定 DNA 断裂

采用 DAPI 染色法检测热带念珠菌染色体形态变化。DNA 特异性染料 DAPI

可以将细胞核染成蓝色，而其他细胞质部分不会被染色。

热带念珠菌细胞经 1×MIC₁₀₀ CGA-N9 处理不同时间后，采用激光扫描共聚焦显微镜，观察细胞核形态变化。与未经 CGA-N9 处理的细胞相比，从 8 h 开始，实验组部分细胞蓝色荧光变亮，且荧光由原来的一个单圆点变成分散的荧光点，散布在细胞内边缘（图 5-16）。实验结果表明，在 CGA-N9 作用下，热带念珠菌细胞中的染色体出现了断裂（荧光边缘化）和核聚缩（荧光亮度增加）。

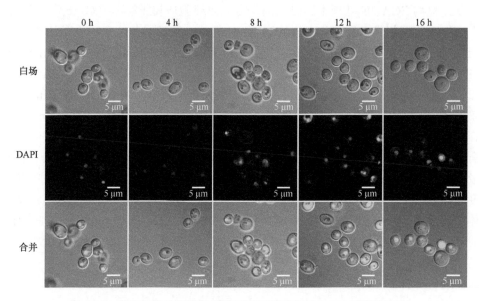

图 5-16　激光扫描共聚焦显微镜下利用核酸探针 DAPI 观察核 DNA

2. TUNEL 法鉴定 DNA 断裂

细胞在发生凋亡时，Ca^{2+}、caspase 级联反应产物会激活一些 DNA 内切酶。这些内切酶和凋亡细胞中积聚的 ROS 会切断细胞核基因组 DNA，暴露出 3′-OH。采用 TUNEL 法可以验证 CGA-N9 对热带念珠菌细胞染色体结构的破坏作用。

热带念珠菌细胞经 1×MIC₁₀₀ CGA-N9 处理不同时间后，采用激光扫描共聚焦显微镜观察，发现热带念珠菌细胞中有大量绿色荧光点。随着 CGA-N9 处理时间的延长，绿色光点越来越亮，与 2.5 mmol/L H_2O_2 处理的阳性对照类似，但空白对照组没有荧光变化（图 5-17A）。定量测定样品的荧光强度，随着 CGA-N9 处理时间的延长，荧光强度增加（***$P<0.001$），越来越多的 FITC 标记的 dUTP 结合在 DNA 的断裂处，说明 DNA 的损伤越来越严重（图 5-17B）。

由于 TUNEL 法可以直接检验 DNA 的损伤情况，结合上述 DAPI 实验中的核聚缩和 DNA 断裂情况，我们认为，CGA-N9 处理可导致热带念珠菌细胞核和 DNA 损伤，出现了细胞凋亡的重要特征[53]。

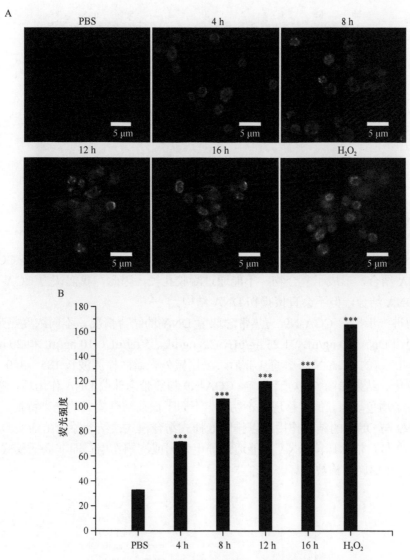

图 5-17　采用 TUNEL 法激光扫描共聚焦显微镜观察 DNA 损伤

A. 激光共聚焦显微镜荧光观察；B. 荧光强度

七、CGA-N9 与 DNA 非嵌合式结合

200 ng DNA 与不同浓度 CGA-N12（$1 \times MIC_{100}$、$2 \times MIC_{100}$、$4 \times MIC_{100}$、$8 \times MIC_{100}$、$16 \times MIC_{100}$、$32 \times MIC_{100}$）孵育 15 min 后，进行琼脂糖电泳，通过比较 DNA 迁移速率和电泳条带，判断 CGA-N9 能否与 DNA 结合或直接损伤 DNA。DNA 结果如图 5-18 所示，$1 \times MIC_{100} \sim 8 \times MIC_{100}$ 的 CGA-N9 与 200 ng 的 DNA 混合物，与对照组相比，迁移程度一致，未见断裂的 DNA 条带；但在浓度 $\geqslant 16 \times MIC_{100}$ 的

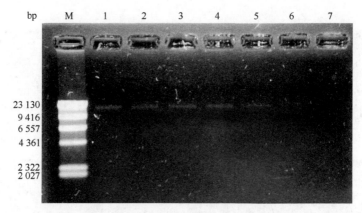

图 5-18　DNA 与 CGA-N9 混合物的凝胶电泳图

M. λDNA/*Hin*d III; 1. 无 CGA-N9; 2. 1×MIC$_{100}$; 3. 2×MIC$_{100}$; 4. 4×MIC$_{100}$; 5. 8×MIC$_{100}$; 6. 16×MIC$_{100}$; 7. 32×MIC$_{100}$

CGA-N9 作用下，DNA 条带没有跑出加样孔，发生了阻滞现象，推测是 CGA-N9 与 DNA 结合，形成了复合物，不能通过凝胶孔径。因此，我们认为 CGA-N9 可以与 DNA 结合，但不会直接损伤 DNA 结构。

　　为进一步探索 CGA-N9 与热带念珠菌 DNA 的结合情况，不同浓度热带念珠菌基因组 DNA（0 ng/μL、1.25 ng/μL、2.5 ng/μL、5 ng/μL、10 ng/μL 和 20 ng/μL）与 1×MIC$_{100}$ 的 CGA-N12 孵育 1 h 后，采用紫外光谱法检测波长 185～350 nm 的光谱变化。结果如图 5-19 所示，当 CGA-N9 与热带念珠菌 DNA 作用后，吸收光谱发生了增色现象，但红移现象不明显，不同于嵌插结合模式的光谱特征。因此，CGA-N9 与 DNA 的结合作用可以排除嵌插式结合模式；结合凝胶阻滞实验结果，CGA-N9 与热带念珠菌 DNA 可能通过静电作用或沟槽作用，即非嵌插模式结合，且 DNA 双螺旋结构被破坏。

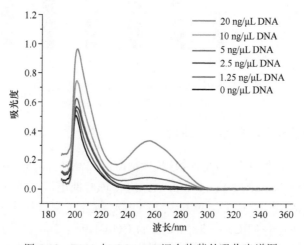

图 5-19　DNA 与 CGA-N9 混合物紫外吸收光谱图

结 论

（1）在细胞水平上，CGA-N12 和 CGA-N9 通过引起细胞膜去极化，导致热带念珠菌细胞摄取 Ca^{2+}，积聚 ROS，造成线粒体和核损伤；线粒体膜电位去极化，释放 Cyt c；引起核聚缩和基因组 DNA 片段化；这些都是酵母细胞凋亡的典型特征。因此，我们认为 CGA-N12 和 CGA-N9 是通过激活热带念珠菌凋亡途径发挥抗真菌作用（图 5-19）。ROS 是造成热带念珠菌死亡的一个重要原因，但不是唯一原因（图 5-20）。

（2）在分子水平上，CGA-N9 与 DNA 是以非嵌插式作用模式结合。

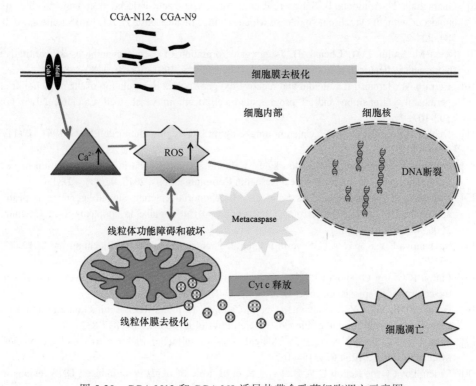

图 5-20　CGA-N12 和 CGA-N9 诱导热带念珠菌细胞凋亡示意图

参 考 文 献

[1] Hamann A, Brust D, Osiewacz H D. Apoptosis pathways in fungal growth, development and ageing. Trends in Microbiology, 2008, 16(6): 276-283.

[2] Hao B H, Cheng S J, Clancy C J, et al. Caspofungin kills *Candida albicans* by causing both cellular apoptosis and necrosis. Antimicrobial Agents and Chemotherapy, 2013, 57(1): 326-332.

[3] Elmore S. Apoptosis: A review of programmed cell death. Toxicologic Pathology, 2007, 35(4): 495-516.

[4] Madeo F, Didac C G, Ring J, et al. Caspase-dependent and caspase-independent cell death pathways in yeast. Biochemical and Biophysical Research Communications, 2009, 382(2): 227-231.

[5] Amin S, Mousavi A, Robson G D. Oxidative and amphotericin B-mediated cell death in the opportunistic pathogen *Aspergillus fumigatus* is associated with an apoptotic-like phenotype. Microbiology, 2004, 150(6): 1937-1945.

[6] Daniel B, Decoster M A. Quantification of sPLA(2)-induced early and late apoptosis changes in neuronal cell cultures using combined TUNEL and DAPI staining. Brain Research Protocols, 2004, 13(3): 144-150.

[7] Mazzoni C, Falcone C. Caspase-dependent apoptosis in yeast. Biochimica et Biophysica Acta, 2008, 1783(7): 1320-1327.

[8] Guaragnella N, Antonella B, Salvatore P, et al. Yeast acetic acid-induced programmed cell death can occur without cytochrome c release which requires metacaspase YCA1. FEBS Letters, 2010, 584: 224-228.

[9] Reers M, Smith T W, Chen L B. J-aggregate formation of a carbocyanine as a quantitative fluorescent indicator of membrane potential. Biochemistry, 1991, 30(18): 4480-4486.

[10] Carraro M, Bernardi P. Calcium and reactive oxygen species in regulation of the mitochondrial permeability transition and of programmed cell death in yeast. Cell Calcium, 2016, 60: 102-107.

[11] Deluca H F, Engstrow G W. Calcium uptake by rat kidney mitochondria. PNAS, 1961, 47(11): 1744-1750.

[12] Orrenius S, Gogvadze V, Zhivotovsky B. Calcium and mitochondria in the regulation of cell death. Biochemical and Biophysical Research Communications, 2015, 460(1): 72-81.

[13] Hajnóczky G, Csordás G, Das S, et al. Mitochondrial calcium signalling and cell death: approaches for assessing the role of mitochondrial Ca^{2+} uptake in apoptosis. Cell Calcium, 2006, 40(5-6): 553-560.

[14] Sukhanova E I, Rogov A G, Severin F F, et al. Phenoptosis in yeasts. Biochemistry, 2012, 77: 761-775.

[15] Pinton P, Giorgi C, Siviero R, et al. Calcium and apoptosis: ER-mitochondria Ca^{2+} transfer in the control of apoptosis. Oncogene, 2008, 27: 6407-6418.

[16] Brookes P S, Yoon Y, Robotham J L, et al. Calcium, ATP and ROS: a mitochondrial love-hate triangle. American Journal of Physiology-Cell Physiology, 2004, 287: 817-833.

[17] Sena L A, C handel N S. Physiological roles of mitochondrial reactive oxygen species. Molecular Cell, 2012, 48(2): 158-167.

[18] Sedelnikova O A, Redon C E, Dickey J S, et al. Role of oxidatively induced DNA lesions in human pathogenesis. Mutation Research, 2010, 704: 152-159.

[19] Yun J E, Woo E R, Lee D G. Isoquercitrin, isolated from *Aster yomena* triggers ROS-mediated apoptosis in *Candida albicans*. Journal of Functional Foods, 2016, 22: 347-357.

[20] Green D R, Reed J C. Mitochondria and apoptosis. Science, 1998, 281(5381): 1309-1312.

[21] Du L, Su Y Y, Sun D B, et al. Formic acid induces Yca1p-independent apoptosis-like cell death in the yeast *Saccharomyces cerevisiae*. FEMS Yeast Research, 2008, 8: 531-539.

[22] Ludovico P, Filipe S, Silva M T, et al. Acetic acid induces a programmed cell death process in the food spoilage yeast *Zygosaccharomyces bailii*. FEMS Yeast Research, 2003, 3: 91-96.

[23] Chateaubodeau G D, Martine G, Bernard G. Studies on anionic transport in yeast mitochondria

and promitochondria. Swelling in ammonium phosphate, glutamate, succinate and fumarate solutions. FEBS Letters, 1974, 46: 184-187.

[24] Hwang J H, Hwang I S, Liu Q H, et al. (+)-Medioresinol leads to intracellular ROS accumulation and mitochondria-mediated apoptotic cell death in *Candida albicans*. Biochimie, 2012, 94(8): 1784-1793.

[25] Gottlieb E, Armour S M, Harris M H, et al. Mitochondrial membrane potential regulates matrix configuration and cytochrome c release during apoptosis. Cell Death and Differentiation, 2003, 10(6): 709-717.

[26] Ludovico P, Rodrigues F, Almeida A, et al. Cytochrome c release and mitochondria involvement in programmed cell death induced by acetic acid in *Saccharomyces cerevisiae*. Molecular Biology of the Cell, 2002, 13(8): 2598-2606.

[27] Gahl R F, He Y, Yu S Q, et al. Conformational rearrangements in the pro-apoptotic protein, Bax, as it inserts into mitochondria. Journal of Biological Chemistry, 2014, 289(47): 32871-32882.

[28] Jiang Z Y, Zhang H S, Rainer A B. Allostery in BAX protein activation. Journal of Biomolecular Structure & Dynamics, 2016, 34(11): 2469-2480.

[29] Massari S, Azzone G F. The equivalent pore radius of intact and damaged mitochondria and the mechanism of active shrinkage. Biochimica et Biophysica Acta-Bioenergetics, 1972, 283(1): 23-29.

[30] Haworth R A, Hunter D R. The Ca^{2+}-induced membrane transition in mitochondria. II. Nature of the Ca^{2+} trigger site. Archives of Biochemistry and Biophysics, 1979, 195(2): 460-467.

[31] Kovaleva M V, Sukhanova E I, Trendeleva T A, et al. Induction of permeability of the inner membrane of yeast mitochondria. Biochemistry (Mosc), 2010, 75: 297-303.

[32] Lee H, Hwang J S, Lee D G. Scolopendin, an antimicrobial peptide from centipede, attenuates mitochondrial functions and triggers apoptosis in *Candida albicans*. Biochemical Journal, 2017, 474: 635-645.

[33] Silvestro L, Gupta K, Weiser J N, et al. The concentration-dependent membrane activity of cecropin A. Biochemistry, 1997, 36(38): 11452-11460.

[34] Silvestro L, Weiser J N, Axelsen P H. Antibacterial and antimembrane activities of cecropin A in *Escherichia coli*. Antimicrobial Agents and Chemotherapy, 2000, 44(3): 602-607.

[35] Yun J E, Lee D G. Cecropin A-induced apoptosis is regulated by ion balance and glutathione antioxidant system in *Candida albicans*. IUBMB Life, 2016, 68(8): 652-662.

[36] Nicholls D G. Fluorescence measurement of mitochondrial membrane potential changes in cultured cells. Methods in Molecular Biology, 2018, 1782: 121-135.

[37] Liu W, Dong S L, Xu F, et al. Effect of intracellular expression of antimicrobial peptide LL-37 on growth of *Escherichia coli* strain TOP10 under aerobic and anaerobic conditions. Antimicrobial Agents and Chemotherapy, 2013, 57(10): 4707-4716.

[38] Hwang B, Hwang J S, Lee J Y, et al. Induction of yeast apoptosis by an antimicrobial peptide, Papiliocin. Biochemical and Biophysical Research Communications, 2011, 408: 89-93.

[39] Hwang B, Hwang J S, Lee J Y, et al. The antimicrobial peptide, psacotheasin induces reactive oxygen species and triggers apoptosis in *Candida albicans*. Biochemical and Biophysical Research Communications, 2011, 405(2): 267-271.

[40] Li R F, Zhang R L, Yang Y H, et al. CGA-N12, a peptide derived from chromogranin A, promotes apoptosis of *Candida tropicalis* by attenuating mitochondrial functions. Biochemical Journal, 2018, 475: 1385-1396.

[41] Li R F, Chen C, Zhang B B, et al. The chromogranin A-derived antifungal peptide CGA-N9 induces apoptosis in *Candida tropicalis*. Biochemical Journal, 2019, 476: 3069-3080.

[42] Watanabe N, Lam E. Two *Arabidopsis* metacaspases AtMCP1b and AtMCP2b are arginine/lysine-specific cysteine proteases and activate apoptosis-like cell death in yeast. Journal of Biological Chemistry, 2005, 280(15): 14599-14691.

[43] Guaragnella N, Zdralevic M, Antonacci L, et al. The role of mitochondria in yeast programmed cell death. Frontiers in Oncology, 2012, 2: 1-8.

[44] Lee J Y, Lee D G. Melittin triggers apoptosis in *Candida albicans* through the reactive oxygen species-mediated mitochondria/caspase-dependent pathway. FEMS Microbiology Letters, 2014, 355: 36-42.

[45] Komatsu T, Salih E, Helmerhorst E J, et al. Influence of histatin 5 on *Candida albicans* mitochondrial protein expression assessed by quantitative mass spectrometry. Journal of Proteome Research, 2011, 10: 646-655.

[46] Bernardi P. The permeability transition pore. Control points of a cyclosporin A-sensitive mitochondrial channel involved in cell death. Biochimica et Biophysica Acta, 1996, 1275(1-2): 5-9.

[47] Brisac C, Téoulé F, Autret A, et al. Calcium flux between the endoplasmic reticulum and mitochondrion contributes to poliovirus-induced apoptosis. Journal of Virology, 2010, 84(23): 12226-12235.

[48] Temple M D, Perrone G G, Dawes I W. Complex cellular responses to reactive oxygen species. Trends in Cell Biology, 2005, 15(6): 319-326.

[49] Perrone G G, Tan S X, Dawes I W. Reactive oxygen species and yeast apoptosis. Biochimica et Biophysica Acta, 2008, 1783(7): 1354-1368.

[50] Sarwar T, Rehman S U, Husain M A, et al. Interaction of coumarin with calf thymus DNA: deciphering the mode of binding by *in vitro* studies. International Journal of Biological Macromolecules, 2015, 73: 9-16.

[51] Bera R, Sahoo B K, Ghosh K S, et al. Studies on the interaction of isoxazolcurcumin with calf thymus DNA. International Journal of Biological Macromolecules, 2008, 42: 14-21.

[52] Gupta S S, Ton V K, Beaudry V, et al. Antifungal activity of amiodarone is mediated by disruption of calcium homeostasis. Journal of Biological Chemistry, 2003, 278(31): 28831-28839.

[53] Ribeiro G F, Manuela C R, Bjorn J. Characterization of DNA damage in yeast apoptosis induced by hydrogen peroxide, acetic acid, and hyperosmotic shock. Molecular Biology of the Cell, 2006, 17(10): 4584-4591.

第六章 抗真菌肽作用机制之四：对线粒体膜通透性转换孔的影响

第一节 念珠菌线粒体膜通透性转换孔

线粒体膜通透性转换孔（mitochondrial permeability transition pore，mPTP）是一个横跨线粒体内外膜的非选择性通道，负责线粒体基质与细胞基质的物质交换。20世纪70年代，科技工作者对动物细胞线粒体进行研究时，mPTP被描述为 Ca^{2+} 激活孔；之后，mPTP被认为与许多疾病有关[1-4]。采用不同分子质量的聚乙二醇进行研究发现，≤1.5 kDa 的溶质能够通过 mPTP 孔隙，因此，推测 mPTP 孔径相当于 1.4 nm[5,6]。由于呈电中性的蔗糖和由带电离子组成的盐都能以 1.5 kDa 的最大容量通过线粒体，因此，mPTP 通透性是非特异性的[7]。Chateaubodeau 等在研究酿酒酵母野生型菌株转运磷酸、谷氨酸、琥珀酸和富马酸时，发现线粒体发生肿胀，且肿胀程度与其进行呼吸时的肿胀程度类似[8]。mPTP 一旦打开，线粒体膜通透性就会增加，引发多种细胞过程。因此，mPTP 是控制线粒体和细胞命运的关键参与者。mPTP 生理特征见表6-1。

表6-1 mPTP 生理特征

特征描述	特征值/状态	备注
孔大小	1.4 nm	
渗透性	≤1500 Da	
亚电导态	<500 pS	
最大电导率	1.0～1.3 nS	
溶质专一性	非特异性离子和非离子溶质	
可逆性	是	瞬时打开对线粒体是一种保护作用

前期研究发现，CGA-N12 降低线粒体膜电位，促进线粒体 Ca^{2+} 摄取，细胞 ROS 积累，Cyt c 泄漏，诱导热带念珠菌线粒体介导的细胞程序性死亡[9]。为了进一步探究 CGA-N12 对线粒体膜电位的作用机制，我们重点研究了线粒体活性的调节中枢——线粒体膜通透性转换孔（mPTP）。下面我们介绍 mPTP 的结构、功能及其调控机制。

一、mPTP 的结构

mPTP 的结构与功能研究，主要以动物细胞 mPTP 为模式材料。尽管科技工作者对 mPTP 在动物细胞的病理和生理作用方面进行了深入研究，但其成孔蛋白亚基及其主要调节蛋白亚基的分子特性仍存在争议。最初，科技工作者认为 mPTP 是由位于线粒体外膜（outer mitochondrial membrane，OMM）的电压依赖型阴离子通道（voltage-dependent anion channel，VDAC）、线粒体内膜（inner mitochondrial membrane，IMM）的腺嘌呤核苷酸转运酶（adenine nucleotide transposase，ANT）、线粒体基质中的亲环蛋白 D（cyclophilin D，CypD）及无机磷酸载体（Pi carrier，PiC）组成[10]。基因敲除实验结果排除了 VDAC、ANT、CypD 和 PiC 作为成孔蛋白的可能性。随后的研究表明，F_1F_0-ATP 合酶和金属蛋白酶 SPG7 是 mPTP 的核心成分[10]。目前，CypD、ANT、VDAC 和 PiC 已被鉴定为 mPTP 的调节亚基[1,10]。依据 mPTP 核孔蛋白及其调节蛋白展开的基因敲除、结合伴侣共纯化、脂质体膜蛋白重构研究等，科研工作者先后提出了 mPTP 的几种结构模型。

（一）mPTP 结构模型及其演变

1. 经典模型

该模型认为，mPTP 结构是一个复合蛋白通道，主要由电压依赖型阴离子通道（VDAC）、外周苯二氮卓受体（peripheral benzodiazepine receptor，PBR）、己糖激酶 II（hexokinase II，HK II）、线粒体肌酸激酶（mitochondrial creatine kinase，mtCK）、ANT、CypD 等亚基组成。其中，VDAC、PBR 和 HK II 位于线粒体外膜；mtCK 位于线粒体膜间隙；ANT 位于线粒体内膜；CypD 位于线粒体基质，且能够与 ANT 结合，两者的结合受 Bcl-2 蛋白家族调节[10]（图 6-1A）。在组成 mPTP 的经典模型中，最重要的是 CypD。因为环孢素 A（cyclosporin A，CsA）与 mPTP 蛋白复合体相互作用时，对 CypD 敏感，故 CypD 被认为是一种关键的 mPTP 孔隙调节剂。

线粒体上的苯二氮卓受体（PBR）是一种转运蛋白（translocator protein），又被命名为 TSPO。20 世纪 90 年代初，研究人员观察到 TSPO 的几个配体能够调节 mPTP 的打开[11]，而且还可以与 VDAC 和 ANT 以复合体形式共同纯化出来[12]。这一证据表明，mPTP 可能位于 OMM 和 IMM 接触位点。之后有实验表明，胞浆蛋白 HK II 和位于线粒体膜间隙的 mtCK 能够与 ANT 和 VDAC 共纯化。该复合物具有与 mPTP 相似的电导模式和对 ADP 的敏感性。因此，推测 mPTP 是由多蛋白复合物组装形成[13]。通过 2D-PAGE 电泳和含有功能性 mPTP 复合体的重组脂质体 Western 印迹，研究人员发现 HK II 共纯化的复合物还包括 Bcl-2 家族蛋白。

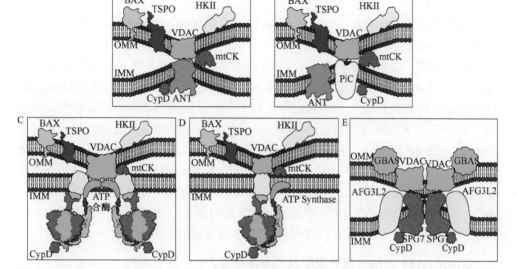

图 6-1　mPTP 结构模型

依据 mPTP 模型提出时间顺序，依次绘制其模型图。根据在蛋白质数据库（http://www.rcsb.org/pdb）中公布的 mPTP 可能亚基三维结构绘制的 mPTP 模型。A. 经典模型；B. 无机磷酸载体模型；C. F_1F_0-ATP 合酶二聚体模型；D. F_1F_0-ATP 合酶单体模型；E. Spastic Paraplegia 7（SPG7）模型

由于无法选择性地重组每个蛋白质，因此很难区分哪些蛋白质是成孔亚基，哪些蛋白质仅起调节作用。上述研究表明，Bcl-2 相关 X 蛋白（Bax）、HK II、VDAC、mtCK、TSPO、ANT 和 CypD 在膜接触部位形成 mPTP 复合体，VDAC 和 ANT 分别在 OMM 和 IMM 中形成了核心孔（图 6-1A）[10,14]。

　　然而，小鼠基因敲除研究对该模型提出了质疑。从肝细胞分离 *ANT1* 和 *ANT2* 基因敲除的线粒体，尽管表现出对 Ca^{2+} 过载诱发 mPTP 打开有抑制作用，但 mPTP 仍显示是打开的，且对依赖于 ANT 的 mPTP 调节剂、ADP、米酵菌酸和苍术苷均失去了敏感性[15]。*VDAC* 基因敲除对 Ca^{2+} 诱发的 mPTP 打开失去抑制作用，甚至加剧了 Ca^{2+} 载体 ionomycin 诱导的 mPTP 打开[16]。*TSPO* 基因敲除对 Ca^{2+} 诱发的 mPTP 打开没有抑制作用，但仍保持对苯二氮卓的敏感性，这表明 TSPO 配体应该还有一个苯二氮卓作用位点。*CypD* 基因敲除对 Ca^{2+} 诱发的 mPTP 打开具有很强的抑制作用，这与 CsA 处理结果相同，但 *CypD* 基因敲除的 mPTP 仍保持了氧化应激诱导 mPTP 打开的敏感性，表明 CypD 是一个关键调节蛋白，但不是 mPTP 的核心孔组分[17-20]。由以上研究结果可知，虽然经典 mPTP 结构模型解释了 Bax、HK II、VDAC、mtCK、TSPO、ANT 和 CypD 组成 mPTP 蛋白复合物，并对 mPTP 打开起调节作用，但可以肯定的是，这些组分不是 mPTP 核心孔隙的组成成分，也就是说这些组分不是 mPTP 成孔蛋白核心组分。

2. 无机磷酸载体（PiC）模型

该模型认为，mPTP 由与 PiC 结合的 BAX、VDAC、TSPO、HK II、mtCK、ANT 和 CypD 组成（图 6-1B）。

研究表明，CypD 与 PiC 结合后对 CsA 敏感[21]。PiC 对 N-乙基马来酰亚胺（N-ethyl maleimide，NEM）等巯基化试剂和二胺类化合物敏感。无机磷酸（inorganic phosphate，Pi）具有激活 mPTP 打开的能力[22,23]。由这些证据可以推导出一个结论，即 PiC 是 mPTP 成孔蛋白的核心组分。然而，用膜片钳研究 PiC 时，却只能测到 20～30 pS 的电流，由于电导太低，排除了 PiC 是 mPTP 成孔蛋白核心成分的可能性。此外，PiC 基因的过表达或敲除均不影响 mPTP 功能[23,24]，而且 mPTP 在无磷条件下功能完整，这些发现均证明 PiC 不是组成 mPTP 核孔的直接组分[23]。PiC 主要通过线粒体基质 Pi 水平调节 mPTP 的打开。也就是说，PiC 是 mPTP 的一个调节蛋白，线粒体基质 Pi 水平通过 PiC 调节 mPTP 的打开。

3. F_1F_0-ATP 合酶二聚体模型及其单体模型

这两个模型认为，F_1F_0-ATP 合酶是组成 mPTP 的核心组分，组成 mPTP 复合物的其他元件是 mPTP 调节组分，对 mPTP 的开关具有调节作用（图 6-1C 和 D）。

在脂质双层上，F_1F_0-ATP 合酶二聚体重构，再现的通道活性和电导状态类似于 mPTP[10,25,26]。Nesci 等提出基质 Ca^{2+} 超载会导致 F_1F_0-ATP 合酶二聚体解离和 mPTP 打开[27]。仅将 F_0 结构域的 c 亚基环在脂质体上重构，也可以产生对腺嘌呤单核苷酸的敏感性，但对 CsA 不敏感[28]。用类似的研究方法，在脂质体上重构单个完整的 F_1F_0-ATP 合酶，也可恢复 CypD/CsA 调节的通道活性[10]。这些研究令人信服，F_1F_0-ATP 合酶是组成 mPTP 核孔的核心组分。

F_1F_0-ATP 合酶是 CypD 的结合伴侣。Giorgio 等的研究证明，CypD 与 F_1F_0-ATP 合酶的结合，依赖 CsA（结合减少）和 Pi（结合增强）[29]。该研究小组还证明，CypD 与 F_1F_0-ATP 合酶的直接结合位点是位于 F_1 与 F_0 之间的寡霉素敏感性相关蛋白（oligomycin sensitivity conferring protein，OSCP）。这种相互作用，可以被苯二氮卓受体激动剂 Bz-423 阻断[26]。将凝胶纯化的 ATP 合酶复合物重组于脂质双层，表明只有二聚体才能组成 Ca^{2+}、Bz-423 和 PhAsO 激活的通道，具有大约 500 pS 的电导，该电导与 mPTP 半电导状态类似[26]。ADP 和 Mg^{2+} 的存在显著降低了 F_1F_0-ATP 合酶二聚体的通道打开概率。与 OSCP 结合的 CypD，诱导 F_1F_0-ATP 合酶的侧柄发生构象变化，提高了通常由 Mg^{2+} 占据的二价离子结合位点的亲和力，从而有利于 Ca^{2+} 与其结合[30]。Ca^{2+} 与该位点结合后如何调节 F_1F_0-ATP 合酶二聚体通透性尚待研究。

Alavian 等发现，F_1F_0-ATP 合酶 c 亚基低聚物，可以检测到约为 100 pS 峰值的电压敏感性电流，电导为 1.5～2 nS。这与 mPTP 打开的特征类似[28]，且 c 亚基抗体能够阻断该电流。Bernardi 等用纯化的 c 亚基单体进行研究，添加重组 CypD 或 Ca^{2+} 后，电流大大增强，类似通道电导[30]。因此，他们推测 F_1F_0-ATP 合酶复合物的 F_1 与 F_0 解偶联，对 mPTP 核孔的形成至关重要，因为加入 F_1 的 β 亚基会阻断 c 亚基核孔的电导。Bonora 等的研究证明，敲除 c 亚基，mPTP 难以打开；如果将 c 亚基上的一个甘氨酸用缬氨酸替代，会引起 F_0 环变大。过表达该突变 c 亚基，则 mPTP 更易打开[31]。Alavian 等用 Ca^{2+} 诱导离体线粒体 mPTP 打开，并用免疫捕捉法在上清液中检测到 F_1F_0-ATP 合酶的 c 亚基。该亚基在 CsA 或 ADP 预处理的样品组数量减少[28]，说明在 mPTP 打开过程中，F_1 和 F_0 亚基分离。这也可能只是线粒体的碎片，由于太小，不能在梯度渗滤液中通过超速离心法沉淀。

虽然这两个模型在孔隙形成机制上存在分歧，但它们都提供了强有力的证据，证明 F_1F_0-ATP 合酶对 mPTP 的形成起关键作用。F_1F_0-ATP 合酶二聚体模型和单体模型都认为，mPTP 有苯二氮卓受体，有一个存在于线粒体基质侧、能够与 Mg^{2+} 竞争的 Ca^{2+} 结合位点，具有对 ADP/ATP 的敏感性，且具有与 mPTP 类似的电导。因此，这两个模型有相同之处，值得深入研究。

4. Spastic Paraplegia 7（SPG7）模型

该模型认为，mPTP 由 VDAC 和 OMM 上的胶质母细胞瘤扩增序列（amplification sequence of glioblastoma，GBAS）、IMM 上的 SPG7 及与 SPG7 结合的基质 CypD 组成（图 6-1E）。由于该模型是在动物细胞 mPTP 基础上提出的，不适用于念珠菌 mPTP，故对该模型不做深入探讨。

（二）组成 mPTP 的可能亚基

根据蛋白质数据库（http://www.rcsb.org/pdb）公布的动物线粒体 mPTP 组分的三维（3D）结构，对组成念珠菌 mPTP 蛋白复合物的可能亚基进行介绍。

1. CypD

CypD 为 21 kDa 的亲环蛋白，是 *PPIF* 基因（CypD 的编码基因）编码的肽基脯氨酰顺反异构酶，能催化任意氨基酸与脯氨酸之间肽键的顺反异构反应。CypD 主要存在于线粒体基质中，可以与线粒体内膜上的 ANT、PiC 和 F_1F_0-ATP 合酶相互影响，调节 mPTP 开关的状态[28,32]。Baines 研究小组[17]和 Nakagawa 研究小组[18]均发现，当线粒体缺乏 CypD 蛋白时，mPTP 打开所需的 Ca^{2+} 水平和氧化应激程度提高，表明 CypD 可以通过 Ca^{2+} 调节 mPTP 状态。

2. ANT

ANT 为 32 kDa 的内膜转运蛋白，是 ATP/ADP 的载体，主要负责将 ADP 导入线粒体基质以换取 ATP。因此，ANT 对于维持细胞能量平衡稳态具有重要意义[33,34]。ANT 的序列和结构被认为在物种之间相对保守[35]。真核生物通常拥有一个以上的 ANT 同工型，但是同工型的数量、表达量和功能，在物种之间可能会有所不同[36,37]。已报道的人 ANT 亚型有 4 个[33]，在这 4 个 ANT 亚型之间有 60%～80% 的保守性[33,37]。大、小鼠 ANT 有 3 个亚型[38]。经 NCBI 网站检索，酿酒酵母 S288C 的 ANT 没有同工型之分。ANT 是 CypD 的直接结合伴侣，二者结合形成具有 mPTP 特征的通道孔[10]。ANT 存在基质（matrix，m）态构象和胞质（cytosol，c）态构象，即 ADP/ATP 可以通过与 ANT 基质侧或胞质侧结合，对 mPTP 的打开分别发挥激活或抑制作用。因此，线粒体通透性转换活性由 ANT 核苷酸位点的定位决定。另外，ANT 上有 3 个半胱氨酸，分别是 Cys57、Cys160 和 Cys257。该结构很大程度上决定了 ANT 可能代表 mPTP 的主要氧化应激部位和 mPTP 功能的巯基调节部位[39]。

3. VDAC

VDAC 是 33 kDa 的线粒体外膜孔蛋白，在外膜脂质双分子层中形成 2～3 nm 的亲水通道，维持外膜对线粒体代谢产物的渗透性平衡，主要传递 Ca^{2+}、水、代谢物质等[40]。VDAC 还参与了线粒体内膜间隙蛋白质的释放，在植物和动物细胞凋亡过程中均起重要作用，是生物进化的保守部分之一[41]。在哺乳动物细胞中，已证明 VDAC 具有 3 个亚型，各亚型大约 65%～70% 的序列具有同源性[42-44]。经 NCBI 网站检索，酿酒酵母 S288C 的 VDAC 蛋白并未有明显分类。VDAC 蛋白含有 2 个半胱氨酸，分别是 Cys127 和 Cys232，是线粒体氧化还原的主要靶点[45]。

4. PiC

PiC 是内膜溶质载体，也是无机磷酸（inorganic phosphate，Pi）进入线粒体基质的主要转运蛋白[46]。PiC 在线粒体氧化磷酸化和能量产生过程中起关键作用，可以向线粒体中的 ATP 合成提供所需的 Pi[46]。PiC 通过调节线粒体基质中的 Pi 水平调节 mPTP 状态。

5. F_1F_0-ATP 合酶

F_1F_0-ATP 合酶在 ATP 合成中处于重要地位。在电子显微镜下，F_1F_0-ATP 合酶分子由球形头部和基部组成，头部朝向线粒体基质，规则地排布在内膜以下，并通过基部与内膜相连。F_1F_0-ATP 合酶头部被称为偶联因子 1（coupling factor 1，F_1）。F_1 由 5 种类型的亚基组成，分别是 α、β、γ、δ 和 ε 亚基。只有 β 亚基的核苷酸结合位点具有催化 ATP 合成和水解活性。所以，F_1 的功能是催化合成 ATP；在缺乏质子梯度的情况下，则呈现水解 ATP 活性。

F_1F_0-ATP 合酶的基部结构被称为偶联因子 0（coupling factor 0，F_0）。与亲水

性 F_1 相比，F_0 是一个疏水性蛋白复合体，镶嵌在线粒体内膜，由 a、b、c 三种亚基组成跨膜质子通道。F_1F_0-ATP 合酶是组成 mPTP 的核心蛋白，结合伴侣为 CypD。

6. Bcl-2 蛋白家族

Bcl-2 蛋白家族包括促凋亡蛋白 Bax、Bak 和抗凋亡蛋白 Bcl-2、Bcl-xL 等凋亡调节因子[47]。其中，抗凋亡因子主要定位于线粒体外膜，促凋亡因子多数分布在胞浆中。它们在线粒体膜上的平衡状况决定了细胞对死亡信号的敏感性，并参与线粒体膜通透性的调控[48-50]。响应凋亡刺激，Bax/Bak 寡聚化，形成同型二聚体，使线粒体外膜通透性增强，从而造成 Cyt c 释放及由 Cyt c 介导的凋亡程序[51]。除了在细胞凋亡中起作用外，Bax/Bak 还通过与 ANT 或 VDAC 结合调节 mPTP 打开，从而造成线粒体肿胀和外膜破裂。Shimizu 等提出，当线粒体受到刺激时，Bcl-2 通过增加基质中的质子外流，阻止 mPTP 打开，从而抑制线粒体呼吸[52]。线粒体呼吸的减少，可以防止自由基的产生。Bcl-2 具有抗氧化特性，抑制过氧化物产生，阻止细胞凋亡发生。

二、mPTP 的功能

mPTP 有两种打开模式：瞬时打开和持续打开[53]。其中，瞬时打开是一种生理外排途径。mPTP 生理外排作用作为 Ca^{2+} 外流机制仍存在争议。mPTP 瞬时打开与 $\Delta\Psi m$ 的瞬时去极化有关[53]。持续打开是一种病理性外排途径，会导致细胞发生凋亡。

mPTP 有 200～700 pS 的多个亚电导状态，但多数情况下在 500～700 pS 范围内[54]，其最大电导状态为 1.0～1.3 nS[55,56]。mPTP 打开时，线粒体呈现两种不同的状态，即低电导状态和高电导状态。

在低电导状态下，mPTP 分子质量截流量低于 300 Da，mPTP 暂时打开，允许 H^+ 和 Ca^{2+} 等小离子通过，线粒体膜电位可逆性下降[22]。mPTP 的短暂开放有几个重要的生理功能，其中之一是线粒体的快速外排机制，主要表现为过量活性氧（ROS）外排，以及与电子传递链活动相关的 Ca^{2+} 外排[1]。

在不可逆高电导状态下，mPTP 分子质量截流量较大，允许 1500 Da 以下的离子和溶质在线粒体内膜上被动扩散。线粒体内膜渗透性突然非选择性增加的直接后果，是线粒体膜电位不可逆下降，基质内渗透压升高，线粒体 H^+ 梯度消失，氧化磷酸化解偶联，ATP 生成出现障碍。由于缺乏质子驱动力，F_1F_0-ATP 合酶将质子反向转运通过线粒体内膜，并伴随 ATP 水解，使 ATP 耗竭。由于线粒体内膜表面积显著大于外膜，且线粒体基质渗透压比细胞质高，因而引起线粒体肿胀，破坏线粒体外膜完整性，Ca^{2+}、Cyt c 及其他促凋亡因子释放，启动内源性细胞凋亡。

mPTP 的多电导性表明，mPTP 可能是一个多亚基复合物。各亚基聚集程度不同，导致线粒体的电导率在一定范围内变动，其中多数电导的发生与组成 mPTP 的部分亚基聚集状态有关。除了 Ca^{2+} 作为 mPTP 打开的激活剂外，从-40 mV 开始的低 $\Delta\Psi m$，也可以增加 mPTP 打开的可能性[54]。mPTP 的一个重要特性是，当添加 ADP 和（或）恢复 Mg^{2+}/Ca^{2+} 比值时，mPTP 的打开是可逆的，从而引起 $\Delta\Psi m$ 的重新建立。这种可逆性，对维持正常细胞功能具有重要作用。有趣的是，mPTP 在一个亚电导状态下的瞬时打开，似乎允许不超过 300～600 Da 的溶质通过。mPTP 不同的打开模式，可以提供选择性信号传递方式，瞬时打开可能是由于组成 mPTP 蛋白亚基的低聚化配置引起的[57]。

三、mPTP 的开关调控

（一）引起 mPTP 打开的因素

引起 mPTP 打开的影响因素很多，既有内源性因素，也有外源性因素。各种影响因素的作用介绍如下。

1. 内源性因素

内源性因素是指存在于细胞内，对 mPTP 打开具有调节作用的化学小分子，如 Ca^{2+}、ROS、无机磷酸 HPO_4^{2-}（Pi）等。

1）Ca^{2+}

从力学上讲，mPTP 复合物中存在 Ca^{2+} 结合位点。实验结果证实 Ca^{2+} 具有触发 mPTP 打开的作用[7]，表明 Ca^{2+} 是 mPTP 打开的主要调控因子[6]。

在静息状态下，$\Delta\Psi m$ 是线粒体 Ca^{2+} 内流的驱动力，而细胞基质中的 Ca^{2+} 内流到线粒体内又受线粒体基质 Ca^{2+} 的调控。OMM 最初被认为是通过电压依赖型阴离子通道（VDAC）对 Ca^{2+} 自由渗透。在脂质双层中重构 VDAC，闭合状态的 VDAC 提高 Ca^{2+} 流动，说明 VDAC 门控状态与 Ca^{2+} 电导无关[58]。但有研究表明，在激活剂诱导的内质网 Ca^{2+} 释放后，VDAC 在 HeLa 细胞中过度表达，增强了线粒体基质 Ca^{2+} 的摄取，使 Ca^{2+} 从胞浆更快地转移到线粒体内膜（IMM）通道[59]。

线粒体内膜是非透过性膜。Ca^{2+} 通过线粒体内膜，除线粒体钙单通道（mitochondrial calcium uniporter，MCU）外，还有其他线粒体 Ca^{2+} 内流机制，包括线粒体的 ryanodine 受体 1 型（mRYR1）、快速摄取模式（rapid mode of uptake，RaM）、mCa1 和 mCa2 通道，均参与协助 Ca^{2+} 内流[60-62]。维持线粒体正常生理功能，需保持线粒体内的 Ca^{2+} 稳态。mPTP 打开的主要机制，是线粒体基质中 Ca^{2+} 过载。动物细胞 mPTP 维持正常生理机能，每 1 mg 牛心脏线粒体基质中仅需要 100～

200 nmol 的 Ca^{2+}[63]。

2）活性氧和活性氮

活性氧（ROS）和活性氮（reactive nitrogen species，RNS）是细胞生命活动的第二信使，它们也可以调节 mPTP 的活性[39]。ROS 和 RNS 可通过调节电子传递链或直接修饰 mPTP，间接促进 mPTP 打开。在细胞中，ROS 激活钙/钙调蛋白依赖激酶 II（Ca^{2+}/calmodulin-dependent kinase II，CaMKII）介导的 L 型钙通道，调节细胞内可被线粒体吸收的 Ca^{2+} 水平，进一步增加 mPTP 打开的可能性[64,65]

3）无机磷酸 HPO_4^{2-}

无机磷酸载体（Pi carrier，PiC）是无机磷酸 HPO_4^{2-}（Pi）的主要转运蛋白，通过与质子共转运或交换羟基离子进入线粒体基质。研究表明，Pi 是一个对 mPTP 打开具有很强调节作用的因素。线粒体基质 Pi 含量和 mPTP 活化之间存在明确关系[23]。我们的研究也表明，CGA-N12 通过提高念珠菌 ATPase 活性，提高细胞内 Pi 浓度，激活 mPTP 打开[66]。

2. 外源性因素

外源性因素是指对 mPTP 打开具有调节作用的外源性物质，主要通过影响内源性因素或作用于 mPTP 蛋白复合物的调节亚基，调节 mPTP 打开。外源性因素主要包括物理因素和化学因素。物理因素有氧化应激，化学因素有氧化剂、氧化底物等。

1）氧化应激

在氧化应激条件下，细胞内源活性物质 ROS 可以氧化 mPTP 上的氧化还原敏感位点，尤其是硫位点，造成 mPTP 不可逆打开[67]。mPTP 蛋白复合物的二硫醇作为关键的硫位点，被认为是线粒体通透性转变的调节位点。ANT 的 3 个反应性半胱氨酸残基（cysteines 57、160 和 257）和 VDAC 的 3 个半胱氨酸残基（cysteines 2、8 和 122），在很大程度上决定了 ANT 和 VDAC 可能是代表氧化应激和 mPTP 功能的主要硫醇调节位点。Halestrap 等发现，ROS 可以氧化 ANT 上的巯基，并刺激 mPTP 的打开[39]。

2）化学氧化剂

亚砷酸酯或氧化苯胂造成硫位交联，或氧化型谷胱甘肽氧化的硫位点均可增加 mPTP 打开的可能性。Kowaltowski 等发现，硫醇交联剂氧化苯胂（PhAsO）通过与线粒体膜蛋白硫醇基团反应，刺激 mPTP 打开[68]。苯硫氨酸氧化物是一种使 ANT 的 Cys160 与 Cys257 交联的邻位硫醇试剂，也是有效的 mPTP 打开诱导剂[69]。

一些金属离子，如钕（Nd^{3+}）[70]、锌（Zn^{2+}）[71]、镉（Cd^{3+}）[72]、钆（Gd^{3+}）[73]，均以剂量依赖型方式打开 mPTP。Xia 等发现，稀土元素 Nd^{3+} 在高浓度（200～500 μmol/L）下，通过与内外膜上的多种蛋白质相互作用引起 mPTP 打开，造成线粒体功能障碍[70]。

叔丁基过氧化氢（TBH）、氧化苯胂（PhAsO）、二胺、过氧亚硝酸盐（ONOO–）、过氧化氢（H_2O_2）和超氧阴离子（$\cdot O_2^-$），可以提高细胞内的 ROS 和 RNS 水平，是促使 mPTP 打开的外源性化学试剂。

3）可氧化底物

乙醇是酵母的可氧化底物。0.5 mmol/L 的乙醇即可引起线粒体肿胀和膜电位下降，使线粒体呼吸功能障碍和能量代谢紊乱[74,75]。在含有 10 mmol/L Pi 和乙醇（可氧化底物）的甘露醇培养基中，加入电泳级 Ca^{2+} 离子，酵母线粒体会积聚大量 Ca^{2+}（>400 nmol/mg 蛋白质），但 mPTP 并未随 Ca^{2+} 的积聚而打开。通过线粒体肿胀测定、超微结构观察和基质溶质释放等实验，发现当 Ca^{2+} 和 Pi 不存在时，只要提供呼吸底物（乙醇或 NADH），mPTP 就会缓慢打开。因此，乙醇是 mPTP 打开促进剂[74]。

4）苍术苷

苍术苷（atractyloside）是促进哺乳动物细胞 mPTP 打开的因素之一。苍术苷通过将 ANT 锁定在 c-态构象发挥作用。由苍术苷刺激打开的 mPTP，Ca^{2+} 内流减少，同时 Ca^{2+} 从 mPTP 面向基质的 IMM 上解离速率降低，在膜表面形成一个与 mPTP 孔隙触发点相互作用的 Ca^{2+} 微区[76]。

在哺乳动物细胞中，羧基苍术苷可抑制由于过量 ATP 引起的 mPTP 关闭。但在酵母细胞中，羧基苍术苷不能抑制 ATP 诱导的 mPTP 关闭。因此，酿酒酵母线粒体含有与哺乳动物细胞线粒体不同的 mPTP 调节位点。

（二）引起 mPTP 关闭的因素

迄今为止，mPTP 的分子结构尚未完全阐明。因此，也未发现能够直接阻断 mPTP 孔打开的物质。影响 mPTP 开关的因素，主要是通过调节组成 mPTP 的蛋白组分而发挥作用。引起 mPTP 关闭的因素，可分为内源性因素和外源性因素。

1. 内源性因素

内源性因素是指存在于细胞内，对 mPTP 关闭具有调节作用的化学小分子。引起 mPTP 关闭的内源性因素主要有腺嘌呤核苷酸（ADP/ATP）、NADH 等。

1）腺嘌呤核苷酸

ADP/ATP 比值对 mPTP 开关有重要调节作用[10]。ADP/ATP 比值影响 ANT 构型。ADP 能与 ANT 基质侧结合，抑制 mPTP 打开。ATP 能与 ANT 胞质侧结合，促进 mPTP 打开。因此，当线粒体基质中 ADP 量过多时，ADP 与 ANT 基质侧结合，使 ANT 处于 m-态构象，抑制 mPTP 打开；当线粒体基质中 ATP 量过多时，ATP 与 ANT 胞质侧结合，使 ANT 处于 c-态构象，促进 mPTP 打开。除 ANT 外，

ADP 在线粒体基质中似乎还有其他作用位点[10]。

2）NADH

在失能线粒体中，高水平 NADH 以一种独立于电子传递链的方式阻止 Ca^{2+} 诱导 mPTP 打开。但外源 NADH 没有这一作用，表明在 mPTP 的线粒体基质面存在 NADH 作用位点[10]。

酸性基质中的 H^+ 通过置换 mPTP 的 Ca^{2+} 结合位点上的 Ca^{2+}，调节 mPTP 打开，而 mPTP 打开的最佳 pH 为 7.4[10,77]。低 pH 对 mPTP 打开的抑制作用，可能是由于组氨酸残基在 mPTP 复合物上的质子化作用造成的，即在 pH 6.5 的酸性基质中，用焦碳酸二乙酯或硫氰酸钾处理带电或未偶联的线粒体，可以恢复 mPTP 的打开[77]。值得注意的是，组氨酸残基似乎不在 CypD 上，因为 CsA 处理仍然能够阻止 mPTP 打开。这些研究表明，抑制 mPTP 打开，主要是通过干扰 Ca^{2+} 起作用，即二价离子和 ANT 的 m-态构象阻止 Ca^{2+} 进入线粒体基质，或调节 Ca^{2+} 直接与 mPTP 孔隙结合。

2. 外源性因素

外源性因素主要是指作用于组成 mPTP 蛋白复合物的调节蛋白。引起 mPTP 关闭的外源性因素主要有物理因素和化学因素。mPTP 蛋白复合物的开关受自身不同亚基和结构的调控，产生了不同作用靶点的 mPTP 打开抑制剂。

1）环孢素 A

环孢素 A（cyclosporin A，CsA）是从丝状真菌中提取的一种环肽。CsA 是哺乳动物细胞线粒体 CypD 的典型抑制剂。CsA 通过与亲环蛋白 D（CypD）直接结合，阻止 CypD 与 mPTP 复合物结合，发挥抑制 mPTP 打开的作用[74,78]。但是，我们的研究证明，在热带念珠菌细胞中，CsA（7 mg/mL）对 CypD 调节 mPTP 打开没有抑制作用[67]。因此，我们推断念珠菌 mPTP 的 CypD 与 CsA 的结合作用可能与哺乳动物细胞 mPTP 的 CypD 不同。

2）米酵菌酸

米酵菌酸（bongkrekic acid，BA）是 ANT 的配体，能够与 ANT 内部的 ATP 结合位点结合，并将 ANT 锁定在面向线粒体基质态构象，即基质态（m-态）构象，从而抑制 mPTP 打开[10]。

3）还原剂或解偶联剂

硫位点有助于调节 mPTP 开关[79,80]。二硫苏糖醇（DTT）是一种可透过线粒体内膜的二硫化物还原剂。DTT 可以通过还原 mPTP 蛋白上的二硫键，抑制 mPTP 的打开，或抑制由 mPTP 游离—SH 氧化引起的 mPTP 打开[79,80]。溴二胺（MBM^+）是一种与巯基基团反应的还原剂，对线粒体内膜不可渗透。因此，MBM^+ 可阻止 mPTP 位于线粒体外膜蛋白上的二硫醇氧化或交联，抑制 mPTP 打开[79,81]。

4）苯二氮卓类化学抑制剂

苯二氮卓类化学抑制剂是一类 mPTP 打开抑制剂[11]。线粒体外膜上的外周苯二氮卓受体 TSPO 并不是 mPTP 打开或线粒体对苯二氮卓敏感性所必需，说明 TSPO 不是苯二氮卓类化学抑制剂的唯一作用靶点。TSPO 第二个作用位点可能是 F_1F_0-ATP 合酶的寡霉素敏感性相关蛋白（OSCP）[26,82]。

5）二价阳离子

二价阳离子 Sr^{2+}、Mn^{2+} 和 Mg^{2+} 等通过与 Ca^{2+} 竞争发挥调节作用。二价阳离子主要通过两种方式起作用。一是与 Ca^{2+} 竞争或抑制 Ca^{2+} 进入线粒体。无论总离子浓度如何，二价阳离子通过与 Ca^{2+} 竞争线粒体基质中 mPTP 的二价阳离子结合位点抑制线粒体打开。二是二价阳离子抑制 Ca^{2+} 摄取，且该抑制作用与线粒体基质 Ca^{2+} 浓度无关。

（三）抗菌肽对 mPTP 开关的影响

抗菌肽是潜在的 mPTP 打开诱导剂。我们研究发现，嗜铬粒蛋白 A 衍生抗真菌肽 CGA-N12，诱导念珠菌 mPTP 打开[66]。抗菌肽 Microcin J25，诱导超氧阴离子过度产生，通过氧化应激打开 mPTP，造成 Cyt c 泄漏[83]。从红孢短杆菌 JX-5 中分离的抗菌肽 Bogorol B-JX，刺激 ROS 产生，打开 mPTP，导致人组织细胞、淋巴瘤细胞凋亡[84]。抗菌肽 BTM-P1 可以抑制大鼠肝线粒体的呼吸作用，导致线粒体膜电位下降，并诱导在各种盐介质中线粒体肿胀[85]。牛抗菌肽 BMAP-28[86]、从黄蜂毒液中分离的抗菌肽 mastoparan[87]都可以作为 mPTP 打开诱导剂。mPTP 一旦打开，线粒体膜通透性增加，外膜受损，线粒体基质发生渗透性肿胀，并伴随线粒体膜电位下降、Ca^{2+} 和 Cyt c 泄漏。

第二节　CGA-N12 诱导念珠菌 mPTP 打开

我们在研究 CGA-N12 对热带念珠菌线粒体超微结构和线粒体膜电位的影响时，发现 CGA-N12 处理后，热带念珠菌线粒体超微结构被破坏，线粒体膜电位下降，推测 CGA-N12 诱导线粒体膜通透性转换孔（mPTP）打开。为验证推测并检测其孔径大小，我们研究了 CGA-N12 对热带念珠菌线粒体肿胀的影响、mPTP 溶质尺寸排阻特性、PEG1000 诱导的热带念珠菌肿胀线粒体收缩水平、细胞色素 c（Cyt c）泄漏、Ca^{2+} 泄漏等内容。

一、CGA-N12 破坏念珠菌线粒体超微结构

参考已报道的差速离心法提取热带念珠菌线粒体[70]。将热带念珠菌线粒体悬

浮在呼吸介质（250 mmol/L 蔗糖，20 mmol/L HEPES，2 mmol/L MgCl$_2$，5 mmol/L KH$_2$PO$_4$，20 mmol/L 琥珀酸钠，1μmol/L 鱼藤酮）中，用 1×MIC$_{100}$ 的 CGA-N12 孵育 10 min。将 CGA-N12 处理后的线粒体用 2.5%戊二醛溶液 4℃固定过夜，1% 锇酸固定 1.5 h，在 30%～90%浓度梯度的丙酮溶液中脱水，包埋在树脂中，切成超薄切片。超薄切片用乙酸铀酰和柠檬酸铅染色，采用透射电镜观察线粒体超微结构变化。未经 CGA-N12 处理的线粒体作空白对照，结果如图 6-2 所示。热带念珠菌线粒体悬浮在呼吸介质中 10 min 后，正常生理状态下的线粒体双层膜结构清晰可见，电子密度大，线粒体的嵴排列紧凑，结构清晰。但经 CGA-N12 处理 10 min 后，线粒体发生肿胀，双层膜结构模糊不清，电子密度变小，线粒体嵴被破坏。因此，我们认为 CGA-N12 对热带念珠菌线粒体的作用是增加膜通透性。

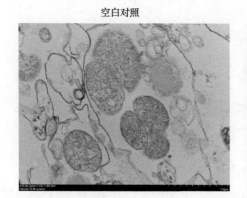
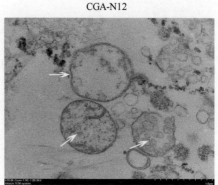

图 6-2　CGA-N12 引起热带念珠菌线粒体超微结构破坏

二、CGA-N12 引起念珠菌线粒体膜电位消散

正常情况下，线粒体外膜通透性高；内膜因为具有高选择性，通透性相对低，于是形成了膜内外两侧电子不对称分布，产生线粒体膜电位。

采用荧光染料 JC-1 检测线粒体膜电位。在线粒体膜处于极化状态时，JC-1 以聚集体形式存在。当线粒体膜去极化时，JC-1 则形成单体[9]。JC-1 聚集体在 $\lambda_{ex}/\lambda_{em}$= 485 nm/590nm 波长的荧光强度，可以反映线粒体膜极化状态。采用线粒体膜电位检测试剂盒 JC-1，检测 CGA-N12 对热带念珠菌线粒体膜电位的影响，结果如图 6-3 所示。与空白对照组相比，CGA-N12 作用后，线粒体 JC-1 荧光强度呈时间依赖性降低，差异极显著（*$P<0.05$，***$P<0.001$），说明线粒体膜电位消散。这一现象与阳性对照（1 mmol/L 乙醇）结果一致。研究结果表明，CGA-N12 引起线粒体膜电位下降。

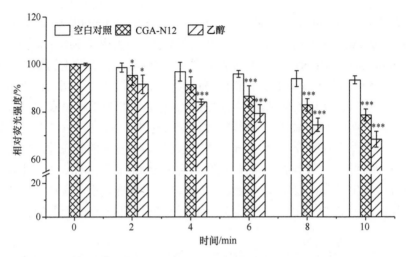

图 6-3　CGA-N12 对热带念珠菌线粒体膜电位的影响

三、CGA-N12 诱导念珠菌 mPTP 打开

为判断 CGA-N12 处理后，热带念珠菌线粒体超微结构受损和线粒体膜电位消散是否是由于 mPTP 打开引起，我们开展了以下验证工作。

（一）mPTP 打开引起线粒体肿胀

线粒体肿胀是 mPTP 打开的重要指标之一[10]。mPTP 打开造成线粒体膜通透性增加，是线粒体肿胀的最主要原因。肿胀的线粒体在 540 nm 处吸光度降低[74,88]。通过监测室温下 540 nm 处线粒体 10 min 内的吸光度变化，可以判断线粒体肿胀进程。将线粒体（400 μg 蛋白质/mL）悬浮于 1 mL 测量溶液中，分别与 $0 \times MIC_{100}$、$0.25 \times MIC_{100}$（37.5 μmol/L）、$0.5 \times MIC_{100}$（75 μmol/L）、$0.75 \times MIC_{100}$（112.5 μmol/L）和 $1 \times MIC_{100}$（150 μmol/L）CGA-N12 孵育。采用分光光度计记录 540 nm 处的吸光度。未与 CGA-N12 孵育的线粒体作空白对照，1 mmol/L 乙醇作阳性对照[74,75]。

根据线粒体 10 min 内在 540 nm（A_{540}）处的吸光度变化，评估 CGA-N12 对线粒体肿胀的影响，结果如图 6-4 所示。研究结果显示，CGA-N12 呈剂量依赖性诱导线粒体肿胀，其中 $1 \times MIC_{100}$ CGA-N12 处理的线粒体肿胀程度显著，接近乙醇对线粒体肿胀的影响趋势。

肿胀线粒体对低分子质量的内部溶质和水具有渗透性。利用线粒体内部溶质和线粒体悬浮液的渗透压差进行溶质排阻，可以判断 mPTP 的孔径大小[74]。根据这一原理，我们采用溶质排阻法估算 mPTP 的大小，即通过测量不同分子质量的渗透活性物质聚乙二醇（PEG）诱导肿胀线粒体的收缩率，判断 mPTP 的孔径大小。

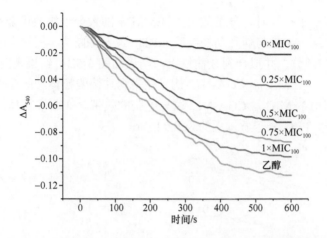

图 6-4　不同浓度 CGA-N12 对热带念珠菌线粒体肿胀的影响

在肿胀线粒体悬浮液中加入 PEG，线粒体内部溶质的快速非选择性渗漏与 PEG 的缓慢渗入或被排阻，使线粒体膜内外形成渗透压差。线粒体对内部溶质的渗透性越强，其收缩就越快，表现为在 540 nm 处吸光度增加[74]。接近 mPTP 排阻尺寸的 PEG，通过 mPTP 渗透到线粒体内时，会引发线粒体收缩。因此，PEG 的分子质量可以反映 mPTP 的排阻尺寸，我们通过测量不同分子质量 PEG 诱导肿胀线粒体的收缩程度，就可以估计 mPTP 的孔径大小。

$1 \times MIC_{100}$ 的 CGA-N12 诱导的肿胀线粒体，通过加入不同分子质量（0.4 kDa、0.6 kDa、1.0 kDa、1.5 kDa、2.0 kDa）的 PEG 促进收缩，采用分光光度计测量 540 nm 处的吸光度。以未加入 PEG 的肿胀线粒体作空白对照。将溶于 10 mmol/L HEPES（Na^+）、pH 7.35 的 300 mOsm/L（毫渗/升）PEG 储存溶液加入与之等渗的测量溶液中，直至最终体积的 10%，在收缩期由 PEG 获得的渗透压约 30 mOsm/L。为了得到 300 mOsm/L 的 PEG 储备溶液，不同分子质量 PEG 对应浓度：0.4 kDa PEG（PEG400）为 199 mmol/L；0.6 kDa PEG（PEG600）为 172 mmol/L；1.0 kDa PEG（PEG1000）为 136 mmol/L；1.5 kDa PEG（PEG1500）为 111 mmol/L；2.0 kDa PEG（PEG2000）为 93 mmol/L。这些溶液的渗透压采用蒸气压渗透计确认。

在等渗条件下，用 PEG400、PEG600、PEG1000、PEG1500、PEG2000 处理由 $1 \times MIC_{100}$ CGA-N12 诱导的预肿胀线粒体，以确定其引起的收缩作用。实验结果（图 6-5A）显示，在肿胀线粒体悬浮液中添加 PEG400 和 PEG600 后，未观察到肿胀线粒体收缩，表明 PEG400 和 PEG600 容易通过打开的 mPTP。加入分子质量≥1.0 kDa 的 PEG 后，线粒体收缩明显，表明分子质量≥1.0 kDa 的 PEG 以缓慢速率通过打开的 mPTP 或被 mPTP 排除在线粒体外。我们还发现，PEG1500 引起的线粒体收缩水平与 PEG2000 几乎相同。我们推测，当热带念珠菌细胞 mPTP

处于不可逆高水平打开时，分子质量为 1.5 kDa 的大分子物质可能是通过 mPTP 的最大限度。这一结果与哺乳动物细胞 mPTP 是一致的[74]。将最大收缩水平绘制为 PEG 大小的函数，并拟合到 S 曲线上，结果如图 6-5B。结果表明，在 0.9 kDa PEG 作用下，由 $1 \times MIC_{100}$ CGA-N12 诱导热带念珠菌线粒体肿胀获得了半数最大收缩效应，即由 $1 \times MIC_{100}$ CGA-N12 诱导肿胀的热带念珠菌线粒体，达到 50%最大收缩效应时，PEG 分子质量大约为 0.9 kDa。

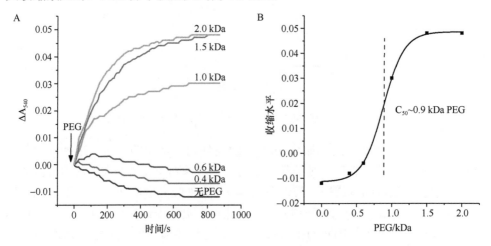

图 6-5　热带念珠菌 mPTP 的溶质尺寸排阻特性

A. 不同分子质量 PEG 对肿胀线粒体的收缩作用；B. 肿胀线粒体收缩与 PEG 分子质量之间的关系拟合曲线；
C_{50} 表示肿胀线粒体 50%最大收缩效应时对应的 PEG 分子质量

（二）PEG1000 诱导线粒体收缩

根据溶质尺寸排阻结果，选择 PEG1000 验证 CGA-N12 对热带念珠菌 mPTP 打开的影响，并利用 PEG1000 引起的预肿胀线粒体收缩水平，判断不同浓度 CGA-N12 诱导 mPTP 打开程度。结果如图 6-6 所示，浓度低于 $1 \times MIC_{100}$，CGA-N12 诱导的线粒体肿胀水平与收缩水平成正比，即 $0 \times MIC_{100}$、$0.25 \times MIC_{100}$、$0.5 \times MIC_{100}$、$0.75 \times MIC_{100}$、$1 \times MIC_{100}$ CGA-N12 处理的预肿胀线粒体收缩能力依次增加。

（三）线粒体 Cyt c 泄漏

线粒体通透性受 mPTP 开关调节，Cyt c 泄漏是线粒体外膜通透性增加的重要指标[75]。我们前期研究表明，经 CGA-N12 处理的热带念珠菌线粒体 Cyt c 含量减少，细胞质 Cyt c 含量增加[9]。这里，我们通过检测发现 Cyt c 的泄漏是 CGA-N12 诱导 mPTP 打开造成的。将对数期热带念珠菌与不同浓度 CGA-N12 在 28℃孵育 12 h，用 PBS（20 mmol/L，pH 7.4）洗涤三次，悬浮于 Cyt c 测量缓冲液中，添加葡萄糖至终浓度 2%，离心（20 000 g，10 min）。获得的上清液再次离心（30 000 g，

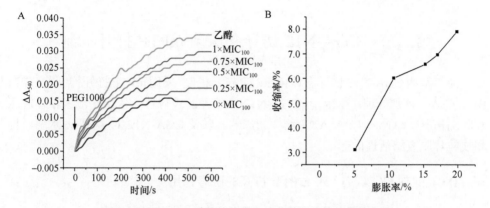

图 6-6 PEG1000 诱导的热带念珠菌肿胀线粒体收缩水平

A. PEG1000 对不同浓度 CGA-N12 诱导的肿胀线粒体收缩作用；B. CGA-N12 诱导的线粒体肿胀与 PEG 诱导的肿胀线粒体收缩之间的关系拟合曲线

45 min）收集上清，加入抗坏血酸至终浓度 500 mg/mL，持续 5 min 以还原 Cyt c。采用紫外分光光度计，测量 550 nm 处的吸光度，以确定细胞基质中 Cyt c 的含量变化。

结果如图 6-7 所示，与空白对照相比，热带念珠菌经 CGA-N12 处理 12 h 后，呈剂量依赖性诱导 Cyt c 从线粒体泄漏（*$P<0.05$，**$P<0.01$）。这与不同浓度 CGA-N12 诱导线粒体肿胀的结果是一致的。研究结果表明，CGA-N12 诱导 mPTP 打开，造成线粒体 Cyt c 泄漏。

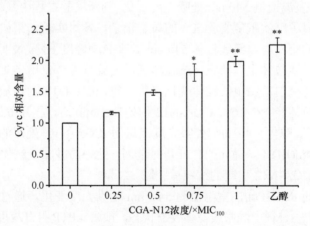

图 6-7 CGA-N12 处理后热带念珠菌细胞质中 Cyt c 相对含量变化

在本研究中，我们把本应紧密嵌入线粒体内膜外表面的细胞色素 c（Cyt c）作为 mPTP 打开的一个指标。Cyt c 作为凋亡信号分子，它的泄漏是凋亡途径中的经典事件[89]。这为阐明 CGA-N12 诱导线粒体介导的细胞凋亡提供了依据。

第三节　CGA-N12 诱导念珠菌 mPTP 打开机制

为了阐明CGA-N12诱导念珠菌mPTP打开机制，采用mPTP打开抑制剂DTT、BA、CsA，分别处理 1×MIC$_{100}$ CGA-N12 预处理的线粒体，依次检测线粒体肿胀和收缩情况、CGA-N12 对 ANT 结构的影响，以及 CGA-N12 对 ATPase 水解活性和线粒体脱氢酶活性的影响。

一、DTT 抑制 CGA-N12 对 mPTP 打开的诱导作用

（一）DTT 对线粒体肿胀的抑制作用

ROS 是 mPTP 打开的诱因。mPTP 蛋白复合物上的二硫醇，被认为是氧化应激调节线粒体通透性转变的调节位点[90]。二硫苏糖醇（dithiothreitol，DTT）是一种可透过线粒体内膜的小分子二硫化物还原剂。DTT 可以将二硫键还原为巯基。因此，DTT 可以通过还原 mPTP 蛋白上的二硫键，或抑制线粒体膜蛋白上的巯基（-SH）氧化，抑制 mPTP 打开。首先用 CGA-N12 使线粒体肿胀，结合 PEG1000 诱导肿胀线粒体的收缩情况，验证 DTT 还原作用对 CGA-N12 诱导线粒体肿胀的影响，判断 mPTP 二硫键结构对 mPTP 打开的作用。

将线粒体悬液（线粒体蛋白浓度为 400 μg/mL）分成 5 组，进行平行实验，每组重复 3 次。室温监测 540 nm 处吸光度变化，判断实验过程中线粒体肿胀程度。吸光度曲线代表了三次重复实验之一的典型记录。各组实验结果如图 6-8A 所示。不做任何处理的空白对照组线粒体 540 nm 处吸光度轻度下降，说明线粒体轻微肿胀，基本保持了线粒体生理状态，线粒体满足实验条件。仅用 6.25 μmol/L DTT 处理的线粒体与空白对照组线粒体变化趋势一致，说明 DTT 对线粒体肿胀没有影响。实验组线粒体经 1×MIC$_{100}$ CGA-N12 预处理 2 min 后，再用 6.25 μmol/L DTT 处理 10 min，线粒体 540 nm 处吸光度比只用 CGA-N12 处理的阴性对照和以 300 μmol/L 的 Nd(III)（一种 mPTP 打开促进剂）处理的肿胀线粒体高，说明 DTT 可以有效缓解 CGA-N12 引起的线粒体肿胀。

加入等渗的 PEG1000，室温监测 540 nm 处吸光度变化，通过 mPTP 分子排阻作用，判断实验过程中肿胀线粒体收缩状态，预测 mPTP 打开程度。吸光度曲线代表了三次重复实验之一的典型记录。线粒体 A$_{540}$ 升高，即线粒体收缩。各组实验结果如图 6-8B 所示。不做任何处理的空白对照组和仅用 6.25 μmol/L DTT 处理的线粒体，由于轻微肿胀，加入 PEG1000 后，540 nm 处吸光度轻度上升，说明线粒体发生轻微收缩。经 CGA-N12 和 Nd(III)诱发的肿胀线粒体，加入 PEG1000 处理后，迅速收缩。与上述对照相比，预肿胀线粒体在还原剂 DTT（CGA-N12+DTT）存在

下，加入 PEG1000 处理后，A_{540} 比 CGA-N12 处理组和 Nd(III)处理组小，比空白对照组和 DTT 处理组大，说明 DTT 能明显降低 CGA-N12 造成的线粒体肿胀。研究结果表明，还原剂 DTT 抑制了 CGA-N12 诱导的 mPTP 打开。

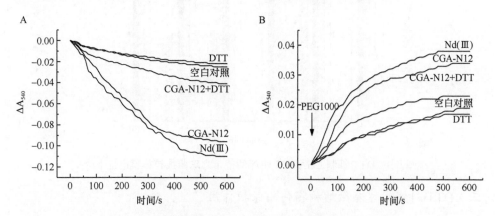

图 6-8　DTT 抑制 CGA-N12 诱导热带念珠菌 mPTP 打开
A. 540 nm 处吸光度变化；B. PEG 诱导预肿胀线粒体收缩

　　ROS 会造成 mPTP 蛋白复合物中硫位点的交联或氧化，增加 mPTP 打开的可能性。位于线粒体内膜的 mPTP 组分蛋白 ANT 有 3 个半胱氨酸（Cys）位点，位于线粒体外膜的 mPTP 组分蛋白 VDAC 有 2 个 Cys，均可能成为 ROS 的作用位点和 mPTP 开关的巯基调节部位[39,45]。我们研究证实，CGA-N12 使细胞内 ROS 积累[9]。ROS 可以引起 mPTP 硫位点氧化，打开 mPTP。DTT 是一个膜透性小分子还原剂，能够通过线粒体外膜进入线粒体内。由图 6-8 可知，DTT 部分抑制 CGA-N12 诱导的 mPTP 打开，我们推测 CGA-N12 在 mPTP 上还有其他作用位点。

（二）DTT 对线粒体膜电位消散的抑制作用

　　采用荧光染料 JC-1 检测线粒体膜电位。将线粒体悬液（线粒体蛋白浓度为 400 μg/mL）分成 5 组，进行平行实验，每组重复 3 次。检测线粒体 JC-1 聚集物（$\lambda_{ex}/\lambda_{em}$=485 nm/590 nm）的荧光强度，判断实验过程中线粒体膜电位变化。各组实验结果如图 6-9 所示。不做任何处理的空白对照组和仅用 6.25 μmol/L DTT 处理的线粒体，JC-1 相对荧光强度变化轻微，说明线粒体膜保持去极化状态，基本保持了线粒体的生理状态，满足实验条件。与空白对照组相比，CGA-N12 作用后，线粒体 JC-1 荧光强度呈时间依赖性下降，差异极显著（$P<0.001$），与 mPTP 打开促进剂 Nd(III)引起的线粒体膜电位下降结果一致，说明线粒体膜电位消散。而 CGA-N12 预处理 2 min 后再加入 DTT，线粒体膜电位保持不变。由实验结果可以推断，CGA-N12 引起的线粒体膜电位下降，是由 CGA-N12 诱导产生的 ROS 引起 mPTP 打开所致。

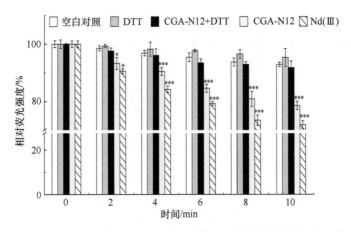

图 6-9 DTT 抑制 CGA-N12 引起的热带念珠菌线粒体膜电位下降

（三）DTT 对线粒体超微结构损伤的保护作用

采用透射电子显微镜观察线粒体超微结构变化。将线粒体悬液（线粒体蛋白浓度为 400 μg/mL）分成 5 组，进行平行实验，每组重复 3 次。各组实验结果如图 6-10 所示。正常线粒体有完整的双层膜、较高的电子密度、规则的嵴形状和紧

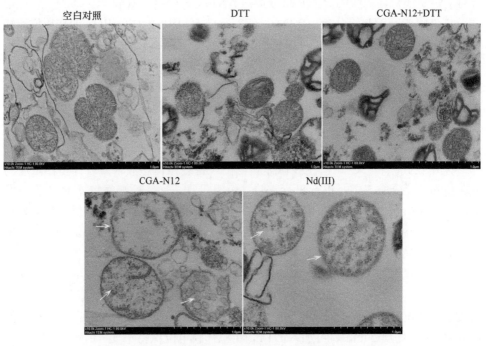

图 6-10 DTT 抑制 CGA-N12 对热带念珠菌线粒体结构的损伤

箭头指示 IMM 损伤和嵴消失

凑的结构。经 CGA-N12 处理的线粒体，与 mPTP 打开促进剂 Nd(III)处理组线粒体类似，体积变大，电子密度减小，基质内嵴断裂，内容物减少，呈空泡状；但 DTT 组和 CGA-N12+DTT 组的线粒体结构未见明显变化。研究结果表明，CGA-N12 引起的线粒体肿胀，能被 DTT 抑制。

（四）DTT 对 Ca^{2+}泄漏的抑制作用

mPTP 的不可逆打开，导致线粒体膜通透性增加，通常伴随着线粒体内 Ca^{2+}渗漏。Ca^{2+}特异性荧光探针 Fluo-4-AM 是一种膜渗透性染料，进入细胞后，能够被酯酶剪切成非荧光性的游离配体 Fluo-4。该配体能与 Ca^{2+}结合产生荧光。在 $\lambda_{ex}/\lambda_{em}$= 494 nm/516 nm 处，通过激光共聚焦显微镜观察线粒体内 Ca^{2+}含量，并利用 Image J 软件对 Ca^{2+}平均荧光强度进行定量分析，检测线粒体中 Ca^{2+}含量变化。各组实验结果如图 6-11 所示。空白对照组、DTT 组和 CGA-N12+DTT 组的线粒

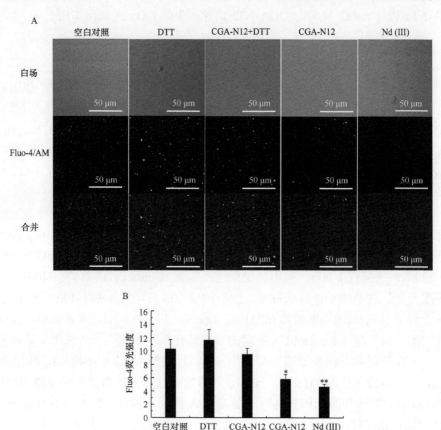

图 6-11　DTT 抑制 CGA-N12 诱导热带念珠菌线粒体 Ca^{2+}泄漏

A. 激光共聚焦显微镜观察 Ca^{2+}探针 Fluo-4 荧光；B. Image J 软件定量分析 Ca^{2+}探针 Fluo-4 荧光强度

体中，Ca^{2+} 荧光强度较高，表明 mPTP 关闭；而 CGA-N12 组线粒体的 Ca^{2+} 荧光信号弱，与 mPTP 打开促进剂 Nd(III) 组结果相似，荧光强度降低。结果表明，DTT 抑制 CGA-N12 引起 Ca^{2+} 泄漏。

线粒体内膜的低通透性是维持膜电位的基础。当 mPTP 打开时，使原本不能自由进出线粒体的物质非选择性进出，增加了线粒体的内膜通透性，造成线粒体膜电位去极化。通过透射电镜观察可见，由于内膜通透性的非选择性增加，线粒体基质肿胀，甚至外膜发生破裂。通过光谱检测，在 CGA-N12 作用下，线粒体持续肿胀。因此，线粒体膜电位去极化是 CGA-N12 打开 mPTP 的结果。这与 mPTP 打开促进剂乙醇的作用是一致的[75]。当 mPTP 不可逆打开时，由于外膜的表面积远小于内膜，膜通透性增加，造成基质肿胀，最终引发外膜破裂。此时，热带念珠菌线粒体的成分将会释放到细胞质中。

由上述结果可知，DTT 可以抑制由 CGA-N12 诱导的 mPTP 打开。也就是说，CGA-N12 诱导 mPTP 打开与 CGA-N12 诱导产生的 ROS 的氧化作用有关。

二、CGA-N12 阻止 ANT 处于 m-态

不同 mPTP 打开抑制剂的作用机制和作用位点不同[10,34,70,72,78,81]。利用不同 mPTP 打开抑制剂，研究 CGA-N12 诱导 mPTP 打开的机制，具有重要启示意义。腺嘌呤核苷酸转运酶（adenine nucleotide transposase，ANT）是 mPTP 的核心组分。CsA 是哺乳动物细胞 ANT 的经典抑制剂，与线粒体内膜和外膜之间的亲环蛋白-D（CypD）直接作用，发挥抑制作用。BA 结合 ANT 内部的三磷酸腺苷（ATP）结合位点并将其锁定在 "m-态构象"，抑制 mPTP 打开[10,78]。

在 mPTP 打开抑制剂 CsA、BA 作用下，检测 CGA-N12 对热带念珠菌细胞线粒体 mPTP 开关的影响。用 $1 \times MIC_{100}$ 的 CGA-N12 处理各组线粒体（400 μg/mL），诱导线粒体肿胀。在加入 CGA-N12 之前，线粒体分别与 CsA（3 μmol/L）和 BA（2 μmol/L）预孵育 2 min。采用分光光度计检测 10 min 内线粒体在 540 nm 处的吸光度变化，判断线粒体肿胀程度。肿胀测量完成后，加入 PEG1000 诱导收缩，继续监测 10 min，进一步判断 mPTP 打开程度。以 CGA-N12 未处理的线粒体作阴性对照，以乙醇（1 mmol/L）处理的线粒体作阳性对照[74,75]。选用三次重复实验之一的典型记录。结果如图 6-12 所示，与对照相比，CsA 不抑制由 CGA-N12 引起的线粒体肿胀（图 6-12A），PEG1000 诱导肿胀线粒体缓慢收缩（图 6-12B），说明 CGA-N12 诱导的 mPTP 打开不能被 CsA 阻断。因此，CsA 对念珠菌 mPTP CypD 的功能没有影响。

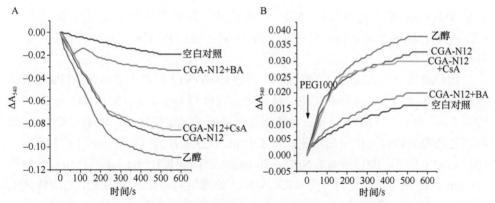

图 6-12 CsA、BA 对 CGA-N12 诱导热带念珠菌 mPTP 打开的抑制作用

A. CsA、BA 对 CGA-N12 诱导线粒体肿胀的影响；B. CsA、BA 对 PEG 诱导预肿胀线粒体收缩的影响

BA 能明显抑制由 CGA-N12 引起的线粒体肿胀（图 6-12A），BA 抑制 CGA-N12 诱导 mPTP 打开，说明 CGA-N12 阻止 ANT 处于 m-态构象或破坏 m-态构象。

mPTP 是一种多亚基复合物，mPTP 开关受自身不同亚基和结构的调控。ANT 二聚体以两种构型存在。ADP 与线粒体内膜的基质（matrix）侧结合，形成 m-态构象。ATP 与线粒体胞质（cytoplasm）侧结合，形成 c-态构象。其中，使 ANT 稳定在 c-态构象的羧基苍术苷（CAT）有利于 mPTP 打开，而使 ANT 稳定在 m-态构象的 BA 有利于 mPTP 关闭[76]。CGA-N12 诱导的 mPTP 打开，能够被 BA 抑制，说明 CGA-N12 通过阻止 ANT 的 m-态构象，使 mPTP 打开。

亲环素 D（CypD）是 mPTP 的一个重要组成原件，可以与 mPTP 其他组分（如 ANT、PiC）相互影响，调节 mPTP 打开[78]。有报道称，CsA 是动物细胞线粒体 CypD 的典型抑制剂[78]。在本研究中，CsA 对 CGA-N12 诱导热带念珠菌 mPTP 肿胀没有抑制作用，这与 Kamei 等对酿酒酵母 mPTP 的研究报道是一致的[91]。尽管 CsA 被认为是动物细胞 mPTP 的经典抑制剂，但对酵母和念珠菌细胞 mPTP 的 CypD 没有作用。我们推测，动物细胞 mPTP 蛋白复合物中的 CypD 与酵母和念珠菌细胞 mPTP 蛋白复合物中的 CypD，在结构和功能方面可能有所不同。

三、CGA-N12 使 ATPase 水解活性提高

ATPase 是线粒体中水解 ATP 的关键酶。在缺乏质子驱动力的条件下，ATPase 将质子反向转运通过线粒体内膜，并伴随 ATP 水解。ATP 水解产生的无机磷酸（Pi）促进 mPTP 打开[22,23]。线粒体 ATPase 的水解活性，通过 ATP 水解产生的 Pi 来测量。存在于线粒体中的 ATPase，主要是 F_1F_0-ATP 合酶。F_1F_0-ATP 合酶是参与能量代谢的关键酶，也是唯一具有 ATP 合成和水解双重催化机制的酶[92]。已知 mPTP 打开造成线粒体质子梯度消失[93]，线粒体膜电位下降。此时，F_1F_0-ATP

合酶会反向旋转，充当消耗 ATP 的质子泵，提供细胞所需的质子梯度[93]。F_1F_0-ATP 合酶的水解活性，促进了 ATP 水解，引起 Pi 积累，进一步促进 mPTP 打开[94]。

我们通过测量 ATP 水解释放的 Pi 评估 CGA-N12 对热带念珠菌 ATPase 活性的影响及其对 mPTP 打开的作用。将热带念珠菌与 $1 \times MIC_{100}$ CGA-N12 在 28℃下孵育 5 h、10 h、15 h 和 20 h 后，使用差速离心法提取线粒体，以未用 CGA-N12 处理的热带念珠菌用作空白对照。将 1.5 mL 反应缓冲液（0.75 mmol/L $MgCl_2$，100 mmol/L KCl，100 mmol/L NaCl，20 mmol/L Tris-HCl，pH 7.2）在 30℃下预热 10 min 后，分别加入空白对照和 CGA-N12 处理组悬浮在测量溶液中的线粒体蛋白（60 μg）。将每组实验分成三份，其中一份线粒体蛋白加入 ATPase 抑制剂叠氮化钠（NaN_3）至终浓度 5 mmol/L，测量在 NaN_3 存在下 Pi 的量，用于剔除由非 ATP 产生的 Pi。第二份为等体积的 PBS 溶液（20 mmol/L，pH 7.4），进行误差校正。在每份线粒体中，加入 ATP 至终浓度 50 mmol/L 引发反应。温育 20 min 后，加入 20%冰冷的三氯乙酸以终止反应。使用 ELx808 96 孔扫描仪，通过比色法在 690 nm 处测量释放的 Pi。正式实验前，先使用磷酸氢二钠制备标准曲线。ATPase 活性[μmol Pi/（min·g 蛋白）]以每克线粒体蛋白每分钟水解 ATP 释放的 Pi 量表示，计算方法如下：

$$抑制率（\%）=(OD_3-OD_2)/(OD_3-OD_1)\times100\% \qquad (6-1)$$

$$ATP 酶水解活性[μmol\ Pi/(g·min)]=Pi\times抑制率/(m\times t) \qquad (6-2)$$

式中，OD_1 为 PBS 在 690 nm 处的吸光度值；OD_2 为线粒体蛋白与叠氮化钠混合物在 690nm 处的吸光度值；OD_3 为线粒体蛋白在 690nm 处的吸光度值；Pi 为基于 OD_3 计算得出的 Pi 量；m 为线粒体蛋白的质量，g；t 为反应时间，min。

结果如图 6-13 所示，未被 CGA-N12 处理的热带念珠菌线粒体，每克每分钟由 ATPase 水解 ATP 产生 0.575 μmol/L Pi，用 $1 \times MIC_{100}$ CGA-N12 处理 20 h 后，ATPase 的水解活性显著提高，每分钟产生 1.50 μmol/L Pi（$P<0.001$）。结果表明，CGA-N12 增强了 F_1F_0-ATP 合酶水解 ATP 的能力，导致质子从线粒体基质泵入线粒体膜间空间，以维持必要的线粒体膜电位，同时生成的 Pi 促进 mPTP 打开。

四、CGA-N12 抑制线粒体脱氢酶活性

线粒体脱氢酶是 ATP 生物合成中的重要催化酶。线粒体脱氢酶活性是线粒体

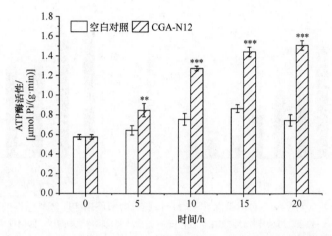

图 6-13　CGA-N12 对热带念珠菌线粒体 ATPase 水解活性的影响

中各种脱氢酶活性的总和，主要包括乳酸脱氢酶（lactate dehydrogenase，LDH）、苹果酸脱氢酶（malate dehydrogenase，MDH）和琥珀酸脱氢酶（succinate dehydrogenase，SDH）等。LDH 是一种催化乳酸转化为丙酮酸的酶。这是无氧糖酵解的最后一步，也是细胞能量产生的重要一步。MDH 在三羧酸（tricarboxylic acid，TCA）循环中，催化苹果酸与草酰乙酸的相互转化。SDH 在 TCA 循环中，催化琥珀酸氧化成延胡索酸，并将电子从琥珀酸转移到泛醇。SDH 是线粒体的一种标志酶，是位于线粒体内膜上的一种膜结合酶，是连接电子传递链和氧化磷酸化的枢纽之一。因此，我们通过研究 CGA-N12 对线粒体脱氢酶活性和 SDH 活性的影响，判断 CGA-N12 诱使 mPTP 打开的机制是否包括抑制 ATP 合成。

1）线粒体脱氢酶活性测定

使用 2,3-二-(2-甲氧基-4-硝基-5-磺苯基)-2H-四氮唑-5-甲酰苯胺（XTT）作为底物，采用比色法测定 CGA-N12 对线粒体脱氢酶活性的影响。活细胞中的线粒体脱氢酶可以将黄色 XTT 还原为橙色水溶性甲䐶染料。线粒体脱氢酶活性与 490 nm 处橙色甲䐶的量直接相关。将对数期热带念珠菌细胞接种于 96 孔板中，并在 28℃下与 1×MIC$_{100}$ 的 CGA-N12 一起温育。之后，加入 25 μL XTT，继续在 37℃下孵育不同时间，测量 490 nm 处的光吸收，判断 CGA-N12 对脱氢酶活性的影响。结果如图 6-14A 所示，与对照相比，CGA-N12 呈时间依赖性抑制线粒体脱氢酶活性。

2）琥珀酸脱氢酶活性测定

琥珀酸脱氢酶（SDH）催化琥珀酸脱氢生成延胡索酸，脱下的氢通过吩嗪硫酸甲酯（phenazine methyl sulfate，PMS）传递，还原 2,6-二氯酚靛酚（dichlorophenol indophenol，DCPIP），在 600 nm 处具有特征吸收峰。通过 600 nm 处吸光度变化，

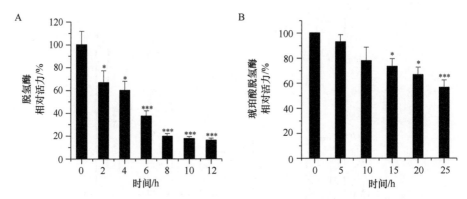

图 6-14　CGA-N12 对热带念珠菌线粒体脱氢酶和琥珀酸脱氢酶活性的影响

A. 热带念珠菌线粒体脱氢酶活性；B. 热带念珠菌线粒体琥珀酸脱氢酶活性

测定 2,6-DCPIP 还原速度，代表 SDH 酶活性。根据这一原理，测定线粒体琥珀酸脱氢酶活性。将热带念珠菌细胞与 $1 \times MIC_{100}$ CGA-N12 在 28℃分别温育 5 h、10 h、15 h、20 h、25 h，细胞机械破碎后快速测量 OD_{600}，即反映线粒体 SDH 活性。未与 CGA-N12 孵育的细胞作空白对照。CGA-N12 对 SDH 活性的影响，如图 6-14B 所示。CGA-N12 处理 5 h 后，热带念珠菌 SDH 活性降低。研究结果表明，CGA-N12 降低热带念珠菌的 SDH 活性，抑制 ATP 的合成。

结　论

CGA-N12 呈剂量和时间依赖性打开 mPTP，线粒体膜电位下降，改变线粒体超微结构，诱导线粒体肿胀，Cyt c 和 Ca^{2+} 泄漏，增加 ATPase 水解活性，造成能量损耗和线粒体损伤。热带念珠菌 mPTP 的溶质排阻尺寸为 1500Da，溶质排阻尺寸和哺乳动物细胞一样。CGA-N12 对热带念珠菌 mPTP 的作用机制，概括起来有以下几个方面。

（1）诱导产生 ROS，氧化 mPTP 复合物中蛋白质的自由巯基，打开 mPTP（图 6-15）。

（2）抗菌肽 CGA-N12 通过破坏 ANT 的 m-态构象，促使 mPTP 打开。

（3）CGA-N12 通过提高 ATPase 水解活性、抑制氢化酶活性，使细胞内 Pi 浓度升高，进一步促进 mPTP 打开。

综上所述，CGA-N12 促使念珠菌 mPTP 打开，是多作用位点、多作用机制共同作用的结果。

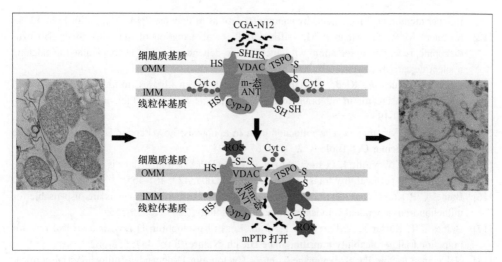

图 6-15　CGA-N12 打开热带念珠菌 mPTP 机制示意图

参 考 文 献

[1] Kwong J Q, Molkentin J D. Physiological and pathological roles of the mitochondrial permeability transition pore in the heart. Cell Metabolism, 2015, 21(2): 206-214.

[2] Halestrap A P, Richardson A P. The mitochondrial permeability transition: A current perspective on its identity and role in ischaemia/reperfusion injury. Journal of Molecular and Cellular Cardiology, 2015, 78: 129-141.

[3] Rasheed M Z, Tabassum H, Parvez S. Mitochondrial permeability transition pore: a promising target for the treatment of Parkinson's disease. Protoplasma, 2017, 254(1): 33-42.

[4] Palmieri F. The mitochondrial transporter family (SLC25): physiological and pathological implications. Pflugers Archiv: European Journal of Physiology, 2004, 447(5): 689-709.

[5] Massari S, Azzone G F. The equivalent pore radius of intact and damaged mitochondria and the mechanism of active shrinkage. Biochimica et Biophysica Acta-Bioenergetics, 1972, 283(1): 23-29.

[6] Haworth R A, Hunter D R. The Ca^{2+}-induced membrane transition in mitochondria. II. Nature of the Ca^{2+} trigger site. Archives of Biochemistry and Biophysics, 1979, 195(2): 460-467.

[7] Hunter D R, Haworth R A, Southard J H. Relationship between configuration, function, and permeability in calcium-treated mitochondria. Journal of Biological Chemistry, 1976, 251(16): 5069-5077.

[8] Chateaubodeau G D, Guerin M, Guerin B. Studies on anionic transport in yeast mitochondria and promitochondria. Swelling in ammonium phosphate, glutamate, succinate and fumarate solutions. FEBS Letters, 1974, 46(1): 184-187.

[9] Li R, Zhang R, Yang Y, et al. CGA-N12, a peptide derived from chromogranin A, promotes apoptosis of *Candida tropicalis* by attenuating mitochondrial functions. Biochemical Journal, 2018, 475(7): 1385-1396.

[10] Hurst S, Hoek J, Sheu S S. Mitochondrial Ca^{2+} and regulation of the permeability transition pore. Journal of Bioenergetics and Biomembranes, 2017, 49(1): 27-47.

[11] Kinnally K W, Zorov D B, Antonenko Y N, et al. Mitochondrial benzodiazepine receptor linked

to inner membrane ion channels by nanomolar actions of ligands. PNAS, 1993, 90: 1374-1378.

[12] McEnery M W, Snowman A M, Trifiletti R R, et al. Isolation of the mitochondrial benzo-diazepine receptor: association with the voltage-dependent anion channel and the adenine nucleotide carrier. PNAS, 1992, 89(8): 3170-3174.

[13] Beutner G, Ruck A, Riede B, et al. Complexes between kinases, mitochondrial porin and adenylate translocator in rat brain resemble the permeability transition pore. FEBS Letters, 1996, 396: 189-195.

[14] Zamzami N, Kroemer G. The mitochondrion in apoptosis: how Pandora's box opens. Nature Reviews Molecular Cell Biology, 2001, 2: 67-71.

[15] Kokoszka J E, Waymire K G, Levy S E, et al. The ADP/ATP translocator is not essential for the mitochondrial permeability transition pore. Nature, 2004, 427: 461-465.

[16] Baines C P, Kaiser R A, Sheiko T, et al. Voltage-dependent anion channels are dispensable for mitochondrial-dependent cell death. Nature Cell Biology, 2007, 9: 550-555.

[17] Baines C P, Kaiser R A, Purcell N H, et al. Loss of cyclophilin D reveals a critical role for mitochondrial permeability transition in cell death. Nature, 2005, 434: 658-662.

[18] Nakagawa T, Shimizu S, Watanabe T, et al. Cyclophilin D-dependent mitochondrial permeability transition regulates some necrotic but not apoptotic cell death. Nature, 2005, 434: 652-658.

[19] Basso E, Fante L, Fowlkes J, et al. Properties of the permeability transition pore in mito-chondria devoid of cyclophilin D. Journal of Biological Chemistry, 2005, 280: 18558-18561.

[20] Schinzel A C, Takeuchi O, Huang Z, et al. Cyclophilin D is a component of mitochondrial permeability transition and mediates neuronal cell death after focal cerebral ischemia. PNAS, 2005, 102: 12005-12010.

[21] Leung A W C, Varanyuwatana P, Halestrap A P. The mitochondrial phosphate carrier interacts with cyclophilin D and may play a key role in the permeability transition. Journal of Biological Chemistry, 2008, 283: 26312-26323.

[22] Crompton M, Costi A. Kinetic evidence for a heart mitochondrial pore activated by Ca^{2+}, inorganic phosphate and oxidative stress. A potential mechanism for mitochondrial dysfunction during cellular Ca^{2+} overload. European Journal of Biochemistry, 1988, 178(2): 489-501.

[23] Varanyuwatana P, Halestrap A P. The roles of phosphate and the phosphate carrier in the mitochondrial permeability transition. Mitochondrion, 2012, 12(1): 120-125.

[24] Gutiérrez-Aguilar M, Douglas D L, Gibson A K, et al. Genetic manipulation of the cardiac mitochondrial phosphate carrier does not affect permeability transition. Journal of Molecular Cellular Cardiology, 2014, 72: 316-325.

[25] Carraro M, Giorgio V, Sileikyte J, et al. Channel formation by yeast F-ATP synthase and the role of dimerization in the mitochondrial permeability transition. Journal of Biological Chemistry, 2014, 289(23): 15980-15985.

[26] Giorgio V, von Stockum S, Antoniel M, et al. Dimers of mitochondrial ATP synthase form the permeability transition pore. PNAS, 2013, 110(15): 5887-5892.

[27] Nesci S, Trombetti F, Ventrella V, et al. From the Ca^{2+}-activated F_1F_0-ATPase to the mitochondrial permeability transition pore: An overview. Biochimie, 2018, 152: 85-93.

[28] Alavian K N, Beutner G, Lazrove E, et al. An uncoupling channel within the c-subunit ring of the F_1F_0-ATP synthase is the mitochondrial permeability transition pore. PNAS, 2014, 111(29): 10580-10585.

[29] Giorgio V, Bisetto E, Soriano M E, et al. Cyclophilin D modulates mitochondrial F_1F_0-ATP synthase by interacting with the lateral stalk of the complex. Journal of Biological Chemistry,

2009, 284: 33982-33988.

[30] Bernardi P, Rasola A, Forte M, Lippe G. The mitochondrial permeability transition pore: channel formation by F-ATP synthase, integration in signal transduction, and role in pathophysiology. Physiological Reviews, 2015, 95: 1111-1155.

[31] Bonora M, Bononi A, De Marchi E, et al. Role of the c subunit of the F_0-ATP synthase in mitochondrial permeability transition. Cell Cycle, 2013, 12: 674-683.

[32] Elrod J W, Molkentin J D. Physiologic functions of Cyclophilin D and the mitochondrial permeability transition Pore. Circulation Journal, 2013, 77: 1111-1122.

[33] Dolce V, Scarcia P, Iacopetta D, et al. A fourth ADP/ATP carrier isoform in man: identification, bacterial expression, functional characterization and tissue distribution. FEBS Letters, 2005, 579(3): 633-637.

[34] Tang C L, Wei J P, Han Q M, et al. PsANT, the adenine nucleotide translocase of *Puccinia striiformis*, promotes cell death and fungal growth. Scientific Reports, 2015, 5: doi: 10.1038/srep11241.

[35] Santamaria M, Lanave C, Saccone C. The evolution of the adenine nucleotide translocase family. Gene, 2004, 333: 51-59.

[36] Hu M, Zhong W, Campbell B E, et al. Elucidating ANTs in worms using genomic and bioinformatic tools-biotechnological prospects?. Biotechnology Advances, 2010, 28(1): 49-60.

[37] Stepien G, Torroni A, Chung A B, et al. Differential expression of adenine nucleotide translocator isoforms in mammalian tissues and during muscle cell differentiation. Journal of Biological Chemistry, 1992, 267(21): 14592-14597.

[38] Rodic N, Oka M, Hamazaki T, et al. DNA methylation is required for silencing of ANT4, an adenine nucleotide translocase selectively expressed in mouse embryonic stem cells and germ cells. Stem Cells, 2005, 23(9): 1314-1323.

[39] Halestrap A P, Woodfield K Y, Connern C P. Oxidative stress, thiol reagents, and membrane potential modulate the mitochondrial permeability transition by affecting nucleotide binding to the adenine nucleotide translocase. Journal of Biological Chemistry, 1997, 272(6): 3346-3354.

[40] Colombini M. VDAC: the channel at the interface between mitochondria and the cytosol. Molecular and Bellular Biochemistry, 2004, 256(1-2): 107-115.

[41] Godbole A, Varghese J, Sarin A, et al. VDAC is a conserved element of death pathways in plant and animal systems. Biochimica et Biophysica Acta, 2003, 1642(1-2): 87-96.

[42] Raghavan A, Sheiko T, Graham B H, et al. Voltage-dependant anion channels: Novel insights into isoform function through genetic models. Biochimica et Biophysica Acta-Biomembranes, 2012, 1818(6): 1477-1485.

[43] Blachly-Dyson E, Zambronicz E B, Yu W H, et al. Cloning and functional expression in yeast of two human isoforms of the outer mitochondrial membrane channel, the voltage-dependent anion channel. Journal of Biological Chemistry, 1993, 268(3): 1835-1841.

[44] Rahmani Z, Maunoury C, Siddiqui A. Isolation of a novel human voltage-dependent anion channel gene. European Journal of Human Genetics, 1998, 6(4): 337-340.

[45] Aram L, Geula S, Arbel N, et al. VDAC1 cysteine residues: Topology and function in channel activity and apoptosis. Biochemical Journal, 2010, 427(3): 445-454.

[46] Kolbe H V, Costello D, Wong A, et al. Mitochondrial phosphate transport. Large scale isolation and characterization of the phosphate transport protein from beef heart mitochondria. Journal of Biological Chemistry, 1984, 259(14): 9115-9120.

[47] Antonsson B, Martinou J C. The Bcl-2 protein family. Experimental Cell Research, 2000, 256(1): 1-57.

[48] Marzo I, Brenner C, Zamzami N, et al. The permeability transition pore complex: a target for apoptosis regulation by caspases and Bcl- 2-related proteins. Journal of Experimental Medicine, 1998, 187: 1261-1271.

[49] Lindsay J, Esposti M D, Gilmore A P. Bcl-2 proteins and mitochondria-specificity in membrane targeting for death. Biochimica et Biophysica Acta-Molecular Cell Research, 2011, 1813(4): 532-539.

[50] Karch J, Kwong J Q, Burr A R, et al. Bax and Bak function as the outer membrane component of the mitochondrial permeability pore in regulating necrotic cell death in mice. eLife, 2013, 2. e00772.

[51] Iyer S, Uren R T, Kluck R M. Probing BAK and BAX activation and pore assembly with cytochrome c release, limited proteolysis, and oxidant-induced linkage. Methods in Molecular Biology, 2019, 1877: 201-216.

[52] Shimizu S, Eguchi Y, Kamiike W, et al. Bcl-2 prevents apoptotic mitochondrial dysfunction by regulating proton flux. PNAS, 1998, 95(4): 1455-1459.

[53] Petronilli V, Miotto G, Canton M, et al. Transient and long-lasting openings of the mitochondrial permeability transition pore can be monitored directly in intact cells by changes in mitochondrial calcein fluorescence. Biophysical Journal, 1999, 76(2): 725-734.

[54] Zorov D B, Kinnally K W, Perini S, et al. Multiple conductance levels in rat heart inner mitochondrial membranes studied by patch clamping. Biochimica et Biophysica Acta, 1992, 1105: 263-270.

[55] Kinnally K W, Campo M L, Tedeschi H. Mitochondrial channel activity studied by patch-clamping mitoplasts. Journal of Bioenergetics Biomembranes, 1989, 21(4): 497-506.

[56] Petronilli V, Szabò I, Zoratti M. The inner mitochondrial membrane contains ion-conducting channels similar to those found in bacteria. FEBS Letters, 1990, 259(1): 137-143.

[57] Lu X, Kwong J, Molkentin J D, et al. Individual cardiac mitochondria undergo rare transient permeability transition pore openings. Circulation Research, 2016, 118: 834-841.

[58] Tan W, Colombini M. VDAC closure increases calcium ion flux. Biochimica et Biophysica Acta-Biomembrane, 2007, 1768: 2510-2515.

[59] Rapizzi E, Pinton P, Szabadkai G, et al. Recombinant expression of the voltage-dependent anion channel enhances the transfer of Ca^{2+} microdomains to mitochondria. The Journal of Cell Biology, 2002, 159: 613-624.

[60] Beutner G. Identification of a ryanodine receptor in rat heart mitochondria. Journal of Biological Chemistry, 2001, 276: 21482-21488.

[61] Sparagna G C, Gunter K K, Sheu S S, et al. Mitochondrial calcium uptake from physiological-type pulses of calcium. A description of the rapid uptake mode. Journal of Biological Chemistry, 1995, 270: 27510-27515.

[62] Michels G, Khan I F, Endres-Becker J, et al. Regulation of the human cardiac mitochondrial Ca^{2+} uptake by 2 different voltage-gated Ca^{2+} channels. Circulation, 2009, 119: 2435-2443.

[63] Hackenbrock C R. Ion-induced ultrastructural transformations in isolated mitochondria. The energized uptake of calcium. The Journal of Cell Biology, 1969, 42(1): 221-234.

[64] Song Y H, Cho H, Ryu S Y, et al. L-type Ca(2+) channel facilitation mediated by H(2)O(2)-induced activation of CaMKII in rat ventricular myocytes. Journal of Molecular and Cellular Cardiology, 2010, 48: 773-780.

[65] Song Y H, Choi E, Park S H, et al. Sustained CaMKII activity mediates transient oxidative stress-induced long-term facilitation of L-type Ca(2+) current in cardiomyocytes. Free Radical Biology Medicine, 2011, 51: 1708-1716.

[66] Li R, Zhao J, Huang L, et al. Antimicrobial peptide CGA-N12 decreases the *Candida tropicalis* mitochondrial membrane potential via mitochondrial permeability transition pore. Bioscience Reports, 2020, 40. doi: 10.1042/BSR20201007.

[67] Loor G, Kondapalli J, Iwase H, et al. Mitochondrial oxidant stress triggers cell death in simulated ischemia-reperfusion. Biochimica et Biophysica Acta-Molecular Cell Research, 2011, 1813(7): 1382-1394.

[68] Kowaltowski A J, Castilho R F. Ca^{2+} acting at the external side of the inner mitochondrial membrane can stimulate mitochondrial permeability transition induced by phenylarsine oxide. Biochimica et Biophysica Acta, 1997, 1322(2-3): 221-229.

[69] Mcstay G P, Clarke S J, Halestrap A P. Role of critical thiol groups on the matrix surface of the adenine nucleotide translocase in the mechanism of the mitochondrial permeability transition pore. Biochemical Journal, 2002, 367(2): 541-548.

[70] Xia C F, Lv L, Chen X Y, et al. Nd(III)-induced rice mitochondrial dysfunction investigated by spectroscopic and microscopic methods. Journal of Membrane Biology, 2015, 248(2): 319-326.

[71] Liu X R, Li J H, Zhang Y, et al. Mitochondrial permeability transition induced by different concentrations of zinc. Journal of Membrane Biology, 2011, 244(3): 105-112.

[72] Zhang Y, Li J H, Liu X R, et al. Spectroscopic and microscopic studies on the mechanisms of mitochondrial toxicity induced by different concentrations of cadmium. Journal of Membrane Biology, 2011, 241(1): 39-49.

[73] Zhao J, Zhou Z Q, Jin J C, et al. Mitochondrial dysfunction induced by different concentrations of gadolinium ion. Chemosphere, 2014, 100: 194-199.

[74] Jung D W, Bradshaw P C, Pfeiffer D R. Properties of a cyclosporin-insensitive permeability transition pore in yeast mitochondria. Journal of Biological Chemistry, 1997, 272(34): 21104-21112.

[75] Ma L, Dong J X, Wu C, et al. Spectroscopic, polarographic, and microcalorimetric studies on mitochondrial dysfunction induced by ethanol. Journal of Membrane Biology, 2017, 250(2): 195-204.

[76] Haworth R A, Hunter D R. Control of the mitochondrial permeability transition pore by high-affinity ADP binding at the ADP/ATP translocase in permeabilized mitochondria. Journal of Bioenergetics and Biomembrane, 2000, 32: 91-96.

[77] Halestrap A P. Calcium-dependent opening of a non-specific pore in the mitochondrial inner membrane is inhibited at pH values below 7. Implications for the protective effect of low pH against chemical and hypoxic cell damage. Biochemical Journal, 1991, 278(Pt 3): 715-719.

[78] Gan X, Zhang L, Liu B, et al. CypD-mPTP axis regulates mitochondrial functions contributing to osteogenic dysfunction of MC3T3-E1 cells in inflammation. Journal of Physiology and Biochemistry, 2018, 74(3): 395-402.

[79] Jiao Y H, Zhang Q, Pan L L, et al. Rat liver mitochondrial dysfunction induced by an organic arsenical compound 4-(2-Nitrobenzaliminyl) phenyl arsenoxide. Journal of Membrane Biology, 2015, 248(6): 1071-1078.

[80] Zhao J, Jin J C, Zhou Z Q, et al. High concentration of gadolinium ion modifying isolated rice mitochondrial biogenesis. Biological Trace Element Research, 2013, 156(1-3): 308-315.

[81] Petronilli V, Sileikyte J, Zulian A, et al. Switch from inhibition to activation of the mitochondrial permeability transition during hematoporphyrin-mediated photooxidative stress. Unmasking pore-regulating external thiols. Biochimica et Biophysica Acta, 2009, 1787(7): 897-904.

[82] Šileikytė J, Blachly-Dyson E, Sewell R, et al. Regulation of the mitochondrial permeability

transition pore by the outer membrane does not involve the peripheral benzodiazepine receptor (translocator protein of 18 kDa (TSPO). Journal of Biological Chemistry, 2014, 289: 13769-13781.

[83] Chirou M N, Bellomio A, Dupuy F, et al. Microcin J25 induces the opening of the mitochondrial transition pore and cytochrome c release through superoxide generation. FEBS Journal, 2008, 275(16): 4088-4096.

[84] Jiang H, Ji C, Sui J, et al. Antibacterial and antitumor activity of Bogorol B-JX isolated from *Brevibacillus laterosporus* JX-5. World Journal of Microbiology & Biotechnology, 2017, 33(10). doi: 10.1007/s11274-017-2337-z.

[85] Lemeshko V V, Arias M, Orduz S. Mitochondria permeabilization by a novel polycation peptide BTM-P1. Journal of Biological Chemistry, 2005, 280(16): 15579-15586.

[86] Risso A, Braidot E, Sordano M C, et al. BMAP-28, an antibiotic peptide of innate immunity, induces cell death through opening of the mitochondrial permeability transition pore. Molecular and Cellular Biology, 2002, 22(6): 1926-1935.

[87] Pfeiffer D R, Gudz T I, Novgorodov S A, et al. The peptide mastoparan is a potent facilitator of the mitochondrial permeability transition. Journal of Biological Chemistry, 1995, 270(9): 4923-4932.

[88] Bradshaw P C, Pfeiffer D R. Characterization of the respiration-induced yeast mitochondrial permeability transition pore. Yeast, 2013, 30(12): 471-483.

[89] Ludovico P, Rodrigues F, Almeida A, et al. Cytochrome c release and mitochondria involvement in programmed cell death induced by acetic acid in *Saccharomyces cerevisiae*. Molecular Biology of the Cell, 2002, 13(8): 2598-2606.

[90] Bernardi P. The permeability transition pore. Control points of a cyclosporin A-sensitive mitochondrial channel involved in cell death. Biochimica et Biophysica Acta, 1996, 1275(1-2): 5-9.

[91] Kamei Y, Koushi M, Aoyama Y, et al. The yeast mitochondrial permeability transition is regulated by reactive oxygen species, endogenous Ca^{2+} and Cpr3, mediating cell death. Biochimica et Biophysica Acta Bioenergetics, 2018, 1859(12): 1313-1326.

[92] Capaldi R A, Aggeler R. Mechanism of the F_1F_0-type ATP synthase, a biological rotary motor. Trends in Biochemical Sciences, 2002, 27(3): 154-160.

[93] Nesci S, Trombetti F, Ventrella V, et al. The c-Ring of the F_1F_0-ATP synthase: facts and perspectives. Journal of Membrane Biology, 2016, 249(1-2): 11-21.

[94] Manavathu E K, Dimmock J R, Vashishtha S C, et al. Proton-pumping-ATPase-targeted antifungal activity of a novel conjugated styryl ketone. Antimicrobial Agents and Chemotherapy, 1999, 43(12): 2950-2959.

结　　语

通过对嗜铬粒蛋白 A 衍生肽的筛选，我们发现了能够杀死念珠菌且安全性好的抗真菌肽 CGA-N12 和 CGA-N9。对其理化性质的研究发现，这两个抗真菌肽总电荷为正电荷，热稳定性高。比较两者的两亲性，CGA-N12 为亲水性抗菌肽，CGA-N9 为弱疏水性抗菌肽。

从细胞壁、细胞膜、线粒体和细胞凋亡等四个方面，由外而内分层次对两个抗菌肽的作用机制进行研究，发现 CGA-N12 通过抑制 KRE9 活性，抑制 β-(1,6)-葡聚糖合成，破坏念珠菌细胞壁的完整性。CGA-N12 和 CGA-N9 对细胞膜的影响，首先是诱导非选择性通道形成，造成离子泄漏，细胞膜去极化；加大抗菌肽用量，通道孔径变大；由于真菌细胞膜中含有甾醇，故细胞膜不会破损到形成碎片。CGA-N12 和 CGA-N9 通过胞吞作用和其他一些未知的需能途径跨膜进入细胞内。比较亲水性抗菌肽 CGA-N12 和弱疏水性抗菌肽 CGA-N9 的跨膜速度、跨膜效率及对脂质体膜的稳定性，发现弱疏水性的 CGA-N9 更容易跨过细胞膜，进入细胞内，对能量需求小；而亲水性的 CGA-N12 对能量需求大，更多是需能的跨膜方式。在相同剂量作用下，CGA-N9 对细胞膜的破坏作用更大。这解释了为什么 CGA-N9 的最小抑菌浓度/杀菌浓度低于 CGA-N12。CGA-N12 和 CGA-N9 进入细胞内后，均能够诱导念珠菌细胞凋亡。以 CGA-N12 为例，研究嗜铬粒蛋白 A 衍生肽对线粒体膜通透性转换孔（mPTP）的作用，发现 CGA-N12 通过使 mPTP 上的半胱氨酸处于氧化状态、破坏 ANT 稳态，从而使 mPTP 不可逆打开，引起凋亡因子泄漏，使细胞出现凋亡表征。

基于上述研究结果，我们推测弱疏水性抗菌肽的抗菌活性高于亲水性抗菌肽。CGA-N12 和 CGA-N9 除了在跨膜速度、有效跨膜剂量及对细胞膜稳定性方面有差别外，在诱导细胞凋亡和细胞膜作用机制方面没有明显不同。因此，弱疏水性抗菌肽和亲水性抗菌肽作用机制的主要区别表现为：弱疏水性抗菌肽对细胞磷脂膜的破坏作用大于亲水性抗菌肽。

CGA-N12 和 CGA-N9 通过作用于细胞壁、细胞膜、线粒体等不同位点，采用不同作用方式，发挥抗念珠菌作用。因此，抗菌肽与常见抗生素不同，抗菌肽作用靶点多，作用机制复杂。同一种抗菌肽对不同微生物的抗菌机制可能存在差异，不同抗菌肽对同一种微生物的抗菌机制也有差别。故抗菌肽作用机制研究，是一个非常宽广的领域。

　　由于抗菌肽不容易产生耐药性，使其具有广泛的应用前景。但是，由于存在合成成本高、产率低、易被蛋白酶降解等问题，限制了抗菌肽的开发与临床应用。因此，构建高效表达体系、发展分离纯化技术、开发修饰技术、提高生物利用度，仍是未来一段时间内抗菌肽研究的重点。

后 记

病原真菌耐药性和抗真菌药物毒副作用，是抗真菌药物研究的关键问题。由于抗菌肽不易在微生物体内富集及其多靶点、多途径的作用机制，使病原真菌不易对其产生耐药性。哺乳动物细胞膜上的胆固醇可以降低抗菌肽对哺乳动物细胞的毒害作用，使抗菌肽能够选择性地作用于病原真菌。因此，抗菌肽用来治疗人和动物的感染性疾病，在临床上有着极大潜力，可能是解决病原菌耐药性、药物毒副作用问题的最佳选择。

本人从事抗菌肽研究近 20 年，围绕嗜铬粒蛋白 A 衍生抗真菌肽的筛选及其抗真菌作用机制开展了系列研究工作，获得了切合实际的理论认知。这些认知，为将其开发成新型、高效、低毒、病原真菌不易对其产生耐药性的小分子肽抗真菌药物奠定了理论基础。

本书是 2007~2020 届研究生同我协力研究的结晶。在此，感谢李慧琴、薛雯雯、熊前程、王彬、卢研博、阎晓慧、卢亚丽、张琳、陆志方、孙亚楠、李超楠、刘政伟、张瑞玲、陈晨、常俊朋、赵佳瑞、石微妮、陶梦珂、贺松林、李丹丹等研究生。尤其是近几年毕业的研究生，在抗菌肽作用机制方面做了大量研究工作！他们的付出，使得抗菌肽研究工作得以持续推进，使得本书能够成形！

感谢张改平院士、王锐院士为本书作序，两位先生对后学的鼓励，是我继续进行学术探索的动力。感谢河南师范大学徐存拴教授给予的精心指导！感谢河南工业大学张慧茹教授给予的无私帮助！感谢孙亦卿、贺松林参与图表处理等工作！感谢微生物与生化药学团队各位成员的热情鼓励！特别感谢科学出版社对本书出版给予的鼎力支持！

作　者
2020 年 12 月 1 日